Sebastian Hilpert
ÜBERLEBEN

SEBASTIAN HILPERT

ÜBERLEBEN

ALS WILDHÜTER IN AFRIKA

LÜBBE

Dieser Titel ist auch als E-Book erschienen

Dieses Buch beruht auf einer wahren Geschichte. Alles ist so beschrieben, wie der Autor es erinnert. Einige Namen, Orte und Details wurden zum Schutz der Rechte der Personen geändert.

Originalausgabe

Copyright © 2019 by Bastei Lübbe AG, Köln
Textredaktion: Angela Kuepper
Umschlaggestaltung: Thomas Krämer
Einband-/Umschlagmotiv: © Sebastian Hilpert;
© shutterstock: Gordan | Thomas Retterath
Satz: two-up, Düsseldorf
Druck und Verarbeitung: Druckerei C. H. Beck, Nördlingen
Printed in Germany
ISBN 978-3-431-04121-7

3   5   4   2

Sie finden uns im Internet unter: www.luebbe.de

Bitte beachten Sie auch: www.lesejury.de

Ein verlagsneues Buch kostet in Deutschland und Österreich jeweils überall dasselbe. Damit die kulturelle Vielfalt erhalten und für die Leser bezahlbar bleibt, gibt es die gesetzliche Buchpreisbindung. Ob im Internet, in der Großbuchhandlung, beim lokalen Buchhändler, im Dorf oder in der Großstadt – überall bekommen Sie Ihre verlagsneuen Bücher zum selben Preis.

Inhalt

Prolog 9

Teil 1 Auf ins südliche Afrika
Kapitel 1: Ein erster Meilenstein 17
Kapitel 2: Von Windhoek aus immer nach Osten,
in die Kalahari 23
Kapitel 3: Mein neuer Arbeitsplatz 28
Kapitel 4: Klein, »putzig«, bissig 34
Kapitel 5: Schwarzohr 39
Kapitel 6: Pavian in der Hose 44
Kapitel 7: Unter Wildhunden 50
Kapitel 8: Mit Raubkatzen auf Tuchfühlung 58
Kapitel 9: Mitten im Nirgendwo 64

Teil 2 Tief im Busch
Kapitel 10: *Into the wild* 73
Kapitel 11: Von Narben und Spinnen 83
Kapitel 12: Ohne Ohren 97
Kapitel 13: Der Ausbrecher 109
Kapitel 14: Sturm 122
Kapitel 15: Vollmond 131
Kapitel 16: Schwalbentanz 141
Kapitel 17: Kruger National Park 154
Kapitel 18: Abschied 164

Teil 3 Zurück in die Kalahari
Kapitel 19: Wiederholungstäter 175
Kapitel 20: *Rooikat* 183

Kapitel 21: Morning-Tour 188
Kapitel 22: Orange leuchtende Augen 207
Kapitel 23: Grenzerfahrungen 217
Kapitel 24: Fieber 235
Kapitel 25: Von Fabelwesen, sprechenden Bäumen
und dem Abschiednehmen 243

Teil 4 Auf Safari in Namibia
Kapitel 26: Erste Welt 255
Kapitel 27: Die Wüstenstadt am Ozean 262
Kapitel 28: *»Call the breakdown service!«* 271
Kapitel 29: Safari, Safari, Safari 280
Kapitel 30: Der Ameisenbärendrache 291
Kapitel 31: *Come, visit!* 299

Teil 5 Staub und Blut
Kapitel 32: *Hey! Ho! Let's go* 307
Kapitel 33: Erschreckend einfach 316
Kapitel 34: »Löwenjagd« 328
Kapitel 35: Das Interview 343
Kapitel 36: Auf dem Tafelberg 357
Kapitel 37: Auf in den Nordosten 367
Kapitel 38: *Twee seekoeie* 374
Kapitel 39: Spitzes Horn, spitzes Maul 382
Kapitel 40: Hört das denn nie auf?! 391

Playlist zum Buch 395
Danksagung 397

Für Nashorn, Leopard und Pangolin

Prolog

Langsam schiebt sich der tiefrote Feuerball über die Kante des Horizontes. In atemberaubend kräftigen Farben leuchtet der Himmel im Osten, von dunklem Blau über Lila zu Rotorange. Scharf zeichnen sich davor die Silhouetten der Schirmakazien ab. Die Strahlen der aufgehenden Sonne durchbrechen die Lücken im Geäst und beleuchten punktuell die Landschaft um uns herum. Tief atme ich die trockene, noch eiskalte namibische Morgenluft ein. Eine Bewegung über mir. Ich blicke auf, entdecke am wolkenlosen Morgenhimmel einen Raubadler. Scheinbar entspannt zieht er seine weiten Kreise, dann geht er von einer Sekunde auf die andere in den Sturzflug. Pfeilschnell schießt er Richtung Boden und verschwindet hinter den Bäumen aus meinem Sichtfeld. Was für eine Beute er wohl geschlagen hat? Ein Damara-Dikdik? Oder einen Kaphasen?

Wir halten direkt auf den mächtigen Tafelberg zu, der alles dominierend vor uns thront. Eine massive Felsformation, rot schimmernd im ersten Licht des Tages, die endlose Buschlandschaft um fünfhundert Meter überragend. Ein beeindruckender Anblick. Welch eine tiefgreifende Freiheit dieses weite, so unvergleichliche Land ausstrahlt. Namibia, manchmal scheint deine Schönheit mich zu überwältigen.

Ich bleibe stehen, als ich etwas am Wegesrand entdecke. Eine Spur, nicht sehr frisch, aber ich erkenne gleich die typische Katzenpranken-Form. Keine sichtbaren Krallenabdrücke, ungefähr zehn Zentimeter lang, eine fast kreisrunde Anordnung der Ballen. Dahinter weißlicher, von der Sonne ausgeblichener Kot. Es ist eindeutig, welches Tier hier sein Revier markiert hat.

»Leopard. Von der Größe der Pfote her ziemlich sicher männlich«, sage ich mehr zu mir selbst als zu meinem neun Jahre jüngeren Bruder Alex. Er steht einige Schritte hinter mir und nickt. Lässt sich wie immer nicht anmerken, was in ihm vor sich geht. Bis über die Nase hat er sein Gesicht in dem hohen Kragen seines Pullovers vergraben. Mit einer Hand umklammert er eine seiner Kameras, die andere hat er tief in seine Hosentasche gesteckt. Auch mich fröstelt es, trotz Fleece-Pullover und Jacke. Ich sehne mich nach der Wärme der afrikanischen Sonne.

Etwas steif gehen wir weiter, froh über jede Bewegung, die die Kälte aus unseren Knochen vertreibt. Dass wir den Leoparden sehen, der die Spuren hinterlassen hat, ist höchst unwahrscheinlich. Zum einen ist die Spur alt, und zum anderen sieht man die wunderschönen Raubkatzen nicht, wenn sie nicht gesehen werden wollen. Sie sind schüchtern, weichen den Menschen meist schon weit im Voraus aus. Außerdem sind sie Meister der Tarnung und des Versteckens. Der Leopard könnte drei Meter von uns entfernt im Gras liegen, und wir würden ihn nicht sehen. Das hat etwas Unberechenbares, aber ehrlich gesagt mag ich genau das.

Wir erreichen unser Ziel, einen frisch ins Erdreich gebauten, überdachten Unterstand, direkt an einem kleinen Wasserloch gelegen. Hier wird uns Wildhüter Louis in knapp drei Stunden wieder abholen. Um das Wasserloch herum entdecke ich im Matsch frische Spuren eines Spitzmaulnashorns. Es muss heute Nacht zum Trinken hier gewesen sein. Ich bin begeistert, Leoparden- und Spitzmaulnashorn-Spuren an einem Morgen! Gleich zwei meiner drei Lieblingstiere. Wie soll das denn heute noch weitergehen?

Mit gespitzten Ohren steige ich die wenigen Stufen hinab in den tief gelegenen Unterstand. Er hat keine Tür, was bedeutet, dass jederzeit Wildtiere eindringen könnten. Mal sehen, ob jemand heute Nacht hier geschlafen hat.

»Bis auf etwas Paviandreck ist alles frei«, lasse ich nach kurzer Kontrolle meinen Bruder grinsend wissen. Der wartet draußen mit der schweren Ausrüstung und sucht prüfend die Umgebung ab. Wir beziehen den Unterstand, packen unsere Kameras und das Zubehör aus. Unsere Aufgaben sind klar verteilt. Er filmt, sowohl vom Boden aus als auch bei Gelegenheit mit der Drohne aus der Luft. Darin ist er Profi. Ich selbst fotografiere und organisiere.

Vom Unterstand aus blicken wir durch schmale rechteckige Öffnungen auf das Wasser. Wenn ein Tier zum Trinken kommen sollte, sind wir direkt auf Augenhöhe mit ihm. Ein absoluter Traum für jeden Wildtierfotografen.

Ein einzelner kleiner Baum steht gegenüber auf der anderen Uferseite. Er ist wie die meisten Bäume in der Trockenzeit kahl. Statt mit Blättern ist er über und über mit zwitschernden Vögeln bedeckt. Kleine blaue Angola-Schmetterlingsfinken, bunte, leuchtende Granatastrilden und dazwischen die Grauen Lärmvögel mit ihrem unverkennbaren »Elvis-Kamm«. Kaum habe ich die Kamera auf eine besonders bunte Mischung von Vögeln ausgerichtet, ertönt ein Geräusch. Und was für eines! Gänsehaut breitet sich auf meinem ganzen Körper aus. Ich lege meine Nikon aus der Hand und gehe langsam einen Schritt aus dem Unterstand heraus. Ein tiefes, röhrendes, enorm basslastiges Brüllen, das alles durchdringt. Es ist unvergleichlich, pure Kraft. In der Morgensonne stehend, lausche ich dem beeindruckenden Konzert, das kilometerweit über die Savanne hallt. Nach kurzer Zeit stellt sich Alex zu mir. Die Müdigkeit in seinen Augen ist verschwunden.

»Löwen?«, fragt er tonlos.

»Ja, ein weit entferntes Rudel in ungefähr dieser Richtung.« Ich deute nach Südwesten. »Und eine einzelne Stimme von dort.« Ich weise schräg hinter uns nach Nordosten. »Im Gegensatz zum Rudel ist uns der Einzelgänger der Lautstärke nach zu urteilen um einiges näher.«

Wir entscheiden uns, in beide Richtungen Ausschau zu halten. Alex blickt von innen durch die schmalen Fenster über das Wasserloch nach Norden. Ich überwache halb verdeckt, im offenen Eingang stehend, den Bereich Richtung Süden. Wir verhalten uns mucksmäuschenstill. Die Sonne hat ein wenig an Höhe gewonnen und scheint nun rotgolden über die trockene Buschlandschaft. Das Fernglas in der Hand, stütze ich mich mit den Ellenbogen am Rand des Aufgangs ab. Halte so Ausschau nach Bewegungen im Gras, zwischen den Büschen und Bäumen. Doch auch nach mehr als einer halben Stunde ist nichts passiert. Ich nehme das Fernglas herunter und erstarre augenblicklich in der Bewegung. Keine zehn Meter vor mir tritt ein Löwe seitlich aus dem hohen Gras. Ein ausgewachsenes, etwa drei bis vier Jahre altes Männchen. Deutliche Narben im Fell zeichnen bereits seinen Rücken. Sie sind Zeuge seines Überlebenskampfes in der rauen Natur. Löwenmännchen kämpfen ihr Leben lang um Reviere, um die Vorherrschaft innerhalb eines Rudels, um das Recht, sich zu paaren, und nicht wenige lassen durch brutale und entzündende Verletzungen dabei ihr Leben.

Der junge, jedoch schon reichlich kampferfahrene Löwe geht ein paar Schritte, passiert einen Dornenbusch – und erstarrt in der Bewegung. Er hat mich bemerkt. Ruckartig wendet er den massigen Schädel in meine Richtung. Die Sonne beleuchtet von hinten einen Teil seiner Mähne und lässt sie orange leuchten. Das größte Landraubtier des afrikanischen Kontinents blickt mit seinen gelben Augen direkt in meine blauen. Ein wahnsinnig intensives Gefühl. Meine Kopfhaut kribbelt. Ich fühle mich vollkommen nackt in diesem Moment. Ausgeliefert, aber auch unsagbar lebendig. Alle unnötigen Gedanken, vermeintlichen Probleme und Sorgen sind schlagartig weg. Jetzt gibt es nur mehr ihn und mich.

Es ist nicht das erste Mal, dass ich in solch einer Situation bin. »Du bist der Boss«, sage ich im Stillen zu mir, »du beherrschst die Lage.« Zum Glück weiß ich, wie ich mich zu verhalten habe. Durch Aufenthalte als Volontär auf Wildtier-Auffangstationen, als Fotograf auf Safaris und als Wildhüter mit Louis auf Patrouillen habe ich mir dieses Wissen angeeignet. Ich bin ganz sicher kein Vollprofi, aber ich weiß ganz genau, was man besser bleiben lassen sollte, und auch, was man auf keinen Fall tun sollte. Ich bewege mich langsam, entspannt und selbstsicher um die Ecke des Eingangs. So, als würde mich die Großkatze gar nicht interessieren. Mein Bruder wirft mir einen fragenden Blick zu.

»Da ist einer«, flüstere ich.

»Ein was?«

»Ein Löwe, männlich, keine zehn Meter entfernt.« Seine Augen weiten sich, ich kann spüren, wie sein Herz zu rasen beginnt. »Er bewegt sich seitlich zu uns. Wenn er den Weg so weitergeht, kannst du ihn auch gleich sehen. Halte deine Kamera bereit.«

Auch ich bin nervös. Sollte der Löwe, wieso auch immer, aggressiv oder neugierig sein, hätten wir ein Problem. Denn wir sind unbewaffnet. Das Einzige, was als Waffe zählen könnte, ist das Jagdmesser, das ich am Gürtel trage und lediglich als Werkzeug benutze. Völlig lächerlich gegen die rund zweihundertfünfzig Kilo schwere Raubkatze, die nur aus Muskeln, Fangzähnen und rasiermesserscharfen Krallen besteht. Ein einziger Prankenhieb, und man ist außer Gefecht gesetzt. Ich blicke langsam um die Ecke. Der Löwe ist weitergegangen, bleibt aber in dem Moment, in dem ich mich wieder zeige, sofort stehen. Unsere Blicke treffen sich erneut. Gut, ich habe verstanden – solange ich ihn offen ansehe, wird er seinen Weg nicht fortsetzen. Ich tue, als würde ich gelangweilt und leicht arrogant zwei Vögel in einem Baum gegenüber mustern, und zwinge mich, dabei ganz ruhig und gleichmäßig zu atmen. Ich spüre, dass er mich noch ein paar Augenblicke beobachtet. Dann geht er tatsächlich weiter. Als er die Flanke des Unterstandes passiert hat und vor dessen Fenstern sichtbar wird, trete ich wieder durch den Eingang neben meinen Bruder. Er filmt, ich fotografiere. Das majestätische Tier schreitet am Wasserloch vorbei. Ein weiteres Mal bleibt es stehen, fixiert uns. Ein paar dunkle Vögel fliegen im Hintergrund vorbei, machen die Szene noch dramatischer. Der Löwe blickt kurz in die Richtung, aus der er kam. Setzt dann seinen Weg auf riesigen Pranken fort. So verschwindet er wieder im hohen, trockenen Gras. Sein vernarbter Rücken ist das Letzte, das wir von ihm sehen.

Was für eine faszinierende Begegnung. Alex ist verständlicherweise ziemlich aufgekratzt, denn das hätte auch anders ausgehen können. Wenn man auf Augenhöhe mit einem körperlich völlig überlegenen Löwen ist, gilt es, die aufkeimende Angst in den Griff zu bekommen und den Impuls, wegzurennen, um jeden Preis zu unterdrücken. Denn für Raubkatzen gilt: Nur Beute rennt.

Ich kann mich noch gut an meine eigene erste Begegnung mit Löwen erinnern. Über dreieinhalb Jahre ist das nun schon wieder her. Wahnsinn, wie die Zeit verrinnt. Seitdem hat sich so unglaublich viel verändert. Vor allem ich mich selbst ...

TEIL 1

AUF INS SÜDLICHE AFRIKA

Unter Wildtieren auf der
Auffangstation in der Kalahari

Kapitel 1

Ein erster Meilenstein

Frankfurt–Windhoek, im Februar 2015

Noch nie bin ich auf so einem langen Flug gewesen. Noch nie bin ich allein geflogen. Noch nie wusste ich so wenig, was auf mich zukommt.

Das leicht ironische »Wonderful Life« in der schweren Version von Smith & Burrows rauscht durch meine Kopfhörer, während ich versuche, irgendwie eine halbwegs bequeme Position zum Schlafen zu finden. Klappt nicht, zu eng, zu wenig Beinfreiheit, zu unbequem. Ich lehne mich wieder in meinem Sitz zurück, blicke aus dem kleinen Flugzeugfenster. Schwärze unter mir, der Sternenhimmel über mir. Laut der Flugübersicht auf dem Display im Sitz vor mir befinden wir uns gerade über der endlosen, weiten Sahara, der größten Trockenwüste unserer Erde. Irgendwie kann ich es noch nicht vollkommen realisieren, dass ich hier in diesem Flieger sitze, statt auf einen Truppenübungsplatz oder Lehrgang befohlen worden zu sein. Statt genau das zu tun, was andere und nicht zuletzt ich selbst von mir erwarten. Es fühlt sich an wie ein Traum. Mache ich das gerade wirklich?, wundere ich mich. Meine Gedanken driften in der Zeit zurück ...

Würzburg, zwei Jahre zuvor

Es ist März 2013, und die Welt ist grau. Wie ich den langen Winter verabscheue. Nass, kalt, ungemütlich; das Leben findet fast ausschließlich drinnen statt. Aber na gut, viel Leben findet für mich gerade sowieso nirgends statt. Ich bin, ohne dass ich es bewusst wahrnehme, mehr tot als lebendig. Alles, was ich mache, geschieht, weil ich es eben machen muss. Morgens aufstehen, schlaftrunken in die Kaserne fahren, schlechten Filterkaffee trinken, Dienst verrichten, nach Hause fahren. Zwischendurch Lehrgänge besuchen und meine Liste an Weiterbildungen verlängern. Weil es gut für den Lebenslauf ist.

Momentan mache ich eine Ausbildung zum Wirtschaftsinformatiker. Eigentlich reicht es mir völlig, wenn mein PC und die Programme, die ich nutze, funktionieren. Ich habe keinerlei Interesse daran, zu wissen, wie man sie programmiert oder solch ein Programm plant. Trotzdem verbringe ich seit Jahren Unmengen an Zeit damit, mir genau das einzubläuen. IT-Systemelektroniker, IT-Systemadministrator, IT-Netzwerkadministrator, IT-Sicherheitsbeauftragter und so weiter. Bald werde ich noch das Diplom für den Betriebs- und Wirtschaftsinformatiker in den Händen halten. Fast hätte ich das nicht überlebt.

Ich bin am Ende. Über die letzten Jahre hat sich immer mehr in mir angestaut. Ich reagiere fast nur noch über. Entweder bin ich aggressiv oder völlig still und ziehe mich zurück. In meiner Freizeit lenke ich mich so weit wie möglich von mir selbst ab. Doch auch das kann nicht ewig gut gehen. Ich betreibe meine Hobbys regelrecht fanatisch. Von null auf hundert, ohne Kompromisse. Kaum bin ich zu Hause, dreht sich alles nur noch um das jeweilige Hobby. Die Realität wird ausgeblendet, bis ich es nicht mehr ertrage und das eine Hobby gegen das nächste austausche. Meine Beziehung leidet massiv darunter. Lisa, meine Freundin, mit der ich zu diesem Zeitpunkt bereits sieben Jahre zusammen bin, kommt überhaupt nicht mehr an mich heran. Ich sehe alles nur noch grau und verkrampft.

Auf die Idee, dass ich einfach den falschen Weg eingeschlagen habe, komme ich nicht. IT ist doch *die* Zukunft. Als Wirtschaftsinformatiker werde ich nach meiner Militärzeit locker dreitausend Euro netto als Einstiegsgehalt verdienen. Im öffentlichen Dienst würde ich damit auch eine gute Stelle finden. Das ist zukunftssicher, das ist richtig, sagen alle. Zweifel werden nicht zugelassen. Die anderen machen das doch auch.

Aber in mir schreit alles nach dem echten Leben, einem Leben, das meiner Persönlichkeit entspricht. Dennoch zwinge ich mich, wie alle um mich herum den vermeintlich sicheren Weg zu gehen, und werde dabei immer depressiver.

An manchen Tagen halte ich den psychischen Schmerz kaum mehr aus. Schon allein die Existenz schmerzt.

Um den Abend zu überleben, stürze ich mich in ein Online-Panzerspiel. Es gibt 1,6 Millionen Spieler zu diesem Zeitpunkt in Europa, und ich habe mich unter all den Freizeitpanzerkommandanten auf Platz dreißig hochgearbeitet. Obwohl ich unter den Top fünfzig bin, stellt es mich bei Weitem nicht zufrieden. Ich spiele wie unter Zwang, immer besser, immer mehr.

Erschütterung, »Wir wurden getroffen«, meldet eine aufgeregte Stimme im Headset. Eine Stichflamme lodert auf. Wir sind abgeschossen worden. Verdammt! Mein Team hat versagt! Ich reiße mir den Kopfhörer vom Schädel. Lisa, die auf der Couch sitzt und liest, zuckt durch meine plötzliche Bewegung zusammen. Ich stehe vom Schreibtisch auf und gehe frustriert zur Couch.

Mit weit aufgerissenen blauen Augen schaut mich Pauzi an, springt von ihrem Platz und streicht mir einmal auf Katzenart um die Beine. Ich lasse mich erschöpft auf die Couch fallen und höre ein dumpfes »Miau«. Herr Dachboden hat es sich unter der Decke zwischen Lisas Füßen bequem gemacht. Klar, es ist kalt, da heißt es leider Decke und dicke Socken statt kurzer Hose und barfuß. Verdammter Winter! Ich seufze laut und zappe unmotiviert durch die Kanäle. Negative Nachrichten, selbstverliebte Männer beim Kochen, oberflächliche und gestresste Frauen beim Klamotteneinkauf, Leute, die nichts können, aber trotzdem berühmt sind, verlogene Werbung für unnützes Zeug. Wie ätzend!

Komm, Sebastian, mach die Kiste wieder aus, sage ich zu mir selbst. Doch dann bleibe ich bei einem Sender hängen, in dem eine Doku läuft. Grüne, weite Buschlandschaft unter blauem Himmel. Leute mit kurzen Hosen, Käppis und Hüten gegen den Sonnenschein – und Geparden. Geparden?! Tatsächlich, Menschen laufen gemeinsam mit den schnellsten Raubkatzen der Welt durch den Busch. Als Nächstes reparieren sie Zäune und heben Wasserlöcher in der Savanne aus. Ich setze mich aufrecht hin und verfolge gebannt den Fernsehbeitrag. Nach zwanzig Minuten weiß ich Bescheid. Es geht um Volontäre in Namibia, um Freiwilligenarbeit auf einer Wildtier-Auffangstation. Beeindruckend! Das kommt mir so erstrebenswert vor. Einen sinnvollen Beitrag leisten, für und mit Wildtieren arbeiten, dabei das südliche Afrika entdecken. Etwas, das ich schon ewig nicht mehr gefühlt habe, keimt in mir auf. Begeisterung und Hoffnung.

Sofort aber melden sich Vernunft und Zweifel. *Du* das südliche Afrika entdecken? Niemals! Du machst jetzt deinen Wirtschaftsinformatiker und leistest die restlichen Jahre in der Armee ab, um dann im Anschluss in einem Büro in einer Behörde oder einem Amt an einem Schreibtisch zu sitzen und auf die Rente zu warten!

Mir wird fürchterlich schlecht bei diesem Gedanken. Aber träumen, geschweige denn Träume zu verwirklichen, das ist nur etwas für andere, davon bin ich zu diesem Zeitpunkt fest überzeugt.

Lisa hat mich aus dem Augenwinkel beobachtet. Ihr ist es am Ende zu verdanken, dass ich knapp zwei Jahre später das erste Mal nach Namibia reisen werde. Sie hat meine Begeisterung gespürt und ist nicht müde geworden, mich zu ermutigen, bis ich meine Zweifel hinter mir lasse. Im Internet suche ich nach Volontärprogrammen in Namibia. Schnell merke ich, dass man sich gut informieren muss, um nicht den Angeboten einiger schwarzer Schafe aufzusitzen, die es in diesem Bereich durchaus gibt.

Währenddessen mache ich mehr als hundert Überstunden, als Ausbilder auf einem Truppenübungsplatz. Meinem Vorgesetzten erzähle ich von meinem Plan, er erklärt sich einverstanden, mir zwei Monate freizugeben. Schließlich finde ich eine Wildtier-Auffangstation in der Kalahari, deren Bewertungen überwiegend positiv klingen. Ich mache Nägel mit Köpfen und buche meinen Aufenthalt knapp ein Jahr im Voraus.

Ein Blick auf das Display vor mir zeigt, dass wir die trockene Wüste hinter uns gelassen haben.

Und ich? Was habe ich hinter mir gelassen? Habe ich mich diesmal tatsächlich selbst überwunden? Trotz aller negativen Stimmen in meinem Kopf? Warum habe ich nicht wie gewohnt den kritischen und pessimistischen Gedanken nachgegeben? Diese Reise als naive Träumerei abgetan? Die Antwort lautet: weil der Punkt erreicht war, an dem es einfach nicht mehr so weiterging.

Das hier ist ein Sprung, ein Sprung ins kalte Wasser, denn ich habe das Gefühl, innerlich zu verbrennen. Vielleicht löschen die kommenden Erfahrungen ja das selbstzerstörerische schwarze Feuer in mir, vielleicht aber auch nicht. Positiv zu denken schaffe ich noch nicht, aber zumindest neutral zu sein sollte ich versuchen. Am besten erwarte ich einfach gar nichts, dann kann ich am Ende auch nicht enttäuscht werden. Bei diesem Gedanken muss ich über mich selbst lachen. Ich bestehe doch nur aus Erwartungen! Erwartungen an mich selbst – und die will ich ausschalten?! Wir werden sehen. Denn ganz tief in mir habe ich ein Gefühl, das auch von all meinen Zweifeln, meinem anerzogenen Pessimismus und meiner selbst gepflegten Skepsis nicht vollständig erstickt werden kann: Ich freue mich, freue mich auf das, was kommt. Ganz insgeheim, in mir, ohne dass es für andere ersichtlich wäre. Diese Reise ist ein gewaltiger Meilenstein für mich. Was sie auslösen, wo sie mich hinführen wird, das weiß ich zu diesem Zeitpunkt noch nicht. Aber ich weiß aus ganzer Seele, dass es unfassbar wichtig für mich ist, genau das jetzt zu tun.

Kapitel 2

Von Windhoek aus immer nach Osten, in die Kalahari

Nach knapp zehn Stunden Flug landet der Flieger in Windhoek. Etwas steif vom langen Sitzen steige ich die Metalltreppe hinunter und stehe direkt auf dem Beton des Flugfeldes. Das helle Licht blendet mich. Man spürt, dass der Flughafen auf gut eintausendsiebenhundert Metern Höhe liegt, die Luft ist trocken und dünn.

Während ich den anderen Passagieren ins Flughafengebäude folge, blicke ich mich um. Nichts als Halbwüste, so weit das Auge reicht. Ich bin von dem Nachtflug noch völlig durcheinander, fühle mich desorientiert.

Auf der Fahrt in die vierzig Kilometer entfernte Stadt sehe ich aus dem Fenster und staune. Die Landschaft ist weit und trocken. Verdorrte Büsche, dazwischen ab und an ein Warzenschwein. Eine Gruppe Paviane hockt direkt am Straßenrand. Ich reibe mir die müden Augen und sauge all die fremdartigen Eindrücke in mich auf.

Eine halbe Stunde später erreichen wir den Ostteil der Hauptstadt. Ich habe eine kleine, schöne Pension für eine Nacht im Stadtteil Klein-Windhoek gebucht. Nach einer erfrischenden Dusche entschließe ich mich, die Umgebung zu erkunden. Ich laufe am Straßenrand entlang, denn Bürgersteige gibt es hier keine. In der Ferne sehe ich das Schild eines Supermarkts. Je näher ich ihm komme, desto mehr Menschen begegnen mir. Frauen mit vollen Einkaufstüten, Männer, die am Straßenrand im Schatten eines Baumes oder Gebäudes sitzen. Die Straßen sind gut befahren, ich sehe immer wieder Pick-up-Trucks. Ihre Ladeflächen sind voll von sitzenden oder stehenden Menschen, die mir zuwinken und grinsen. Sie alle sind offensichtlich weitaus ärmer als die Menschen in Mitteleuropa, aber wesentlich besser gelaunt. Unsicher lächle ich zurück. Inmitten der fremden Stadt komme ich mir ein wenig wie ein Außerirdischer vor. Ich bin der einzige Weiße in einer Umgebung aus ausschließlich Schwarzen, eine neue Erfahrung. Dies ist ganz einfach eine andere Welt, die in nichts dem gleichkommt, was ich bisher gesehen habe. Ich bin gebannt, geflasht, finde keine Worte, die Geräusche, Gerüche, all die Eindrücke zu beschreiben. Und all das ist ja erst der Anfang meines Abenteuers.

Am nächsten Morgen werde ich vom Fahrer der Auffangstation abgeholt. Im Wagen sitzen bereits zwei Schwedinnen, eine Norwegerin, ein Däne und ein Belgier. Als Nächstes steigt ein Medizinstudent aus Köln dazu, braunhaarig, schlank, ich schätze ihn auf Mitte zwanzig.

Wir fahren nach Osten, es herrscht nur wenig Verkehr auf den gerade gezogenen, frisch geteerten Straßen. Namibia ist nach der Mongolei das am wenigsten besiedelte Land der Welt. Mit seinen 824.116 Quadratkilometern ist es zweieinhalbmal so groß wie Deutschland, hat aber nur 2,3 Millionen Einwohner. Und so passieren wir auf unserem Weg in die Kalahari nur wenige Siedlungen. Ab und an zweigt eine Sandpiste ab, die zu einer Farm oder einer Ansammlung von Hütten und Häusern führt. Dazwischen ist nichts als namibisches Buschland – einzelne niedrige Akazien, Büsche und Wüstengras. Auffallend sind die Dornen und Stacheln der Pflanzen, mit denen sie ihre meist kleinen Blätter gegen die Pflanzenfresser verteidigen.

Wasser ist knapp hier; die Hälfte des Jahres, wenn Winter herrscht, fällt überhaupt kein Regen. Der Fahrer erzählt uns, dass die namibischen Farmer ein Hauptgesprächsthema haben, wenn sie sich treffen: »Hat es bei dir dieses Jahr schon geregnet? Wie viele Millimeter pro Quadratmeter?« Jetzt, im Februar, ist hier Hochsommer und somit Regenzeit, das freut die Namibier mehr als die Touristen.

Je näher wir der Kalahari kommen, desto sandiger wird der Boden. Gelb, grau, hin und wieder ein erdiger rötlicher Ton. Einzelne Büsche und Gräser sind leicht ergrünt, es muss geregnet haben. Nach zweieinhalb Stunden Fahrt machen wir Pause im letzten Ort vor unserem Ziel: volltanken, einen Dollar für ein dreckiges WC zahlen und Milchshake in einer unbekannten Fastfood-Kette trinken. Danach geht es für eine Stunde auf einer staubigen Schotterpiste weiter.

Mich überkommt ein seltsames Gefühl, das ich nicht deuten kann. Ich bin gespannt, was mich erwartet, doch auch nervös. Mir fehlt das Vertrauen neuen Dingen gegenüber. Doch schon bald wird mich all das Neue so in den Bann ziehen, das Leben und Überleben der Tiere in dieser öden, doch auch schönen Wildnis, dass es mich von Grund auf verändert und mir neue Horizonte eröffnet ...

Die Wildtier-Auffangstation in der Kalahari hat ihre Wurzeln in den späten Siebzigerjahren und ist ein Refugium für verwaiste, misshandelte und verletzte Wildtiere. Erklärtes Ziel der Station ist es, die Tiere so lange in einem gesicherten, möglichst naturnahen Gehege zu versorgen, bis sie wieder ausgewildert werden können. Seit einigen Jahren gibt es ein Volontärsprojekt, wo Menschen aus allen Ländern der Erde zusammenkommen, um die Tiere zu betreuen und anstehende Arbeiten rund um die Station zu übernehmen.

Das Volontärsdorf liegt etwa einen Kilometer von den Hauptgebäuden, der sogenannten Farm, entfernt. Es besteht aus knapp einem Dutzend Holzhütten; die neueren sind auf kurzen hölzernen Stelzen gebaut, die alten auf einem Beton-fundament. Ich teile mir eine der rustikalen Hütten, die auch schon bessere Tage gesehen hat, mit Rick, einem jungen Belgier, Magnus, einem schüchternen Dänen, und dem Kölner Medizinstudenten, den ich wegen der ausschließlich langen Hosen, die er trägt, bald Dr. Long Trousers nenne.

Die Sanitäranlagen befinden sich außerhalb der Hütte, es sind einfache Wellblechverschläge und sie tun ihren Dienst, denke ich mir. Ich packe aus und fühle mich etwas verloren. Die Hitze ist erdrückend.

Als es dunkel wird, laufe ich zu der halb überdachten Gemeinschaftsunterkunft am Rand des Volontärsdorfes.

Jeden Freitag findet nach dem Abendessen hier die Vorstellungsrunde statt. Zuerst sind die Neuankömmlinge, die Newbies, an der Reihe. Gesprochen wird Englisch, eine Sprache, mit der ich bislang nie wirklich warm geworden bin. Angestrengt versuche ich, die unterschiedlichen Akzente der rund vierzig bis fünfzig Freiwilligen zu verstehen. Über die Hälfte sind Skandinavier, ansonsten überwiegend Niederländer, Deutsche, Österreicher und Schweizer.

Die Vorstellungsrunde läuft immer gleich ab. Jeder sagt, wie er heißt, woher er kommt, was er zu Hause macht, ob er Single oder vergeben ist, wie viele Wochen er bleibt und ob er Dog- oder Catperson ist. Die meisten geben an, »Hundemenschen« zu sein. Wenn es nach dem ginge, was man am liebsten mag, müsste ich »Animalperson« antworten, denn Tiere interessieren und begeistern mich ganz allgemein. Aber hier will man offenbar wissen, welchem Tier der eigene Charakter näher ist. Ich bin mit Hunden aufgewachsen und mag sie sehr, Katzen aber habe ich lieben gelernt. Ihre Eigenständigkeit, Unabhängigkeit und freiheitsliebende Natur sagen mir persönlich viel mehr zu. Deshalb antworte ich »Catperson«, auch wenn »Animalperson mit der Priorität auf Katzen aller Art« mich am besten beschreiben würde.

Im Anschluss an uns Newbies stellen sich die Mitglieder der einzelnen Gruppen vor, die ganz unterschiedliche Aufgaben vom Caretaker für Tierbabys über tiermedizinische Betreuung bis hin zu Forschungsprojekten umfassen. Im Anschluss daran müssen sie noch ihr jeweiliges Gruppenlied singen, die Melodie eines bekannten Songs mit umgeschriebenem, auf die Arbeiten der Gruppe angepasstem Text. Ein etwas peinlicher Moment, aber auch der geht vorüber. Ich fühle mich ein wenig wie ein Außenseiter, tue mich noch schwer, unbefangen auf andere zuzugehen, hier in dieser ungewohnten Umgebung, wo nichts so ist, wie ich es kenne.

Es ist spät geworden, unsere Einweisung und der Rundgang durchs Dorf werden erst morgen stattfinden. Ich kann es kaum erwarten, die Tiere kennenzulernen, denn ihretwegen bin ich hier.

Als ich zurück zu meiner Hütte gehe, stolpere ich fast über ein massiges Wesen, das sich mitten auf dem Weg niedergelassen hat. Mit seiner graubraunen, spärlich behaarten Haut, den Warzen im eigentümlich geformten Gesicht und den Hauern handelt es sich unverkennbar um ein Warzenschwein.

»Das ist Bacon, unser Alpha-Keiler. Der ist zahm, aber er duldet hier keine anderen Warzenschweine«, sagt Sandy, eine Biologiestudentin aus Österreich mit langen dunkelblonden Haaren und ausgeprägtem Wiener Dialekt. »Pass besser auf deine Sachen auf, der frisst alles.« Und schon verschwindet sie in der Dunkelheit zwischen den Hütten.

Bacon grunzt, reckt die Schweinenase und rappelt sich auf. Sprachlos blicke ich ihm hinterher, wie er zu den Duschen stapft und sich in einer Kabine breitmacht. Ich blinzle verdutzt. Ein Warzenschwein, das Bacon heißt und in der Duschkabine schläft? Wenn das schon so anfängt, was wird mich hier dann wohl noch erwarten?

Kapitel 3

Mein neuer Arbeitsplatz

Am nächsten Morgen begrüßt uns Alice, die Gründerin der Kalahari-Auffangstation. Ich schätze sie auf Ende sechzig, sie wirkt auf den ersten Blick sympathisch und äußerst tierlieb. Mit dabei hat sie ein Pavianbaby, ihr derzeitiges Pflegekind, wie sie uns erklärt. Ein Koordinator führt Dr. Long Trousers, die skandinavischen Volontäre, die tags zuvor mit mir hier angekommen sind, und mich über das Gelände der Auffangstation, um uns anschließend in unsere Tätigkeiten einzuweisen. Ich habe Mühe, den Akzent des alten, wettergegerbten Südafrikaners zu verstehen.

Unsere erste Station ist ein Entwicklungshilfe-Projekt: die Vorschule für die San-Kinder, die sich einen knappen Kilometer vom Volontärsdorf entfernt befindet. Das Volk der San, auch Buschmänner genannt, sind die eigentlichen Ureinwohner Namibias. Sie haben eine gelblich-bräunliche Haut, eine eher geringe Körpergröße von eins vierzig bis eins sechzig und sprechen eine interessante Klicksprache, bei der sie mit der Zunge schnalzen. Der Film »Die Götter müssen verrückt sein« von 1980 hat Buschmänner über das südliche Afrika hinaus bekannt gemacht. In Wahrheit können sie in der heutigen Zeit kaum mehr so leben, wie es ihrer Tradition entspricht. Mit einer Stammeslinie, die vor mindestens zehntausend Jahren ihren Anfang nahm, sind sie wohl das älteste Volk der Welt. Die San waren über Jahrtausende reine Sammler und Jäger, bis die Europäer Afrika kolonialisierten. Als rückständig verschrien, versklavt und vertrieben, litten sie Jahrhunderte unter der Kolonialherrschaft, aber auch anderen Stämmen, die in ihr Gebiet einwanderten, wie den Herero oder Nama. Noch heute gibt es keine Lobby, die sich für sie einsetzt, und die Regierungen der Länder, in denen sie noch leben, interessieren sich kaum für sie. Somit sind sie einer der großen Verlierer im heutigen Afrika. Wie ich erfahre, arbeiten einige San für Alice und leben in einer kleinen Dorfgemeinschaft neben der Farm. Die Vorschule hat sie für die dortigen Kinder gegründet.

Rechter Hand befindet sich der Carpark. Er ist das Revier einer kleinen, zutraulichen schwarz-weißen Katze, die neugierig um unsere Gruppe herumstreicht. Ansonsten sind hier Geländefahrzeuge, Käfigwagen, Safariwagen, Traktoren und ein Lkw abgestellt. Dahinter befindet sich der Kühler-Container, in dem das Fleisch für die Raubtiere aufbewahrt und jeden Morgen durch den eingeteilten Guide zurechtgesägt wird. Hauptsächlich handelt es sich um alte Esel und Pferde von Farmern aus der Umgebung, die als Fleischlieferanten für die vielen Carnivoren der Auffangstation dienen.

Wir öffnen das erste Tor der Farm, hier herrscht eine Gruppe Gänse als Wachhunde. Linker Hand befindet sich die Mechanikerhalle, die von einem freundlichen, untersetzten Mann regiert wird. Heute trägt der grinsende Kerl, der nur noch einen Teil seiner Zähne besitzt, sein Lieblings-T-Shirt, auf dem steht: »Die Kalahari-Auffangstation ist nichts für Pussys.« Damit hat er wohl recht, zumindest, wenn man den Worten unseres Koordinators Glauben schenkt: »Das hier ist kein Streichelzoo, und wer von euch nicht damit klarkommt, dass Fressen und Gefressenwerden ein Bestandteil der Natur sind, wird es sehr schwer haben. Die Natur ist nun mal kein Disney-Zeichentrick-Film.« Im Klartext: Wer sich hier anmeldet, der ist zwar freiwillig hier, verpflichtet sich aber, zu arbeiten, sich einzugliedern und gewisse Härten in Kauf zu nehmen.

Gegenüber befindet sich das Zuhause eines sehr aggressiven Pavianmännchens ohne Schwanz. »Bei ihm solltet ihr eine Armeslänge Abstand zu den Gittern halten«, erklärt der Koordinator. Daneben, in einem Gehege mit einem kleinen Hügel in der Mitte, residiert in einem Erdloch Gumbi, ein altes, entspannt wirkendes Schabrackenhyänenmännchen. Links von uns befindet sich die »Food Prep Area«, ein Extrabereich, in dem zweimal täglich das Futter für die Tiere auf der Farm von Volontären zubereitet wird. Sofort habe ich den Geruch von Blut und Fleisch in der Nase. Denn dort schneidet man nicht nur Karotten und Äpfel klein, sondern hat auch mal ein vierzig Kilo schweres Eselhinterteil inklusive Schwanz, Fell und Genitalien auf dem Tisch liegen, das man in passende Portionen für Mangusten, Erdmännchen, Geparden oder Hyänen schneiden darf.

Als wir durch das zweite Tor treten, befinden wir uns auf einer großen grünen Wiese, welche die umzäunte Farmanlage dominiert. Um das Gras in diesem trockenen Land grün halten zu können, wird es täglich mit dem Abwasser der Auffangstation gegossen. Wenn die Sprenkelanlage angestellt ist, sollte man also nicht unbedingt durch das Wasser laufen, geschweige denn davon trinken.

An den Rändern der Farm sind ein paar kleinere Gehege untergebracht. Es sind aber nur wenige, die meisten Gehege sind weitläufig angelegt und befinden sich in der weiteren Umgebung der Farm.

Unser Weg führt uns an den Büros und den privaten Räumen der Gründerin Alice sowie den Wohnräumen der Angestellten vorbei. Zweihundert Meter weiter geradeaus steht die »Lapa«, ein großes reetbedecktes Haus unter einem noch größeren Baum. Dort befinden sich die Bar und das Restaurant für die Gäste, die in den Lodges in der Nähe der Farm übernachten und die Auffangstation als Touristen besuchen.

Im Schatten des großen Baumes neben der Lapa erklärt uns der Koordinator den Tagesplan. Unwillkürlich denke ich an zu Hause. 05:50 aufstehen, rasieren, Zähne putzen, Uniform anziehen. Anschließend Fahrt in die Kaserne, schlechten Filterkaffee trinken, bis 17 Uhr arbeiten, wenn nichts Besonderes anfällt, wie Übung, Lehrgang, Schießen. Dann heimfahren, kochen, unzufrieden sein, ohne den genauen Grund zu erkennen, ablenken, schlafen. Ich verdränge die aufsteigenden diffusen Gefühle und versuche aus dem fürchterlichen Akzent des Koordinators schlau zu werden.

06:20
Einer der Koordinatoren oder Guides fährt mit einem bis zwei Volontären die großen Gehege abseits der Farm ab. Grund: Kontrolle und Messung der elektrischen Zäune, damit man nicht Gefahr läuft, beim nächsten Spaziergang einer Gruppe Löwen oder Afrikanischen Wildhunden zu begegnen.

07:00
Frühstück für alle Volontäre im Gemeinschaftshaus mit Blick auf das Wasserloch.

08:00
»Tree-Meeting«: Einteilung der Gruppen in die anfallenden Tätigkeiten. Danach hat jede Gruppe täglich dieselben Tiere nach einem festen Plan zu versorgen. Meist werden hierfür je zwei bis vier Leute eingeteilt. Alle anderen erhalten Aufgaben, die sehr unterschiedlich sein können, wie zum Beispiel »Tracking«, also Spurenlesen in der Wildline, dem neuntausend Hektar großen Gebiet der Auffangstation, in dem Tiere frei leben und jagen. Einige wenige ausgewilderte Geparden haben dort ein Zuhause gefunden. Auch »Walks« stehen an, also Spaziergänge außerhalb des normalen Aufenthaltsgebiets mit Tieren, die auf der Farm aufgewachsen sind. Das

können normale Hunde, aber auch Paviankinder oder sogar Geparden sein.

Bei der »Morning-Tour« füttert man die Tiere in den großen Gehegen, und bei der »Interaktion« geht es um den Kontakt zu verschiedenen Tieren auf der Farm. Laut unserem Koordinator kann das lustig bis schmerzhaft sein mit Pavianbabys, sehr ruhig mit Meerkatzen-Omis und entspannt oder actionreich mit jungen Geparden-Waisen.

Bei der »Farmwork« schließlich muss man Feuerholz besorgen, Gehege bauen, Zäune reparieren und große Gehege reinigen, die weiter außerhalb liegen. Unser Koordinator erzählt, dass beim Reinigen die Tiere in dem unübersichtlichen Gelände anwesend sind und es sich deshalb meist auf das Entfernen von Knochenresten beschränkt.

Farmwork ist bei vielen Volontären unbeliebt, hauptsächlich deshalb, weil es die körperlich anstrengendsten Arbeiten beinhaltet.

In Kürze werde ich meine eigenen, einschlägigen Erfahrungen mit Gehegen und Elektrozäunen sammeln, aber das ahne ich zu dem Zeitpunkt noch nicht.

12:30
Pause und Mittagessen im Volontärsdorf. Laut unserem Koordinator eine gute Zeit, um zum Beispiel seine Socken oder Unterhosen in dem Becken bei den Duschen zu waschen. Das sind die einzigen Kleidungsstücke, die man selbst reinigen muss. Alles andere kann man einmal in der Woche in der Wäscherei der Farm bei den San-Frauen abgeben.

15:00
Zweites Tree-Meeting. Einteilung der Volontäre auf die Aufgaben am Nachmittag.

19:00

Abendessen, wie alle anderen Mahlzeiten auch wieder im Volontärsdorf. Im Anschluss Freizeit – wie man diese gestaltet, bleibt einem meist selbst überlassen. Eine Ausnahme bildet immer der Mittwochabend. Dann findet die »Lapa-Night« statt, eine zur Verabschiedung der abreisenden Volontäre am nächsten Tag gedachte Motto-Party.

Uns allen wird klar, dass hier tatsächlich Arbeit ansteht. Mit Erholungsurlaub hat das nichts zu tun, man bekommt dreckige Hände, Schrammen, Kratzer und Bisse an Armen und Beinen statt eines Cocktails mit Schirmchen am Pool, nachdem man ein paar Tiere gestreichelt hat. Doch das ist genau nach meinem Geschmack. Ich will arbeiten, mich verausgaben, etwas Sinnvolles tun. In gewisser Weise gibt mir der straffe Zeitplan Halt. Einen Rahmen, in dem ich funktionieren kann. Dass es nicht ums Funktionieren geht, sondern um *leben* – sich freiatmen, fühlen, sich spüren, hinterfragen, suchen, sich erfahren –, das weiß ich zu diesem Zeitpunkt noch nicht. Und doch erlebe ich einen Perspektivwechsel, der mich nach und nach in die richtige Richtung treiben wird.

Außerdem wartet das erste Abenteuer auf mich. Zwar nicht mit anmutigen und geschmeidigen Raubkatzen, aber Zähne bekomme ich dennoch zu spüren.

Kapitel 4

Klein, »putzig«, bissig

Mit meiner Gruppeneinteilung als Caretaker für verwaiste Tierbabys und verletzte Tiere bin ich mehr als zufrieden – auch wenn ich bald merke, dass die Grenzen zu den anderen Aufgaben sich recht fließend gestalten. Die Erdmännchen, die mein Team zu versorgen hat, zählen nämlich weder zu den Babys und Waisen noch sind sie verletzt, glücklicherweise.

Erdmännchen sind fünfundzwanzig bis dreißig Zentimeter kleine Mitglieder der Mangusten-Familie, deren Schwanz noch mal um die zwanzig Zentimeter misst. Die klugen, geselligen Tiere mit dem hellbraunen Fell und den schwarzen Flecken um die Augen leben in Gruppen zusammen. Touristen sind immer ganz aus dem Häuschen, wenn sie ihnen begegnen. Sie sehen aber auch niedlich aus, wenn sie sich auf die Hinterbeine stellen und »Männchen machen«, um die Umgebung zu überwachen. Viele lässt ihr »putziges« Äußeres jedoch vergessen, dass sie Raubtiere sind und ein dementsprechendes Gebiss haben.

Auf der Wildtier-Auffangstation lebt ein Dutzend der kleinen Räuber in Zweier- bis Vierergruppen in Gehegen, die von einer ein Meter zwanzig hohen Betonmauer umgeben sind.

Sie alle wurden zuvor von irgendwelchen Leuten als Haustiere gehalten, bis diese merkten, dass es doch keine gute Idee ist, Wildtiere zu domestizieren. Als Babys sind sie ja so süß, aber auch Erdmännchen werden nun mal größer, versuchen überall Löcher zu buddeln und knabbern alles an, vom Fernsehkabel über die Möbel bis zum Hund. Stubenrein sind sie natürlich auch nicht und markieren eifrig überall im Haus ihr Revier. Während einige Leute die Tiere einfach in der für sie völlig fremden Wildnis aussetzen, haben andere zumindest so viel Verstand, sie zu Auffangstationen zu bringen. So wie diese Exemplare hier.

Mein Team ist für eine Dreiergruppe verantwortlich. In der Food Prep Area fülle ich ein Schälchen mit Apfelstücken, zwei Hühnereiern und etwas Eselfleisch, so wie es auf der Aufgabentafel steht. Dieses Schälchen soll ich nun in das Gehege der drei Erdmännchen stellen, außerdem das Wasser austauschen und den Sand reinigen. Eigentlich keine große Sache. Ich setze mich seitlich auf die Mauer, ziehe das rechte Bein nach und lasse mich in das Gehege gleiten. Ein Erdmännchen kommt sofort schnurstracks auf mich zu. Ich stelle das Schälchen mit dem begehrten Futter ab und begrüße den heranstürmenden Gehegebewohner mit einem launigen »Na, da hat es ja jemand sehr eilig«.

Im nächsten Moment huscht das Erdmännchen knurrend zwischen meinen Füßen hindurch, beugt den Kopf unter meinem linken Knöchel hindurch, erreicht so meine Achillesferse und beißt kräftig zu.

Ich bin mehr überrascht über den Blitzangriff, als dass es wehtut. Außerdem habe ich mir das wohl selbst zuzuschreiben, denn ich Anfänger bin barfuß ins Gehege gestiegen. Aber das wirklich Blöde ist, dass das Tier keine Anstalten macht, loszulassen.

Hm, gut, nichts Unüberlegtes machen, sage ich mir. Vielleicht lässt es los, wenn ich das Gehege, das ja sein Revier ist, wieder verlasse. Also springe ich mit meinem Hintern voran wieder auf die Mauer und hebe die Füße an. Aber das kleine, knurrende Etwas denkt überhaupt nicht daran, loszulassen. Stattdessen lässt es alle Pfoten hängen, macht sich möglichst schwer und schwingt sich mit dem ganzen Körper von links nach rechts. Ein Außenstehender würde vermutlich denken, ich hätte einen zappelnden, fleischfressenden Pelzfisch am Bein hängen.

So langsam erreicht der Schmerz mein Gehirn. Trotz des kleinen Kopfes schätze ich, dass das Gebiss meines Angreifers dem einer Hauskatze gleichkommt. Zusammen mit der klug ausgewählten Bissstelle wird das Ganze langsam unangenehm.

Nachdem meine erste Strategie versagt hat, lasse ich mich wieder ins Gehege sinken. Die beiden anderen Erdmännchen blicken um die Ecke eines Erdhügels und beobachten verdutzt das Schauspiel aus sicherer Entfernung. Was tun? Ich kann das vielleicht siebenhundert Gramm schwere Tier ja nicht treten oder wegschlagen. Die Gefahr wäre viel zu groß, dass ich es dabei ernsthaft verletze. Außerdem bohren sich seine vier Eckzähne fest in meine Ferse, und wenn ich es wegreiße, wird die Wunde wahrscheinlich erst richtig unangenehm.

Da kommt mir eine Idee. Ich greife mit beiden Händen zu und ziehe mit jeweils einer Hand an Unter- und Oberkiefer, bis die Zähne aus meinem Fleisch sind. Das passt dem mutigen Tier überhaupt nicht. Es gehört sich ja auch nicht, dass sich die Beute einfach wieder dem Räuber entzieht, und deshalb beschwert es sich lautstark. Ich packe das zappelnde Fellbündel am Genick und setze es mit einer Hand so weit weg von mir wie nur möglich. Um es eine halbe Sekunde später an meinem Handgelenk hängen zu haben. Triumphierend knurrt es wieder, und ich kann nicht anders, ich muss lachen. Diese Entschlossenheit ist beeindruckend und mutig, wenn auch gleichzeitig etwas unüberlegt.

Als Nächstes ziehe ich die Kiefer nur mit den Fingern einer Hand auseinander, packe das Erdmännchen am Genick, lasse es am ausgestreckten Arm in den Sand fallen und springe gleichzeitig auf die Mauer. Dort bleibe ich erst mal sitzen, atme auf und schaue nach unten ins Gehege. Die beiden Beobachter haben mittlerweile damit begonnen, das Futterschälchen zu leeren. Das Angriffs-Erdmännchen aber läuft aufgebracht mit steil aufgestelltem Schwanz direkt unter mir an der Mauer auf und ab. Dabei knurrt und brummt es und sieht immer wieder wütend zu mir auf. Aus meinen Wunden läuft das Blut und färbt langsam mein Handgelenk sowie meine Ferse rot. Also wende ich mich zum Gehen und versorge die Bisse mit meinen eigenen Medikamenten.

Die nächste Fütterung übernimmt ein Volontär aus Dänemark. Mit beruhigenden Worten nähert er sich dem kleinen Terminator und stellt die Futterschale vor ihn hin. Leider macht er den Fehler, sich dabei vertrauensvoll hinunterzubeugen – und bekommt einen ordentlichen Biss in die Nase ab.

Das Erdmännchen ist nicht das einzige Tier, das für zweifelhafte Unterhaltung sorgt. Dr. Long Trousers, der seinem Namen nach wie vor gerecht wird, macht seine Erfahrungen mit dem verfressenen Bacon. Schon bei unserem ersten Treffen hatte ich den Eindruck, dass der Medizinstudent etwas von einem Hipster an sich hat. Auf jeden Fall hat er unnötigerweise sehr neue und sehr teure Sneakers mit nach Namibia gebracht, die er an diesem Tag zum Lüften auf die Veranda unserer Hütte stellt. Fehler! Bacon, der in der Woche zuvor dabei erwischt wurde, wie er durch die Fliegengittertür einer Hütte brach und dort von Schokolade über Sonnencreme bis hin zu Kopfhörern alles anfraß, was er nur kriegen konnte, lehrt uns effektiv die Grundregeln im Umgang mit Warzenschweinen: Zum einen lasse niemals die Hüttentür unbeaufsichtigt offen stehen, sonst hast du womöglich einen immer hungrigen, rund hundertfünfzig Kilo schweren Keiler in deiner Unterkunft stehen. Und zum anderen lasse auch draußen nichts in Reichweite eines Warzenscheins stehen oder liegen, sonst ist es ziemlich sicher weg oder gefressen. Und so muss Dr. Long Trousers sich dann auch mit einem einzelnen Sneaker zufriedengeben, der zweite taucht nicht mehr auf, nachdem Bacon ihn als eine Art Kaugummi verwendet hat.

So vergeht mein erster Vormittag als Volontär schmerzhaft bis vergnüglich. Dr. Long Trousers und ich sitzen in einer Pause auf den Holzpfosten vor einem Pool voller toter Käfer, der wohl eine ganze Weile nicht gereinigt worden ist, hören »Inertia Creeps« von Massive Attack und beobachten Bacon, als plötzlich Sandy vorbeigelaufen kommt.

»Hier ist grade urviel los«, ruft sie in ihrem Wiener Dialekt. »Habt's ihr schon das von den Karakalen gehört?«

Ich schüttele den Kopf.

»Das Karakalweibchen hat vorgestern geworfen und gleich ihr erstes Junges gefressen. Die zwei anderen mussten wir dann urschnell aus dem Gehege holen, bevor sie die auch noch töten konnte.«

Neugierig springe ich vom Pfosten und schließe mich Sandy an, um die Karakale zu sehen. Zu diesem Zeitpunkt weiß ich noch nicht viel über die Schwarzohren, aber das wird sich schon bald ändern. Denn ich darf der Pflegevater der Babys werden.

Kapitel 5

Schwarzohr

Der erste Karakal, den ich zu sehen bekomme, ist Samar, ein ausgesprochen großes Exemplar seiner Art. Zusammen mit Juliette, der Mutter der Jungen, lebt er in einem großen Gehege am Rand der Farm. Wieso die beiden auf der Auffangstation sind, weiß ich nicht, vermutlich sind sie als Waisen oder verletzte Tiere hergekommen.

Karakale sind menschenscheue Raubkatzen mit einer Schulterhöhe von vierzig bis fünfzig Zentimetern. Wegen ihrer Größe und ihres Erscheinungsbildes werden sie auch als Wüstenluchse bezeichnet, sind jedoch nicht direkt mit den Luchsen verwandt. Das Wort Karakal stammt aus dem Türkischen, *karakulak* bedeutet so viel wie »Schwarzohr« – eine passende Bezeichnung, denn die spitzen schwarzen Ohren mit den ebenfalls schwarzen Pinseln an ihrem Ende sind typisch für diese Katzenart. Das Fell ist ockergelb bis rötlich braun, weshalb sie auf Afrikaans auch *rooikat* genannt werden. Der Schwanz ist halb lang, die Hinterbeine sind länger und kräftiger als die Vorderbeine. Das macht den Karakal nicht nur zu einem hervorragenden Sprinter, sondern auch zu einem enorm guten vertikalen Springer, der aus dem Stand heraus bis zu dreieinhalb Meter hoch springen kann. Eine beeindruckende Leistung! Während meines Aufenthalts beobachte ich einen Karakal, der mit einem solchen Sprung ein vorbeifliegendes Perlhuhn reißt. Beute des reaktionsschnellen Räubers sind neben Vögeln vor allem Mäuse, Hasen und kleine bis mittelgroße Antilopenarten. Aber auch vor Schafen und Ziegen macht er nicht halt, schließlich wird der Lebensraum der Tiere immer bedrohter, und Schafe und Ziegen sind im Gegensatz zu fluchterfahrenen Antilopen leichte Beute. Leider töten Karakale häufig nicht nur ein Tier, sondern es gibt Nächte, in denen ihnen gleich zwanzig bis vierzig zum Opfer fallen. Der Grund dafür liegt in der Panik, die bei einem Karakal-Angriff unter den Herdentieren ausbricht. Durch den entstehenden Lärm könnten Konkurrenten wie andere Karakale, Schakale, Hyänen oder Löwen angelockt werden, die dem Jäger die Beute streitig machen würden. Also sorgt er auf seine Weise für Ruhe. Ein Umstand, für den der Karakal bei Viehfarmern geradezu verhasst ist. Und Namibia scheint hauptsächlich aus Viehfarmern zu bestehen. Eine Entschädigung für gerissenes Vieh wird in afrikanischen Staaten selten geleistet, und wenn, dann in zu geringem Maße. Da Raubtiere einen Farmer in seiner Existenz bedrohen können, schießen die meisten die Eindringlinge, egal, ob es ein Karakal, ein Gepard, ein Rudel vom Aussterben bedrohter Afrikanischer Wildhunde oder ein bedrohter Leopard ist. Es bekommt ja sowieso niemand mit, der nächste Nachbar kann schon mal hundert oder mehr Kilometer entfernt wohnen. Und der ist wahrscheinlich auch ein Viehfarmer und würde das Gleiche tun. Mittlerweile ist fast alles Land in Namibia großflächig eingezäunt und befindet sich in Besitz. Wenn die dort lebenden Wildtiere Glück haben, wird es als Safari-Wildtierreservat genutzt, wenn sie weniger Glück haben, als Weideland. Und dann stellen in dem trockenen Land nicht nur Raubtiere eine Bedrohung dar, sondern auch wilde Grasfresser, die dem eigenen kostbaren Vieh die Nahrung nehmen. Mensch und Wildtier, ein sehr schwieriges Thema, das mir in Namibia immer wieder begegnen wird und mich nicht mehr loslässt.

Der schöne, geschmeidige Samar fasst binnen weniger Tage Vertrauen zu mir und lässt es zu, dass ich mich ihm annähere. Bald schon kann ich mich in seinem Gehege auf den Boden setzen, und er kommt auf mich zugelaufen, um mich mit seiner Nase zu berühren. Ein faszinierendes Tier!

Auch wenn Samar halbwegs zahm ist, darf man nicht vergessen, dass es sich bei ihm um ein Wildtier handelt, eine Raubkatze mit einem natürlichen Killerinstinkt. Dementsprechend handelt er auch. Als eine junge Hauskatze aus Versehen in sein Gehege gerät, macht er kurzen Prozess mit ihr. Wir können sie leider nicht mehr retten. Aber böse kann ich Samar auch nicht sein, schließlich ist dies sein natürliches Verhalten. Ich setze mich zu ihm, und er wirft mir aus seinen grünen Augen nur einen Blick zu, der so viel sagt wie: »Hey, wo hast du meine Beute hin? Das war doch mein Kill.«

Als ich Samars und Juliettes Junge das erste Mal sehe, sind sie nicht mehr als eine Handvoll Katze und haben die Augen noch geschlossen. Alice, die Gründerin der Station, kümmert sich um die neugeborenen Karakale, die Bonnie und Jessy genannt werden. Da sie zur gleichen Zeit ein Pavianbaby in Pflege hat, kann sie die Versorgung bald nicht mehr allein übernehmen. Und deshalb darf ich mich zwei Wochen nach ihrer Geburt um sie kümmern.

Unter Alices äußerst kritischer Aufsicht bereite ich zum ersten Mal die Milch für die beiden Schwarzohren zu. Nachdem das geklappt hat, übernehme ich mit einer meist wechselnden Volontärin drei bis vier Fütterungen pro Tag. Eine neue Erfahrung, ich habe zuvor noch nie einem Lebewesen die Flasche gegeben. Es weckt den Beschützerinstinkt in mir. Nachts schlafen die beiden in einem großen, offenen Karton in Alices Schlafzimmer. Tagsüber werden sie in einem extra abgesicherten großen Käfig in dem Garten hinter der Küche untergebracht.

Die Fütterungen verlaufen gut, die Jungen haben inzwischen die Augen geöffnet und werden immer abenteuerlustiger.

Bonnie ist der Mutigere des Geschwisterpaars und ziemlich frech. Nach wenigen Tagen hat er meine Zehen entdeckt und beißt liebend gern hinein. Seine Schwester Jessy ist vorsichtiger, schüchterner, aber nicht weniger neugierig. Mir scheint, sie braucht einfach etwas länger, um mit einem warm zu werden. Es ist nicht schwer, sie von ihrem Bruder zu unterscheiden, denn die Spitzen ihrer Ohren hängen leicht herunter.

Ich gewöhne mich immer mehr an die schnell wachsenden, noch tollpatschigen Raubkatzen und verbringe häufig auch meine Mittagspause dösend bei ihnen im Garten. Die zwei benutzen mich liebend gern als Kletterbaum und bohren ihre kleinen Krallen in mein T-Shirt, um über meinen Rücken oder meine Brust auf meine Schulter zu steigen.

Als Bonnie und Jessy einen Monat alt sind, bekommen sie ihre Milchzähne und finden gleich noch mehr Spaß am Knabbern und Beißen. Da kommt Alice auf mich zu.

»Sebastian, du hast eine sehr gute Verbindung zu Bonnie und Jessy. Wir sollten langsam damit anfangen, ihnen zusätzlich Fleisch zu füttern. Könntest du das übernehmen?«

Aber natürlich, ich fühle mich geehrt. Dass Alice mir die Verantwortung für die beiden Karakale überträgt, tut mir unglaublich gut. Zu diesem Zeitpunkt bin ich noch sehr unsicher, und ihr wiederholtes Feedback, dass ich einen guten Draht zu den Tieren, vor allem den Raubkatzen hätte, stärkt mein angeschlagenes Selbstwertgefühl ungemein.

Und ich spüre selbst, dass sie recht hat: Im Umgang mit den Katzen tue ich mich leicht, ich muss nicht groß nachdenken, um ihr Wesen zu verstehen.

Die Fleischfütterung der beiden verläuft problemlos. Die ersten Stücke fressen sie aus meiner Hand, wobei sie gelegentlich mit ihren spitzen Milchzähnen meine Finger bearbeiten. Sobald sie sich an das Fleisch gewöhnt haben, fressen sie selbstständig aus einem Napf.

Es tut gut zu sehen, wie aus den hilflosen, schutzbedürftigen Tierbabys echte Energiebündel heranwachsen, die ihre Umgebung voller Neugier erkunden und sich trotz der Handaufzucht ihre Instinkte bewahren. Es lässt mich hoffen, dass sie eines Tages ausgewildert werden und in der Wildline ein Leben in Freiheit führen dürfen. Doch noch sind Bonnie und Jessy klein und verspielt, und sie hängen an mir. Immer häufiger begrüßen und verabschieden sie mich mit trillernden Vogellauten – Geräusche, die ich von einer Katze niemals erwartet hätte. Fauchen, Miauen und Schnurren sind auch in ihrem Repertoire, aber das Trällern der Jungen überrascht mich.

Ich muss Lisa davon erzählen, denke ich. Lisa, der all die Schilderungen meiner Erlebnisse auf der Wildtier-Auffangstation von Woche zu Woche abenteuerlicher erscheinen.

Kapitel 6

Pavian in der Hose

Abenteuerlich wird es definitiv in den kommenden Wochen. Es beginnt mit dem Pavian-Ausbruch und endet mit einem Stromschlag. Aber der Reihe nach.

»Warum gibt es hier eigentlich so viele Paviane?«, fragt einer der Touristen, der mit uns auf Morning-Tour geht, als wir das Areal der rund zweihundert Tschakma- oder Bärenpaviane passieren. Mit bis zu über dreißig Kilogramm Gewicht sind sie die größten der sechs Pavianarten und um einiges stärker als Menschen.

Es ist eine gute Frage, auf die keiner so recht eine Antwort weiß. Paviane gelten nicht wie die übrigen Tiere hier als gefährdet oder besonders schützenswert, im Gegenteil, sie vermehren sich auch in der Wildnis emsig, sodass man sie in vielen Gebieten als Plage ansieht. Der wettergegerbte Guide aus Südafrika erzählt uns, wie alles vor vielen Jahren mit einer kleinen Gruppe verletzter Paviane begann. Man behielt sie nach ihrer Genesung hier, weil sie die Scheu vor Menschen völlig verloren hatten und Sorge bestand, sie könnten sich in der freien Natur nicht mehr zurechtfinden. Die Tiere vermehrten sich indessen und gewöhnten sich natürlich auch an die tägliche Fütterung. So weit, so vorhersehbar. Was allerdings nicht vorhersehbar war, ist der Umstand, dass die Zäune rund um das mehrere Hektar große Gebiet die Paviane nur noch eingeschränkt dort halten können.

An einem Morgen komme ich mit Sandy und Dr. Long Trousers aus der Wildline vom »Research« zurück. Wir haben wie so oft die dort ausgewilderte Gepardin Pride sowie die Brüder Max und Moritz mittels ihres Sendehalsbandes gesucht. Ein beeindruckendes Gefühl, den langbeinigen, schnellen Raubkatzen so nahe zu kommen, sie in ihrer natürlichen Umgebung zu erspähen. Sandy, die sich als ebenso lebensfroh wie redselig erweist, hat uns mal wieder ein Ohr über Biologie abgekaut, was ich aber nicht als unangenehm empfinde. Anders als Dr. Long Trousers, der heute todmüde wirkt und dessen Augenringe mittlerweile bis zum Boden reichen. Kein Wunder, wenn man die Nächte damit verbringt, am Lagerfeuer zu liegen und mit verschiedenen Blondinen über das Leben zu philosophieren. Immerhin hält er sich bei den Lapa-Nights zurück, bei denen zeitweilig der Alkohol in Strömen fließt – etwas, dem ich ziemlich kritisch gegenüberstehe, denn am nächsten Morgen wird wieder hart gearbeitet, und im Umgang mit Wildtieren sollte man hundertprozentig klar sein und keinen Restalkohol im Blut haben. Nachdem wir das Research-Fahrzeug gereinigt haben, verabschiede ich mich Richtung Küche. Es ist Fütterungszeit für Bonnie und Jessy, die heute wieder ihre Fleischportion zur Milch bekommen.

Ich gehe gerade in Richtung Büro, als mir auf dem schmalen Weg ein Pavian entgegenkommt. Ein großer, ausgewachsener Ich-bin-achtmal-stärker-als-du-Pavian! Er sieht mich im gleichen Moment, in dem ich ihn sehe, und wird etwas langsamer. Wahrscheinlich will er sehen, wie ich reagiere. Ich schalte sofort in den »Du-bist-Staub-Modus« um, setze meine Oberfeldwebel-Miene auf und gehe einfach weiter, ohne den Pavian eines Blickes zu würdigen. Damit weiß er nicht umzugehen. Auch er geht jetzt weiter, macht sich aber etwas kleiner und sieht immer wieder unsicher zu mir auf. Ich beobachte ihn nur aus dem Augenwinkel; würde ich ihn direkt ansehen, könnte mein Schutzschild fallen, und daran habe ich nicht wirklich Interesse. Nachdem wir auf dem schmalen Pfad mit gerade mal einem halben Meter Abstand aneinander vorbeigelaufen sind, gehe ich weiter, ohne mich umzudrehen. Nach zwanzig Metern erreiche ich die Gittertür zum Innenhof und atme tief durch. Da stürmen rund zwei Dutzend Buschmänner mit Steinschleudern, Knüppeln und alten Schrotflinten in den Händen an mir vorbei. Sie suchen nach mehreren ausgebrochenen Pavianen, um diese zurück in die Gehege zu treiben. Die Waffen werden sie im Normalfall nicht einsetzen, sie dienen nur zur Abschreckung. Nach zwanzig Minuten gibt es auch schon wieder Entwarnung, sämtliche Ausbrecher sind zurück im Gehege.

Passiert ist diesmal nichts, was nicht selbstverständlich ist. Das letzte Mal, so erfahre ich, drangen drei Paviane durch ein Fenster in die Unterkunft eines Koordinators ein. Sie verwüsteten sein Zimmer und beschmierten die Wände mit ihrem Kot. Ein paar Wochen zuvor gab es einen weitaus dramatischeren Fall. Ein Pavianmännchen musste erschossen werden, es war völlig von Sinnen und versuchte brutal in ein Gehege mit Baby-Pavianen einzudringen, offenbar mit der Absicht, diese zu töten.

Paviane und ich werden wohl nie beste Freunde werden. Sie sind gerissen, schnell, stark, brutal und nutzen jede erkennbare Schwäche aus. Wie alle Tierarten ticken sie nach ihren eigenen Regeln, und es gibt Menschen, die sie lieben, und andere wie mich, die ihre Nähe nicht wirklich suchen. Für uns Volontäre stellen sie jedenfalls eine Herausforderung dar. Jeder, der Umgang mit ihnen hat, muss vorher sämtlichen Schmuck und auch Piercings entfernen, egal wo. Die Paviane finden sie nämlich und wollen sie entfernen, wozu sie auch die Kraft haben. Das kann äußerst unangenehm werden. Des Weiteren gilt es, Hosentaschen zu leeren und überhaupt nichts mitzunehmen, das kaputtgehen könnte, dazu zählen auch Sonnenbrillen und Handys. Ich fahre gut damit, in ihrer Gegenwart keine Schwäche zu zeigen, und werde im Gegensatz zu vielen anderen Volontären nie von ihnen gebissen.

Die Weibchen sind extrem eifersüchtig. Mädels mit langer blonder Mähne verlieren schnell ein paar Haarbüschel, denn die weiblichen Bärenpavian-Teenager sind wohl neidisch auf sie und reißen ganz gerne mal daran. Unser Guide schärft uns ein, genau darauf zu achten, dass keine der Volontärinnen in Gegenwart der Paviane einen männlichen Volontär berührt. Die Pavianmädchen flippen dann nämlich völlig aus und greifen die Frau an, die den Mann berührt hat. Wenn das passiert, bleibt einem nichts übrig, als den Angriff stumm über sich ergehen zu lassen. Schreit und wehrt man sich, stachelt das die Paviane erst recht an, und dann wird es schmerzhafter und dauert länger. Nach solch einer Begegnung hat man meist ordentliche Kratzer und blaue bis grüne Flecken.

All das trägt nicht unbedingt dazu bei, dass ich die Paviane ins Herz schließe. Es ist nicht so, als hätte ich ihnen keine Chance gegeben. Ich bin oft in dem Gehege der Baby-Paviane, um sie zu versorgen, und muss mich an manchen Tagen auch um die Teenager unter ihnen kümmern. Aber dort fühle ich mich ehrlich gesagt nie so wohl wie bei den Raubkatzen.

Mit zu den Aufgaben gehören auch die »Walks«, Spaziergänge in der Wildnis mit von Hand aufgezogenen Pavianen. Zwei bis vier Jahre alte Paviane springen dann um einen herum, klettern auf die Bäume und auf einen selbst. Während sie einem auf der Schulter sitzen, pinkeln sie einen an und wollen am liebsten in jede Körperöffnung langen. Sorry, aber das ist gar nicht mein Fall.

Einen dieser Pavian-Walks werde ich besonders in Erinnerung behalten. Wir – eine gemischte Gruppe Volontäre – gehen mit sechs Teenagern in einem abgelegenen Teil der Wildtier-Auffangstation auf einem der Sandwege spazieren. Es ist heiß, die Sonne brennt wie gewohnt stark herab, und alles läuft recht normal ab: ein bisschen Gekletter, ein bisschen Haareziehen, ein bisschen Ankacken.

Eines der Pavian-Mädels hat jedoch ein Auge auf Gustav, einen Volontär aus Norwegen, geworfen. Sie weicht kaum von seiner Seite und hüpft ständig an ihm hoch. Der große blonde Norweger wirkt etwas blass, er hat wohl wenig Schlaf und zu viele Drinks abbekommen in der Nacht zuvor. Auch hat er vergessen, zuvor seinen Ledergürtel abzunehmen. Das Pavianmädchen befreit ihn kurzerhand von dem Gürtel und zerfetzt ihn vor unseren Augen. Anscheinend reicht ihr das aber noch nicht, und so werden wir alle kurz darauf Zeugen eines weiteren äußerst skurrilen Schauspiels.

Als wir Pause machen, legt sich der übermüdete Norweger auf den Boden in den Schatten eines Baumes. Das Pavianmädchen kennt keine Scheu, es setzt sich auf Hüfthöhe neben ihn. Dann zieht es in einer einzigen, schnellen Bewegung den Reißverschluss seiner Hose auf und taucht die Hand hinein. Wir alle erstarren, Gustav erbleicht nun völlig und stammelt: »Sie hat meinen Penis in der Hand.« Das Pavianmädchen verharrt unbewegt und sieht dem Norweger dabei ohne jegliche Regung offen ins Gesicht.

Der Guide, der uns begleitet, bricht in schallendes Gelächter aus. Gustav ist weniger zum Lachen zumute, denn noch immer befindet sich sein bestes Stück in der Hand einer dominanten Affendame. Ich kann nicht anders, ich muss daran denken, was sie kurz zuvor mit seinem Gürtel angestellt hat. Zerfetzt bis zur Unkenntlichkeit. Der Guide gibt uns ein Zeichen, und wir stehen zur Ablenkung alle gleichzeitig auf. Das bedeutet für die Paviane so viel wie Aufbruch, und da keiner von ihnen zurückgelassen werden will, tun sie es uns gleich. Der blasse Norweger kann endlich seine Hose schließen. Stoff für Witze auf seine Kosten haben wir im Anschluss mehr als genug.

In der nächsten Woche erweitern wir für die Paviankinder auf der Farm die Gehege um das Dreifache. Dazu müssen Gräben und Löcher in den trockenen Boden getrieben werden, in den später baumdicke Holzpfosten versengt und einbetoniert werden sollen. Diese müssen zuvor natürlich erst mal zurechtgesägt werden. Bei der Hitze ist dies eine ziemlich unbeliebte Arbeit bei den Volontären. Ich hingegen mag die körperliche Auslastung, den physischen Ausgleich zu den Spielstunden bei Bonnie und Jessy, die mit jedem Tag frecher werden.

Wir müssen bis zu einem Meter tief graben, und das teilweise recht nah an den Gittern der bestehenden Gehege. Die jungen Paviane machen sich einen Spaß daraus, blitzschnell an die Gitter zu springen, hindurchzugreifen und die sich bückenden, schaufelnden Volontäre an den Haaren zu ziehen. Gerne auch mit voller Kraft, bevorzugte Opfer sind natürlich Blondinen. An mich trauen sie sich nicht heran; wann immer ich ihnen einen strengen, alles andere als freundlichen Blick zuwerfe, weichen sie meckernd zurück.

Anstrengender als das Paviangehege zu bauen ist nur noch, das Wasserloch für die Grünen Meerkatzen in den steinigen Boden zu treiben. Die kleinen Primaten sollen ein weitläufiges, sehr großes Gehege außerhalb des Farmgeländes bekommen. In der prallen Sonne zu stehen und eine ordentliche Wasserstelle mit drei Metern Durchmesser in den ultraharten Boden zu treiben ist Schwerstarbeit. Sandy, die in diesen Tagen besonders aufgedreht ist, lässt es sich nicht nehmen, uns Jungs ordentlich anzufeuern und uns den Rat zu geben, unsere T-Shirts bei der Arbeit auszuziehen. Ist ja auch warm, da hat sie recht.

Kapitel 7

Unter Wildhunden

Es ist acht Uhr morgens, und der wolkenlose Himmel lässt bereits erahnen, wie heiß es heute wieder wird. Beim Tree-Meeting werde ich mit mehreren skandinavischen Volontärinnen für die Morning-Tour eingeteilt. Wir beladen den Wagen mit dem Futter für die Tiere in den großen Gehegen, dann geht es auch schon los.

Hohe, quietschende, gierig heulende Geräusche zusammen mit einem widerlichen Gestank, der an verrottendes Fleisch und stinkenden Käse erinnert, sind die markanten Erkennungsmerkmale des Afrikanischen Wildhundes.

Aber nicht nur das aus neunzehn Mitgliedern bestehende Rudel unter uns stinkt, sondern auch die beiden hohen, mit Eingeweiden gefüllten Plastikeimer neben mir auf der Holzplattform. Der bestialische Geruch der Innereien zusammen mit dem dämonengleichen Gejammer der Wildhunde schafft eine unangenehme Atmosphäre. Die Sonne knallt herab, während einer der Guides mir von unten einen schweren Eselhintern reicht. Ich packe ihn am Schwanz und ziehe ihn auf die Plattform, von der aus gefüttert wird.

Das Rudel wird durch den Geruch der Eingeweide immer unruhiger. Erst mal heißt es durchzählen und beobachten, ob es irgendwelche Auffälligkeiten gibt. Das Rudel ist vollzählig, jedoch humpelt eines der Tiere. Wir notieren es, um es später zu melden. Dann kann es losgehen.

Die Wildhunde spüren, dass es jeden Moment Futter gibt, und quietschen in einer fast ohrenbetäubenden Lautstärke.

Der Guide wirft als Erstes das große Stück über die Brüstung und erklärt den Touristen, die uns auf dieser Tour begleiten, das ausgeprägte Sozial- und Jagdverhalten des Rudels. Nachdem das Alphatier und der fast erwachsene Nachwuchs das Eselsfleisch weggezerrt haben, greifen wir Volontäre mit bloßen Händen in die Eingeweideeimer, um deren Inhalt Stück für Stück die zweieinhalb Meter nach unten zu werfen.

Der Afrikanische Wildhund, auch Hyänenhund oder bunter Wolf genannt, ist selten geworden und vom Aussterben bedroht. In freier Wildbahn leben weniger als fünftausend Tiere, die mit ihren großen, runden Ohren und dem gescheckten Fell unverwechselbar sind. Grund für ihre nahezu aussichtslose Lage ist mal wieder der Mensch, der den enorm erfolgreichen Jäger nicht leiden kann und ihn deshalb stark bejagt, in Fallen gefangen und durch Gift getötet hat.

Das Rudel wird immer von einem Alphaweibchen geführt, die anderen Weibchen folgen diesem in absteigenden Rängen, erst danach kommt der Alpharüde. Demnach steht das rangniedrigste Weibchen immer noch höher als das ranghöchste Männchen. Im Durchschnitt jagen Wildhunde zweimal am Tag; Jungtiere und Kranke beteiligen sich nicht daran, sondern werden mitversorgt. Ansonsten bildet das Rudel während der Jagd ein Team, das mit ureigenen Lauten kommuniziert. Die Beute wird so lange bei Geschwindigkeiten von bis zu fünfzig Stundenkilometern gehetzt, bis sie außer Atem ist. Ist sie dabei langsamer als ihre Verfolger, reißen diese ihr noch im Lauf Muskelfleisch aus dem Körper, um sie zu schwächen. Anders als Raubkatzen halten sich Wildhunde nicht damit auf, ihre Beute, die meist aus mittelgroßen bis großen Antilopen besteht, erst zu töten, sondern sie fressen sie bei lebendigem Leib. Bei der Verteidigung ihres Territoriums legen sie sich bei Bedarf auch mit den kräftigeren Tüpfelhyänen an; nur bei Löwen, ihren größten Rivalen, ziehen sie den Schwanz ein.

Als Nächstes folgen zwei weitere, etwas kleinere Gehege. Hier leben jeweils eine Zweier- und eine Dreiergruppe von Wildhunden, die ausgestoßen wurden. Das eigene Rudel hätte sie getötet, und ein anderes bestehendes Rudel würde sie nicht integrieren, sondern als Konkurrenz ebenfalls töten.

Die beiden Guides lehnen sich lässig in ihren Sitzen zurück und sagen uns, wir müssten über den Zaun zu den Wildhunden steigen, um die Wasserlöcher im zweiten Gehege zu prüfen, die man von außen nicht einsehen könne.

Die skandinavischen Mädels sehen sich entsetzt an, während sich eine Schwedin zu mir umdreht und fragt, ob das nicht etwas für mich wäre, ich wäre doch für jede riskante Aktion zu haben. Klar ist das was für mich, ich bin schon dabei, vom Fahrzeug zu springen. Auch wenn man hier bei der Anreise eine Art »Wenn du stirbst, bist du selbst schuld«-Vertrag unterzeichnet, der die Auffangstation von allen möglichen Entschädigungen befreit, ist mir doch klar, dass die Guides nichts von uns verlangen würden, was uns wirklich in Gefahr brächte. Und dennoch ... Solche riskanten Grenzerfahrungen sorgen dafür, dass ich mich lebendig fühle, und das gefällt mir irgendwie. Ich spüre mich wieder, bin näher am Puls des Lebens. Des Überlebens.

Wie auch immer, ich klettere über das zwei Meter zwanzig hohe Tor zu den Wildhunden. Sobald ich auf der anderen Seite angelangt bin, lasse ich die Tiere nicht aus den Augen und kehre ihnen auch nicht den Rücken zu. Nach mir steigt ein großer rothaariger Kerl über das Tor und lässt sich von einem der Guides den Eimer mit dem Futter reichen. Seine Aufgabe ist es, den Wildhunden die Eingeweide ins Maul zu werfen, damit ich, während sie fressen, rasch das Wasserloch im nächsten Gehege prüfen kann. Und was tut er? Er will die Wildhunde doch tatsächlich aus seiner Hand fressen lassen! Offenbar verwechselt er die Raubtiere mit Schäferhunden. Wir brüllen ihn an, sodass er das Fleisch fallen lässt, bevor er noch seine Hand verliert.

Am Zaun entlang stapfe ich in meinen schweren Wanderschuhen zur Verbindungstür, die ins zweite Gehege und zu den Wasserlöchern führt. Sie ist mittels Metallkette gesichert und so niedrig, dass ich mich bücken muss, um hindurchzugelangen.

Das Wasser ist noch ausreichend vorhanden. Die Qualität scheint gut, es ist glasklar und die Oberfläche teilweise von einem grünen Algenteppich bedeckt, der es sauber und kühl hält. Also gehe ich den Weg zurück, prüfe, wo die Raubtiere sind und wie sie sich verhalten. Dabei schalte ich in einen neutralen Modus, bin weder zu ängstlich noch zu gleichgültig. Der Trick ist, zu beobachten und aus dem beobachteten Verhalten zu folgern, ob Gefahr besteht oder nicht. Wie immer ist es wichtig, Selbstbewusstsein auszustrahlen. Ich bin hier nicht mit ihnen eingesperrt, sondern sie mit mir. Körpersprache und Ausstrahlung sind im Umgang mit Raubtieren so gut wie alles.

Als ich das Türchen erreiche und die Kette wieder löse, gibt es plötzlich einen Knall. Es fühlt sich an wie ein Schuss, der mich durchzuckt. Ein Schlag, der jede Faser meines Körpers erfasst. Ich spüre auf unangenehme Weise für einen Moment jeden einzelnen Muskel überdeutlich.

Die Volontäre außerhalb des Geheges schreien auf. Ich bin wie ausgeschaltet, für einen Moment völlig weg. Als wäre ich narkotisiert. Ich kann nicht sagen, ob drei oder dreißig Sekunden vergehen, es ist auf jeden Fall heftig. Als ich wieder in das Hier und Jetzt zurückkehre, befinde ich mich in der gleichen Position wie zuvor, gebückt, leicht in der Hocke, um durch das niedrige Tor zu passen. Die massive Sicherheitskette halte ich noch immer in der Hand. Offensichtlich ist sie beim Öffnen in Kontakt mit einem der stromführenden Drähte gekommen. Ausgerechnet heute ist wohl ein Tag, an dem ausnahmsweise wieder ordentlich Strom auf der Leitung ist. Zum Glück bin ich nicht umgefallen. Schutzlos, bewusstlos auf dem Boden innerhalb eines Raubtiergeheges will man nicht liegen. Die anderen Volontäre und die Guides hätten im Ernstfall niemals schnell genug bei mir sein können. In Zukunft werde ich noch viel mehr darauf achten, keinesfalls in Berührung mit den Drähten zu kommen.

Der namibische Sommer in diesem Jahr ist noch trockener als in den Jahren zuvor. Es fällt wenig Regen, zu wenig. Neben dem Futter muss auch Wasser zugekauft werden. Und wir merken den Wildtieren auf der Auffangstation an, dass sie unter der Hitze leiden. Tagsüber wirken sie häufig recht lethargisch, auch wenn sie, anders als ihre Artgenossen in der Wildnis, von uns ausreichend Wasser bekommen.

Unsere Arbeit an dem neuen Paviangehege neigt sich dem Ende zu. Zum Schluss schaufeln wir ein paar kleine Gruben aus, sie sollen als Pool für die Affen dienen. Wir haben die zukünftigen Wasserlöcher gerade eben mit frischem Zement präpariert, als der Himmel urplötzlich zuzieht und es zu regnen beginnt. In aller Eile versuchen wir irgendwie, die frischen Betonarbeiten vor dem starken Regen schützen.

Ein junger Tour-Guide – der eher ein Schlangen- denn ein Bauexperte ist und schon so viele Schlangenbisse in seinem Leben abbekommen hat, dass sein Körper vermutlich natürliche Gegengifte produziert – hat die Idee, die Wasserlöcher mit großen Plastikplanen abzudecken. Marco, ein Volontär aus Norddeutschland, der Guide und ich laufen los, um die Planen aus einer Hütte neben der Farm zu holen. Diese Hütte befindet sich in einem umzäunten Gehege, in dem zwei Afrikanische Wildhunde leben, Tom und Jabu. Eigentlich kein Problem, wir sind zuvor gelegentlich hier gewesen, jedes Mal ohne Zwischenfälle. Stromschläge habe ich auch keine mehr riskiert. Selbst in dem großen Gehege mit nunmehr achtzehn

Tieren waren wir einige Tage zuvor zu Fuß unterwegs. Dort haben wir einen Wildhund, den das Rudel getötet hatte, gesucht und dann vergraben. Alles lief ohne Probleme, weil wir uns an die Regeln hielten. Die wichtigste lautet, den Hunden nicht den Rücken zuzukehren – und natürlich, wie bei allen Raubtieren, niemals wegzurennen. Denn: »Only food runs.«

Ich mache mir also keine Sorgen, als wir das Gehege betreten, um an die Plastikplanen zu kommen. Es regnet nach wie vor, und wir sind bereits völlig durchnässt, als wir in Richtung Hütte gehen. Wir kommen keine fünfundzwanzig Meter weit. Die beiden ebenfalls völlig durchnässten Wildhunde tauchen vor uns auf und zeigen uns deutlich, dass heute andere Regeln gelten. Sie fletschen die Zähne in ihren übel riechenden Mäulern, knurren und geben hohe, stresserzeugende Laute von sich. Uns dreien ist klar: Wir müssen zurück, und zwar vorsichtig, immer den Blick auf die beiden Raubtiere gerichtet. Denen reicht es aber nicht, dass wir den geordneten Rückzug antreten. Ihr Verhalten und ihre Augen sprechen eine klare Sprache, sie machen Ernst. Gierig umkreisen sie uns, suchen nach einer Schwachstelle. Einer springt auf den Guide zu, der abwehrend in seine Richtung tritt, im gleichen Moment kommt der zweite von der Seite herbei und schnappt nach seinem Bein. Der Guide kann es gerade noch zurückziehen. Die Vorderzähne des Räubers ziehen knapp über sein Schienbein und hinterlassen dort blutige Kratzer. Ich habe mein Messer gezogen, das ich immer als Werkzeug bei mir trage, und halte es mit der Klinge nach unten in der rechten Faust. Einem Raubtier, das seine Beute bei lebendigem Leib frisst, möchte ich ehrlich gesagt nicht so nahe kommen, dass ich gezwungen bin, das Messer einzusetzen. Wie von einem inneren Dämon befeuert, jagen die Gedanken durch meinen Kopf. Die Klinge durch ein Auge in den Schädel stoßen. Auf die empfindliche Nase schlagen ... Aber das will ich doch gar nicht tun müssen. Während mein Körper Adrenalin durch meine Adern pumpt, gewinne ich die Kontrolle über mich und die Situation zurück. Hier sind nicht Angriff oder Flucht angesagt, sondern geordneter Rückzug.

Wir arbeiten uns konzentriert und langsam als Gruppe durch den Regen zurück zum Tor. Der Guide hat mittlerweile einen langen, massiven Ast vom Boden aufgelesen und schwingt ihn, um die Wildhunde auf Abstand zu halten, im Halbkreis hin und her. Wir gehen schräg hinter ihm, den Blick nach wie vor auf die Angreifer gerichtet. Die stinkenden Räuber kommen näher, sie wirken aggressiv und scheinen zu wissen, dass wir gleich in Sicherheit sein werden, und das passt ihnen nicht.

Der Guide schwingt den Holzknüppel erneut, holt dabei zu weit aus und trifft mich mit voller Wucht am rechten Handgelenk. Der Schmerz durchfährt explosionsartig meinen Unterarm und die Hand, die das Messer hält. NEIN!, denke ich wütend, meine einzige Waffe neben meinen Zähnen werde ich jetzt nicht aufgeben! Mit schmerzverzerrtem Gesicht halte ich das Messer umkrampft, während meine Faust langsam taub wird.

Wir erreichen das Tor. Marco öffnet es, und wir schlüpfen durch einen schmalen Spalt nach draußen. Die Angreifer bleiben auf der anderen Seite stehen, verstummen von einem Moment zum nächsten, drehen sich um und rennen weg.

»FUCK! Was zur Hölle war das?«, wollen Marco und ich gleichzeitig wissen.

»Der Regen«, sagt der Guide ganz außer Atem und betastet sein blutverschmiertes Schienbein. »Das werde ich wohl desinfizieren müssen.«

Der plötzliche Regen und die damit verbundene starke Abkühlung veranlassen offenbar viele Tiere, um ein Vielfaches aktiver und aggressiver zu sein, als sie es in der Hitze zuvor waren. So wurden auch die zwei sonst eher ruhigen Wildhunde Tom und Jabu zu gefährlichen Gegnern.

»Hm, und jetzt? Wir brauchen immer noch die Plastikplanen, wenn die Zementarbeiten nicht umsonst gewesen sein sollen«, gebe ich zu bedenken und massiere dabei meine Hand.

»Stimmt, und wir haben keinen Zement mehr. Sucht euch auch Knüppel, wir gehen wieder rein«, sagt der Guide.

Es ist kein Witz, Marco und ich bewaffnen uns, und wir drei gehen erneut in das Gehege, aus dem wir zuvor knapp entkommen sind. Marco hat wie der Guide einen fast eineinhalb Meter langen Holzprügel in der Hand, und ich stecke mein Messer weg, um eine einen Meter lange Eisenstange aufzunehmen. An ihrem Ende sitzt eine große Schraubenmutter, die meine Waffe aussehen lässt wie einen postapokalyptischen Streitkolben.

Wir brauchen weder Knüppel noch Streitkolben. Die beiden Raubtiere sind bei unserem zweiten Eindringen nämlich vollauf damit beschäftigt, über die Innereien herzufallen, die mehrere Volontäre hundert Meter weiter über den Zaun geworfen haben. Warum nicht gleich?, so mein Gedanke.

Was lehrt mich dieses kurze, heftige und unerwartete Erlebnis? Nach Möglichkeit sollte man zuerst prüfen, in welcher Stimmung das Tier ist, bevor man sich bei dringendem Bedarf in sein Gehege oder Revier begibt. Nur weil es zehnmal gut ging, bedeutet das nicht, dass es auch beim elften Mal wieder so sein wird. Vor allem dann nicht, wenn es zuvor eine plötzliche Abkühlung gab. Zwar wird nicht jedes Tier in Namibia bei Regen automatisch zum reißenden Berserker, aber die Reizschwelle bei den Raubtieren ist offensichtlich um ein Vielfaches niedriger. Ach, und das Tier vorher zu füttern ist immer eine gute Idee.

Kapitel 8

Mit Raubkatzen auf Tuchfühlung

Raubkatzen haben mich schon immer fasziniert. Sie sind anmutig, hübsch, die Verkörperung von Eleganz und Wildheit. Ich empfinde sie als eigenständige Wesen, Einzelgänger, die sich nicht abhängig machen von anderen, es sei denn, sie leben wie etwa Löwen im Rudel. Ihre Sympathie zu gewinnen ist nicht leicht, denn häufig sind sie unbestechlich. Es stellt immer eine Herausforderung dar, sie zu durchschauen, denn tief in ihrem Innern folgen sie eigenen Gesetzen und haben sich nicht selten eine Wildheit bewahrt, die plötzlich durchbrechen kann.

Die erste Raubkatze, der ich hier begegne, ist Atheno, ein schöner, verhältnismäßig großer Gepard. Als Baby kam er als einziger Überlebender seines Wurfs auf die Auffangstation, nachdem seine Mutter von Farmern erschossen worden war. Unser Guide stellt ihn vor als gutmütigen Einzelgänger und erklärt uns an seinem Beispiel, wie wir mit Geparden umzugehen haben. Eindringlich warnt er uns davor, allein in ihr Gehege zu gehen. Mindestens zu zweit sollen wir sein, besser zu dritt. Eine Regel, die schon bald nicht mehr für mich gelten wird, denn Atheno fasst starkes Vertrauen in mich.

Während ich dem alten Guide zuhöre, beobachte ich den Geparden. In seinen Bewegungen erinnert er mich ungemein an meinen Kater zu Hause. Die Art zu gähnen, sich zu strecken, zu putzen ... Und doch spüre ich die Kraft, das Unberechenbare, das in seinem Wesen schlummert.

Sandy und ich bekommen schon bald eine ungewöhnliche Aufgabe zugeteilt: Wir sollen im Rahmen einer Reportage testen, ob Atheno als Gepard Gebiete meidet, in denen Löwenkot liegt. Dafür dürfen wir als Erstes in ein Gehege mit drei männlichen Löwen gehen und vor laufender Kamera getrockneten Löwenkot aufsammeln. Natürlich, während die Bewohner des Geheges sich irgendwo in der Nähe aufhalten. Anschließend sollen wir unseren Fund in einer Ecke von Athenos Gehege verteilen.

Der gemütliche Gepard zeigt sich von den Ausscheidungen seiner größeren Verwandten nicht sonderlich beeindruckt. Viel mehr hat es ihm unsere Anwesenheit angetan. Als ich in die Hocke gehe, nähert er sich mit eleganten Bewegungen, streicht um mich herum und beginnt zu schnurren. Ich lasse mich im Schneidersitz nieder, während Sandy die Szene stirnrunzelnd beobachtet.

Atheno schnuppert an meinem Kopf – ein eigentümliches Gefühl, ihm so nahe zu sein, dass ich seinen warmen Atem auf der Kopfhaut spüren kann. Was dann kommt, sprengt all meine Vorstellungen. Atheno fängt tatsächlich an, mir den gesamten Kopf, den Nacken und den Hals zu putzen. Seine raue Zunge fühlt sich an wie feuchtes Schmirgelpapier. Über meine kurzen Kopfhaare geht es noch, aber wenn er mehrmals mit der Zunge über die gleiche Stelle in meinem Gesicht fährt, ist das wirklich zu viel des Guten. Katzenzungen haben kleine Widerhaken, damit sie effektiv Fellpflege betreiben können. Gleichzeitig dienen diese Widerhaken unter anderem auch dazu, Fleischreste von den Knochen ihrer Beute zu lösen. Grob kann man sagen: Je größer die Katze, desto rauer die Zunge. Die Zunge eines Löwen ist so rau, dass er damit tatsächlich Haut weglecken kann, und Atheno kommt dem schon recht nahe.

Sandy findet sein Putzprogramm ursüß. Und auch ich bin ziemlich geflasht von diesem ungewöhnlichen Verhalten, das eine große Portion Vertrauen und Zuneigung ausdrückt. Es sieht ganz so aus, als akzeptiere er mich, wenn auch nicht als Artgenossen, so doch als weitläufigen Verwandten, dem die Ehre zuteilwird, nach ihm zu riechen.

Von nun an besuche ich Atheno fast jeden Tag. Das Putzen behält er bei, lässt sich kraulen, schnurrt und beginnt je nach Laune zu spielen. Auch dabei erinnert er mich an Herrn Dachboden, der sich richtig hineinsteigern kann in sein Spiel. Atheno tut es ihm gleich, und ehe ich mich versehe, habe ich keine fünf Kilo schwere Hauskatze am Arm hängen, sondern einen sechzig Kilo schweren Geparden, der vor lauter Begeisterung nicht daran denkt, mich loszulassen. Für mich heißt es ruhig bleiben und mich langsam von ihm lösen. Anschließend halte ich etwas Abstand zu seinen vier Pfoten und dem Kiefer und mache ihm klar, dass ich kein Interesse habe, mit einem ausgewachsenen Geparden nach Katzenart zu spielen. Mehr als ein paar Kratzer habe ich nicht abbekommen, die gehören hier eben zum täglichen Geschäft.

Atheno ist nicht der einzige Gepard auf der Auffangstation. Draußen in der Wildline lebt Pride, eine kleine, zähe und sehr liebe Gepardin. Ihr feingliedriger Körper ist ganz auf Schnelligkeit ausgerichtet. Wenn sie das Research-Fahrzeug in der Wildnis hört, kommt sie meist von allein angelaufen, um sich auf das Dach oder die Motorhaube zu setzen.

An einem ausgesprochen heißen Tag aber hat sie eine Überraschung für uns auf Lager. Nachdem wir außergewöhnlich lange vergeblich nach ihr gesucht haben, lassen wir das Fahrzeug stehen und gehen zu Fuß durch den Busch. Eva, eine Koordinatorin, bleibt immer wieder mit der Antenne stehen und dreht sich im Kreis, bis das Piepsen des Suchgeräts uns sagt, in welcher Richtung die Gepardin sich befinden muss. Schließlich entdecken wir sie im Schatten eines Baumes sitzend. Normalerweise kommt sie spätestens bei Blickkontakt auf uns zugelaufen, um uns zu begrüßen, an diesem Tag jedoch nicht. Also gehen wir langsam auf sie zu, doch ein paar Meter, bevor wir sie erreichen, steht sie auf und läuft in die entgegengesetzte Richtung davon. Das Ganze wiederholt sich gleich mehrmals. Immer wieder setzt sie sich hin, wartet dann, bis wir sie fast erreicht haben, um aufs Neue aufzustehen und weiterzulaufen.

Ich vermute schon, dass sie an diesem Tag keine Lust auf uns hat, als sich die Situation aufklärt. Am Rande einer weiten Grasfläche liegt im Schatten einer kleinen Baumgruppe ein toter Springbock. Die Hinterbeine sind bereits beide abgefressen. Pride setzt sich stolz davor, sieht uns an und beginnt zu fressen. Unglaublich, die Raubkatze hat uns zu ihrer Beute geführt und lädt uns sozusagen zum Essen ein!

Der Bauch der Antilope ist stark geschwollen, Eva will feststellen, ob sie womöglich schwanger war. Also ziehe ich mein Messer, um die Bauchdecke aufzuschneiden, und hocke mich dazu direkt neben Pride. Die lässt es ohne mit der Wimper zu zucken geschehen. Als ich den ersten Schnitt mache, ertönt ein lautes, furzartiges Geräusch, und ein übler Gestank breitet sich aus. Es sind nur Gase, die sich unter der Bauchdecke des Springbocks angesammelt haben und jetzt durch meinen Schnitt nach außen strömen. Eva und ich husten mit der Hand vor dem Mund, so sehr stinkt es. Die gepunktete Raubkatze aber stört sich nicht im Geringsten daran und frisst entspannt mit geschlossenen Augen weiter.

Ein Jahr später wird Pride atemberaubende Bilder aus der Perspektive des Jägers liefern, als sie, ausgestattet mit einer Kamera auf dem Kopf, ihre Beute verfolgt und schließlich erlegt.

Und dann lerne ich den schönsten aller Leoparden kennen, Missy Jo. Ich beobachte die anmutige Leopardendame immer bei den Meetings am Morgen, die neben ihrem Gehege nahe der Lapa stattfinden. Dann streicht sie auf Hauskatzenart von innen an dem Tor ihres Geheges entlang, als wollte sie Streicheleinheiten einfordern. Wie ihre Artgenossen hat sie einen muskulösen Körper, der ganz auf Klettern ausgelegt ist, auf Springen und auf Tarnung, daher das wunderschöne Fell.

Missy Jo ist eine Handaufzucht, als Baby ist sie vor vierzehn Jahren hierhergekommen. Trotz ihrer Verspieltheit wirkt sie Respekt einflößend. Und sie bleibt nun mal ein Leopard und damit das unberechenbarste und gefährlichste Raubtier Afrikas.

Auch wenn sie als Waisen von Menschenhand gefüttert werden, folgen Leoparden dennoch ihrem natürlichen Instinkt. Hyänen, Geparden, Karakale und selbst Löwen geben einem eindeutige Zeichen, wenn man ihnen fernbleiben soll. Leoparden hingegen sind speziell. Sie sind strikte Einzelgänger. In einem Moment geben sie das Schmusekätzchen, und im nächsten hängt ein Körperteil in Fetzen, warnt uns der Guide.

Bald gehöre ich zu der Gruppe, die Missy Jo füttern darf. Ins Gehege zu ihr zu gehen ist strikt verboten, es ist auch immer abgeschlossen. Es wäre sicher faszinierend, ihr ohne die Barriere eines Zaunes zu begegnen, aber auch lebensgefährlich. Es kommt ganz einfach nicht infrage. Ihrer Kraft ist man als Mensch nicht gewachsen, Leoparden sind wie Berserker. Alice erzählt uns von Handaufzuchten verwaister Leoparden, die als ausgewachsene Tiere ihre Pflegeeltern angefallen und ihnen die Hand durchgebissen haben, wenn auch nur aus Spielerei.

Aufgrund ihres Verhaltens mir gegenüber schätze ich Missy Jo jedoch völlig anders ein. Jeder Leopard hat, wie wir Menschen auch, einen anderen Charakter, davon bin ich überzeugt.

Aus einer Eingebung heraus schnalze ich mit der Zunge,

wenn ich an ihrem Gehege stehe. Es ist kein typischer Laut, um eine Katze zu rufen. Aber er lässt sie aufhorchen, und dadurch gewinne ich ihre Aufmerksamkeit.

Wann immer ich sie besuche, erspüre ich, in welcher Stimmung sie ist. Als ich den Eindruck habe, sie einschätzen zu können, und sie wieder einmal dicht am Tor vorbeistreicht, zögere ich nicht, sondern streichle sie ganz automatisch. Missy Jo reckt das Kinn und lässt sich genüsslich den Hals kraulen. Das ist keine Hauskatze, auch wenn sie sich verdammt ähnlich verhält, sage ich mir und bleibe wachsam, ohne Angst zu zeigen.

Und wachsam sein muss ich. Denn vor lauter Begeisterung dreht Missy Jo mir den Hintern zu – aber nicht als kätzischer Vertrauensbeweis, sondern um mich mit ihrem Urin zu markieren. Ich könnte das wohl als Kompliment auffassen, aber ich steh da trotzdem nicht drauf. Dreimal bin ich nicht schnell genug und darf die Erfahrung machen, dass Leopardenurin nach Popcorn riecht. Wenn das passiert, heißt es Klamotten wechseln. Denn der Leopard ist so ziemlich jedermanns natürlicher Feind, und die übrigen Tiere, denen ich hier nahe komme, haben weitaus feinere Sinne als wir Menschen. Sie erkennen sofort, wessen Geruch das ist. Also bin ich doppelt wachsam.

Wachsamkeit ist auch gefragt, als ich Hellboy begegne, dem größten Leoparden der Auffangstation. Er ist geballte Kraft, die personifizierte Unberechenbarkeit, und wir alle wahren ausreichend Abstand zu seinem Gehege. Da ist eine Wildheit in ihm, die das Raubtier in ihm keine Sekunde vergessen lässt. Denn sein Name ist Programm.

Kapitel 9

Mitten im Nirgendwo

In der neuntausend Hektar großen Wildline verbringe ich mit Sandy und Dr. Long Trousers eine Nacht im »Damhouse«, einem Gebäude inmitten des privaten Wildnis-Schutzgebietes, das an einem Wasserloch gelegen ist. All die Tiere, die hier leben, können sich frei bewegen: drei Giraffen, einige Zebras, unüberschaubar viele Antilopen – hauptsächlich Springbock, Impala und Kudu –, Erdferkel, Stachelschweine, Warzenschweine, Gnus, die ausgewilderten Geparden-Brüder Max und Moritz sowie die von allen geliebte Pride. Wir entdecken auch wilde Geparden- und Karakalspuren. Ein zerstörter Zaunabschnitt zusammen mit fremden Spuren sieht ganz danach aus, als wäre hier von außen ein Leopard in die Sicherheit der Wildline eingebrochen. Auch etwas, das wir melden müssen.

Die Zeit verfliegt so unglaublich schnell, denke ich, während mein Blick über das Buschland wandert. In den vergangenen Wochen habe ich so viel erlebt, dass ich es kaum verarbeiten kann. Ich habe einen solchen Reichtum an Tieren gesehen, die staunenswerte Vielfalt der afrikanischen Fauna. Ich habe Löwengehege gereinigt, mit einem tuckernden Traktorenmotor als einzigem Schutz, weil Löwen angeblich den Sound nicht mögen. Ich habe Zäune instand gesetzt, Tiere beobachtet, gezählt, versorgt. Habe für einen Kapstriel mit eingegipstem Bein täglich Mehlwürmer abgezählt, um ihn zu füttern, habe geholfen, einen Wurf Tigerkätzchen von den Larven der Mangofliegen zu befreien, habe den kleinen, gefräßigen Kudu-

Antilopenbullen Derek mit der Flasche aufgezogen, habe mit Raubkatzen gespielt und jeden einzelnen Tag Neues über Wildtiere und ihre Eigenschaften gelernt …

Die letzten Wochen habe ich bei fast jeder Gelegenheit meine Kamera bei mir gehabt und den kleinen Fotografie-Wettbewerb gewonnen, der unter uns Volontären stattfand. Auch jetzt knipse ich und merke, wie viel Spaß es mir macht, wenngleich ich mir ziemlich sicher bin, dass meine Nikon zu Hause bis zum nächsten Urlaub wieder im Regal verschwinden wird.

Unsere Aufgabe in dieser Nacht ist es unter anderem, vom Flachdach des Gebäudes aus bei Vollmond die Tiere zu zählen, die zum Wasserloch kommen. Durch den Bau der Gehege an den Vortagen bin ich jedoch so erschöpft, dass ich kurz nach Einbruch der Dunkelheit einschlafe. Wenn man müde ist, ist man eben müde. In der afrikanischen Wildnis draußen zu schlafen ist ein intensives Gefühl. Die Geräusche der Tiere, über einem der Sternenhimmel …

Dr. Long Trousers und die aufgedrehte Sandy bleiben die Nacht über wach. Doch sie können nur wenig sehen, da immer wieder Wolken den Vollmond bedecken und die Gegend um das Wasserloch in Finsternis hüllen.

Und dann wird es tatsächlich Zeit, sich zu verabschieden. Ich habe mich in all den Wochen hier verändert und weiß noch nicht genau, was es für mich bedeuten wird. Doch ich fühle mich ruhiger. Die tägliche körperliche Arbeit mit den Wildtieren unter der afrikanischen Sonne hat auch äußerlich ihre Spuren hinterlassen. Meinen Gürtel kann ich mittlerweile zwei Löcher enger stellen, wobei das schlechte, eintönige Essen nicht ganz unschuldig daran ist. Ich bin sichtlich gebräunt, meine kurzen Haare sind ausgeblichen von der Sonne und »Karakal«-blond. Kratzer, Blutergüsse und Narben in verschiedenen Größen und Farben zeichnen meine Arme und Beine. Jede dieser Markierungen hat ihre eigene Geschichte. Ich fühle mich wirklich gut. Und das, wird mir bewusst, war schon sehr lange nicht mehr der Fall.

»Porzellan« von Farin Urlaub begleitet mich, als es Zeit wird, mich zu verabschieden. Am letzten Tag bin ich zu keinen Arbeiten eingeteilt und kann so in Ruhe allen mir wichtigen Tieren Lebewohl sagen. Zuallererst steuere ich am Morgen Athenos Gehege an. Kaum habe ich das Tor hinter mir geschlossen, sehe ich ihn schon entspannt aus der Tiefe seines Geheges durch das hohe Gras auf mich zukommen. Ich lasse mich in den Schatten eines kleinen Baums fallen und begrüße die schnurrende Raubkatze aus dem Schneidersitz heraus. Der Gepard putzt mich wie gewohnt mit seiner rauen Zunge und legt sich dann neben mich. Ich bleibe so lange bei ihm, bis meine Beine vom Sitzen schmerzen.

Mit frisch gewaschenen Händen und Armen gehe ich später an das Gittertor von Missy Jo. Zweimal schnalze ich mit der Zunge, schon trabt die elegante Leopardendame auf ihren großen Pranken auf mich zu, den Kopf gesenkt, den Schlafzimmerblick auf mich gerichtet und tief brummend. Welch ein Anblick, was für ein kraftvolles Tier. Sie schmiegt sich an den Maschendraht und lässt sich von mir die Flanke und den Rücken durchkneten. Ich stecke die Hand durch den Schlitz zwischen Tor und Torpfosten. Kraule sie am Hals und unter dem Kinn. Sie fährt mehrmals genussvoll brummend mit ihrer Backe über meine Hand.

Ein Buschmann, der gerade vorbeikommt, bleibt kurz stehen und sieht mich entgeistert an. Dann sagt er etwas in seiner Klicklautsprache und geht kopfschüttelnd weiter. Wahrscheinlich denkt er, ich habe den Verstand verloren. Damit hat er gar nicht mal so unrecht, denn das hätte ich ja immerhin fast tatsächlich. Jedoch nicht hier, sondern in Deutschland.

Nachmittags gehe ich zu Bonnie und Jessie. Verdammt, die

beiden kleinen Karakale werde ich ganz sicher am meisten vermissen. Auf einer Decke sitzend, füttere ich sie ein letztes Mal mit Hühnchenfleisch und lasse mich im Anschluss von ihnen als Kletterbaum benutzen. Die beiden, die genau an dem Tag geboren wurden, als ich auf der Auffangstation ankam, sind inzwischen groß geworden. Sie trauen sich mittlerweile viel mehr, sind noch aktiver und neugieriger. Aufmerksam beobachtet Jessie von meinem Schoß aus, wie Bonnie auf meiner Schulter balanciert und dabei gelegentlich trillernde Vogellaute von sich gibt. Ich hoffe sehr, dass ich die beiden wiedersehen werde. Aber noch mehr hoffe ich für sie, dass sie erfolgreich ausgewildert werden können. Vielleicht in die Wildline, wie die Gepardin Pride, das würde mir gefallen.

Der letzte Morgen. Die Lapa Night am gestrigen Abend war lustig. Ich musste vor allen das »Amarula-Lied« aufsagen, das hier bei jeder Motto-Party von uns Volontären gesungen wird, und konnte es nur zur Hälfte, egal. Bemerkenswerter als meine Gesangseinlage fand ich das Gespräch mit Leila, einer Fernsehteamleiterin aus Wien, die sich die Auffangstation für eine Reportage angesehen hat. Das Lagerfeuer war schon niedergebrannt, und ich wollte gerade den vom Mondschein erhellten Weg zu meiner Hütte antreten. Da kam eine leicht angetrunkene und gut gelaunte Leila hinter mir hergestürzt. »Sebastian! Wart amoi!« Ich blieb stehen, drehte mich um und sah sie stirnrunzelnd an. Verabschiedet hatten wir uns bereits kurz zuvor, was wollte sie jetzt?

»Du musst das mit der Fotografie weitermachen. Das ist urgut!«, trällerte sie heiter.

Damit hatte ich nicht gerechnet, meine Antwort kam aus mir heraus wie auswendig gelernt: »Fotografen gibt es so viele, da hat man doch keine Chance.«

In Berührung mit Blende, Belichtungszeit und ISO-Wert kam ich in meiner Ausbildung mit sechzehn Jahren. Ich lernte drei Jahre in einem Fotofachgeschäft meiner Heimatstadt. Der engagierte und ausgesprochen motivierende Verkaufsleiter brachte mir damals die Handhabung der Spiegelreflex bei, natürlich erst noch analog, mit vierundzwanzig oder sechsunddreißig Bilder zählendem Negativfilm. Die wenigen digitalen Spiegelreflexkameras, damals noch sehr klobig und teuer, reichten längst nicht an die Bild-Brillanz der analogen Geräte heran. In den folgenden Jahren fotografierte ich mit analogen und dann später auch mit digitalen Kameras privat weiter. Aber als Beruf? Der Gedanke ist mir noch nie gekommen.

Leila senkte leicht den Kopf, tippte mit dem rechten Zeigefinger auf meine Brust und sagte in einem leiseren, ernsteren Ton: »So funktioniert das nicht, du musst das machen, wofür du bestimmt bist. Oder willst du ein Leben lang in einem Beruf arbeiten, der dir nicht wirklich Spaß macht? Einem, für den du nicht brennst?«

Nein, das wollte ich nicht.

Der Abschied von den anderen Volontären fällt mir leichter als von den Tieren. Aber das ist ganz einfach Gewöhnung. Ich bin nun seit zehn Jahren Soldat. Ständig lerne ich dort neue, unterschiedlichste Leute kenne. Man liegt mit ihnen im Schlamm und eisigen Schnee oder drückt mit ihnen die Bank eines staubigen Hörsaals. Wochen- und monatelang verbringt man mit ihnen jeden Tag, und dann, wenn der Lehrgang oder der Aufenthalt auf dem Übungsplatz zu Ende geht, zerstreuen sich alle wieder in sämtliche Himmelsrichtungen. Nur diejenigen, die einem wirklich wichtig sind, bleiben einem darüber hinaus erhalten. Mit den Volontären wird es hier nicht anders sein. Ich versuche jedem zum Abschied noch etwas Positives zu sagen und dass sie auf sich aufpassen sollen. Dann drückt mir Alice mein »Wildlife-Caretaker«-Zertifikat in die Hand. Die Chefin ist heute überraschenderweise selbst erschienen, um die Abreisenden zu verabschieden.

»Du kommst wieder, ich weiß es«, sagt sie lächelnd und voller Überzeugung zu mir.

Ich drücke die sonst so aufgedrehte, jetzt aber wie bei jedem Abschied bitterlich weinende Sandy und steige in den Transporter, der uns zum Flughafen bringen wird.

Es ist kühl und windig, dicke, dunkle Wolken und Sonnenschein wechseln sich in schneller Folge ab. Die Bäume tragen die ersten zarten hellgrünen Blätter. Der Geruch von satter, feuchter europäischer Erde liegt in der Luft, während ich wieder in Uniform über den Kasernenhof schreite. Es ist die gleiche Kaserne, in der bereits mein Vater und mein Großvater als Berufssoldaten gedient haben. Alles ist wieder so wie immer, oder doch nicht? Das Leben wirkt etwas entspannter, ja, ich bin entspannter. Situationen, die mir zuvor als problematisch erschienen, sehe ich um ein Vielfaches gelassener. Dinge und Personen, die mich aufgeregt haben, kann ich nun belächeln. Der räumliche Abstand, das Eintauchen in eine völlig andere Welt haben mir gutgetan. Namibia hat mir gutgetan.

Eigentlich weiß ich schon länger, dass meine Zukunft nicht im konservativen Militär und in der trockenen IT liegt. Doch jetzt ist es mir glasklar bewusst. Ich bin hier ganz einfach am falschen Ort. Wie ein Pinguin in der Wüste Gobi, wie ein Schneeleopard im Toten Meer. Es wird verdammt noch mal Zeit, an die Küste zu gelangen. Lange genug habe ich in falscher Umgebung durchgehalten. Ich will endlich in Gebieten tätig werden, die meinem Wesen, meinen Stärken entsprechen. Es ist an der Zeit, mit falschen Idealen, die nicht die meinen sind, zu brechen. Ich kann nicht von heute auf morgen ein völlig anderes Leben führen, aber ich kann jetzt die Weichen stellen.

Wo genau es dann hingeht, weiß ich nicht, aber die richtige

Richtung kann ich schon mal einschlagen. Kreativität, Aufklärung, Wildtiere, das sind die groben Wegmarken. Auch spüre ich bereits jetzt, eine Woche nach meiner Rückkehr, dass es mich wieder ins südliche Afrika zieht. Mein erster Aufenthalt in Namibia war nur der Anfang. Ich will noch viel mehr sehen, erleben und verstehen.

Aber ein Schritt nach dem anderen. Als Erstes werde ich mal ein Fotografie-Nebengewerbe anmelden. Dann werde ich etwas für mich tun. Etwas, das ich schon lange insgeheim tun wollte, es mir selbst jedoch nie erlaubt habe. Ich werde mich tätowieren lassen, und ich weiß auch schon, was das Motiv sein wird.

TEIL 2
TIEF IM BUSCH

Auf der Nashorn-Auffangstation,
irgendwo in Südafrika

Kapitel 10

Into the wild

Johannesburg–Nelspruit, im Januar 2017

Scharfe Linkskurve. Es drückt mich in den Sitz. Ich blicke aus dem Fenster und sehe statt dem Himmel und einzelnen Nebelfetzen die saftig grüne Hügellandschaft, über die wir nun schon fast eine Stunde fliegen, unaufhaltsam näher kommen. Meine Organe drückt es in die linke Körperhälfte. Die einzige Stewardess, die vor einer halben Stunde noch die Bordverpflegung ausgeteilt hat – eine kleine Tüte Chips und eine Getränkedose –, hält sich jetzt verkrampft an einer Armlehne fest. Endlich lenkt der Pilot gegen und bringt das Flugzeug mit seinen ganzen sechzehn Sitzplätzen wieder in eine halbwegs waagerechte Position. Landeanflug.

Mit gerade mal sieben anderen Passagieren steige ich aus der winzigen Maschine und laufe über das Rollfeld zum Flughafengebäude. Die Temperatur misst über dreißig Grad, die Luftfeuchtigkeit ist unangenehm hoch – und ich trage noch meine lange Hose.

Der Flughafen von Nelspruit ist klein, aber gar nicht mal schlecht ausgestattet. Knapp fünf Wochen werde ich in Südafrika sein. Danach geht es direkt weiter ins Nachbarland Namibia, zu der Wildtier-Auffangstation in der Kalahari, die sich vergleichsweise vertraut anfühlt. Hier weiß ich nämlich nicht einmal genau, wo ich hinkomme. Denn die Auffangstation für Nashörner hat aus Sicherheitsgründen weder eine öffentliche Adresse, noch kenne ich den offiziellen Namen. Das Einzige, was ich weiß, ist, dass ein eingeweihter Fahrer auf mich und vielleicht auch auf andere Volontäre wartet, um uns an diesen geheimen Ort zu bringen.

Mit mir tritt eine bunte Mischung an Leuten in das Flughafengebäude. Ein Mädchen um die zwanzig sticht heraus, sie sieht nicht wie eine typische Touristin aus. Am Gepäckband kommen wir ins Gespräch. Sie stellt sich als Britney aus den USA vor, genauer gesagt aus Kentucky, ist neunzehn Jahre jung, frisch vom College. Wie ich vermutet habe, ist auch sie wegen der Nashörner hier und will mit ihnen zusammenarbeiten, bevor sie eine Ausbildung in einem Zoo beginnt. Wie zum Beweis zeigt sie mir stolz ihr Nashorntattoo auf dem Handgelenk. Es ist eine stilisierte Ansicht eines Nashorns und besteht nur aus einer Linie.

Wir warten und warten, doch unser Gepäck kommt nicht. Die anderen Leute sind längst weitergezogen, nur wir zwei Wildlife-Volontäre stehen noch da und starren auf das leere Band. Schließlich sprechen wir die einzige Angestellte in dem Raum an, die uns gelangweilt mitteilt, dass wir uns an den Servicepoint im Hauptgebäude wenden müssen.

Dort wartet bereits ein freundlich grinsender Mann mit einem Schild auf uns, auf dem unsere Namen stehen. Kaum hat er sich als unser Fahrer namens JJ vorgestellt, zeigt er auf eine Bank, wo eine weitere Volontärin sitzt. Auch ihr Gepäck ist wohl noch in Johannesburg.

Na toll. Ich sehe uns drei Neuankömmlinge schon, wie wir bei der Hitze tagelang die gleichen Klamotten tragen müssen, bis unser Gepäck eintrifft. Wenn es denn überhaupt kommt.

Also auf zum Servicepoint. Nach kurzem Gespräch und Vorzeigen unserer Tickets erhalten wir die Info, dass, wenn wir Glück haben, die nächste Maschine aus Johannesburg unsere Rucksäcke und Taschen an Board haben könnte. Sie soll in etwa einer Stunde landen. Na, das ist in Ordnung, denke ich. Genug Zeit, um sich mit der anderen Volontärin zu unterhalten.

»Hi, ich bin Sebastian und ebenfalls ohne Gepäck«, stelle ich mich vor, um mich im Anschluss im Schneidersitz neben sie zu setzen. Sie ist etwas kleiner, hat lange, wasserstoffblond gefärbte Haare, wirkt nett und scheint genauso müde zu sein wie ich. Ihren harten Akzent ordne ich ins Osteuropäische ein. Sie stellt sich als Lili aus »Swildan« vor, ist vierundzwanzig Jahre alt und Geschäftsmanagerin. Mit ihrem Herkunftsort können weder Britney noch ich wirklich etwas anfangen.

»Ihr kennt Swildan nicht?«, fragt sie trocken.

»Nein, soll das ein Land oder ein Ort sein?«

Nach einigen Missverständnissen, dem Aufzählen aller osteuropäischen Länder und weiterem Nachhaken kommen wir endlich darauf, dass sie »Sweden«, also Schweden meint.

Und schon beginnt die Fragestunde. Wie alt ich bin, wollen die Mädels wissen, wo ich herkomme, wie lange ich hierbleibe, was ich daheim so mache, ob ich verheiratet bin, was meine Tattoos bedeuten, warum ich dies und jenes tue oder nicht tue. Fehlt nur noch, dass sie mich nach meiner Schuhgröße fragen.

Nachdem sie wissen, dass ich ein vergebener Einunddreißigjähriger aus Deutschland bin, der vor Kurzem seine zwölfjährige Militärdienstzeit beendet hat, nebenbei als Fotograf arbeitet, ein Studium an der Universität Würzburg nach ganzen drei Monaten abgebrochen hat und die meisten meiner Tattoos Wildtiere zeigen, mit denen ich in Namibia besondere Erlebnisse hatte, lässt der Hagel an Fragen etwas nach.

Was die beiden nicht wissen wollen, ist, warum es mich ausgerechnet hierher verschlagen hat. Denn in dem Punkt sind wir uns ähnlich. Viele meiner Freunde und Bekannten hingegen waren verwundert und fragten sich, was ich in diesem abgelegenen Zipfel Südafrikas zu suchen habe. Aber das waren vor allem diejenigen, die nichts wussten vom Krieg gegen das Aussterben, gegen das Abschlachten, gegen die Wilderei.

Rhinos haben mich schon immer fasziniert. Sie haben etwas Urzeitliches. Die robusten grauen Körper wirken wie Panzer der Natur. Nach meiner ersten Namibia-Reise im Februar 2015 beschäftigte ich mich mehr mit dem Problem der Wilderei und wurde darauf aufmerksam, dass Nashörner massiv in ihrer Existenz bedroht sind. Ich beschloss, mir selbst ein Bild davon zu machen, die Problematik vor Ort zu erleben, aktiv zu werden.

Das Gepäck von Lili und mir kommt tatsächlich mit der nächsten Maschine. Britneys nicht, sie wird morgen noch mal zum Flughafen fahren müssen.

Unbekannte afrikanische Musik dringt aus alten Boxen. Die Klimaanlage bis zum Anschlag aufgedreht, fahren wir mit JJ in Richtung Rhino Sanctuary.

Am Straßenrand ist eine Herde Impalas zu sehen, mittelgroße Antilopen mit braunem Fell. Lili und Britney, die zuvor noch nie in Afrika waren, sind gleich ganz aufgeregt. Ich weiß inzwischen, dass wir in den nächsten Wochen noch Hunderte Impalas sehen werden, und schenke ihnen keine große Beachtung. Die Landschaft um mich herum fasziniert mich viel zu sehr.

Weite Felder, Bananenplantagen, ein paar rostige Autowracks, stark bewachsene grüne Hügel. Wir kreuzen ein paar Brücken in der Nähe eines Kraftwerks. Nahe der Straße häufen sich bald stark eingezäunte Häuser und Wohnsiedlungen, bis wir eine Stadt passiert haben. Danach werden es deutlich weniger Siedlungen. Einzelne Einheimische gehen am Seitenstreifen der Schnellstraße zu Fuß.

Britney will von JJ wissen, ob es denn Krokodile in den Flüssen gibt.

»Oh nein, in diesem Abschnitt nicht, ich angle hier gerne«, sagt er lächelnd. »Aber weiter im Norden gibt es welche. Hier muss man sich eher vor Nilpferden in Acht nehmen. Die sind sowieso viel gefährlicher!«

Interessant, denke ich, während ich meinen Rucksack auf die Beine stelle, um meinen Oberkörper vor der Lüftung zu schützen, die mir mit gefühlten minus zehn Grad entgegenschlägt, während es draußen fünfunddreißig Grad heiß ist.

Wir fahren lange, viel länger, als ich dachte. Als wir eine Kuppe erreichen, von der aus sich die Straße in Serpentinen den Berg hinunterschlängelt, erschlägt mich die atemberaubende Aussicht förmlich. Kilometerweit bis zum Horizont erstreckt sich eine von unterschiedlich großen Hügeln und Bergen durchzogene grüne Landschaft. Sie erinnert mich an »Jurassic Park«. Augenblicklich habe ich die Filmmusik von John Williams im Kopf, die man hört, wenn der Helikopter auf das Eiland mit den Dinosauriern zusteuert.

Wir biegen auf einen unauffälligen Feldweg ab. Kein Schild, kein Hinweis, dass er irgendwohin führt. Eine Sicherheitsvorkehrung von vielen, wie wir bald feststellen werden. Der Weg ist holprig und staubig. Links von uns erstreckt sich ein massiver, zweieinhalb Meter hoher, doppelter elektrischer Zaun. JJ erzählt uns, dass er bereits zur Nashorn-Auffangstation gehört. Also sollten wir bald da sein, denke ich.

Weit gefehlt. Wir schaukeln noch mindestens eine halbe Stunde über den abenteuerlichen Pfad, bis endlich ein großes olivfarbenes Militärzelt in Igluform vor uns auftaucht.

JJ hält vor dem Tor an, hinter dem ein tiefschwarzer Wächter in grüner Militäruniform steht. Eine Hand hat er locker in die Hüfte gestützt, die andere umfasst ein Funkgerät, in das er gerade spricht.

Als wir aussteigen, trifft mich die Hitze wie eine Wand. JJ erklärt uns, dass er nicht weiter als bis zum Tor fahren darf. Von hier aus sollen wir von einem Mitarbeiter der Auffangstation abgeholt werden. Wir drei Neuankömmlinge gehen mit unserem Gepäck durch das Tor und steuern den einzigen schattenspendenden Baum an. Zwei weitere Wächter in Uniform haben hier extra für uns eine einfache Holzbank abgestellt, als wir noch damit beschäftigt waren, das Gepäck auszuladen.

Nach gut einer halben Stunde kommt ein grüner Geländewagen ohne Dach mit umgelegter Windschutzscheibe, hohe Bauart mit vier hintereinander angelegten Sitzreihen. Ein typischer Safariwagen. Am Steuer sitzt ein riesiger, schlaksiger Kerl. Ich schätze ihn auf Mitte vierzig, glatt rasiertes rotes Gesicht mit Knollennase, kurze, dunkle Haare. Er murmelt irgendetwas in nicht sonderlich freundlichem Tonfall.

»Hallo«, sagen wir und hieven unser Gepäck in den Wagen, um anschließend hinterherzuklettern.

Wenn wir dachten, die Fahrt vom Flughafen sei schon abenteuerlich gewesen, haben wir uns geirrt. Die rotbraunen Wege sind verschlungen und verlaufen auf und ab, mit Neigungen, die ein normales Auto streckenweise unmöglich bewältigen könnte. Die Wälder wirken aus europäischer Sicht wie Dschungel. Mit einem kurzen, lauten »Watch the branches!« macht uns der Fahrer mehrmals auf die herunterhängenden Äste aufmerksam, und wir ducken uns schnell.

Alles ist grün und saftig, einzelne rotbraune Felsen oder auch Felsformationen ragen aus der Vegetation hervor. Was für eine faszinierende Landschaft! Und immer weiter geht es ins gefühlte Nirgendwo.

Schließlich erreichen wir ein Steinhaus mitten auf einer Anhöhe. Sein weit nach außen ragendes Dach wird von Holzpfosten gestützt, die rund zwei Meter von der Hausaußenmauer entfernt stehen. Rechts vom Steinhaus sehe ich fünf leicht an den Hang gebaute Holzhütten auf Pfählen, die jeweils über eine kleine Treppe zu erreichen sind: die Unterkünfte für die Volontäre. Sie sind eingerahmt von Bäumen und Büschen, die Luft ist erfüllt von Vogellauten und dem Surren zahlreicher Insekten. Wenn nur nicht diese höllisch schwüle Hitze wäre, beschwere ich mich in Gedanken, während ich unser Gepäck aus dem Wagen hieve. Ich kann es kaum erwarten, meine lange olivfarbene Hose gegen Shorts einzutauschen, so sehr schwitze ich.

Unsere Unterkunft ist noch nicht bezugsbereit. Während der mürrische Riese mit dem Safariwagen die Anhöhe wieder hinunterfährt, lassen wir unser Gepäck erst mal stehen und gehen in das Steinhaus. Zwei sehr junge Mädels, die offenbar fest angestellt sind, bitten uns, den Papierkram auszufüllen. Im Prinzip geht es um die Einverständniserklärung, dass das Rhino Sanctuary für nichts haftbar gemacht werden kann und wir uns aller Gefahren bewusst sind. Standard, denke ich, als mir das schüchtern wirkende Mädchen mit den braunen Locken ein weiteres Formular in die Hand drückt. Es handelt sich um eine Anweisung für den kleinen Pool hinter dem Steinhaus, der sich noch im Bau befindet. Ich muss schmunzeln. Die Pool-Erklärung ist fast doppelt so lang wie die »Wenn Sie sterben, sind Sie selbst schuld«-Erklärung.

Ich nehme mir die Zeit, um mich in Ruhe umzusehen. Das Haus ist sehr rustikal mit teilweise offenen Bruchsteinwänden. Die beiden Eingänge sind groß und immer geöffnet, da es keine Türen gibt. Im lang gezogenen Flur stehen noch die Reste vom Mittagessen auf Holztischen. Rechts davon befindet sich eine große Küche, geradeaus ein WC, links zwei große Aufenthaltsräume mit Stühlen und Tischen. Der erste Raum wird von einer riesigen Weltkarte dominiert. Überall stecken kleine Reißnägel, sie markieren die Heimatorte von Freiwilligen, die bereits auf der Station waren.

Was mich hier wohl erwarten mag?

Es ist Abend geworden, und ich stehe auf der Veranda der ersten Holzhütte. Aus meiner Musikbox erklingt »Into the Wild« von Bonaparte, während mein Blick über Marula- und Mangobäume in das weite Tal wandert. Müde und erschöpft bin ich, aber geduscht und in kurzer Hose, endlich! Die Eindrücke des Tages habe ich noch nicht mal ansatzweise verarbeiten können.

Die Hütten sind jeweils in zwei Kabinen aufgeteilt. Jede dieser Kabinen ist etwa zwölf Quadratmeter groß und ausgestattet mit zwei hölzernen Stockbetten und einem Schrank mit vier Fächern. Der Luxus: ein Miniaturbad in jeder Kabine, die man sich zu viert teilt, Dusche und Toilette. Die Toilette wackelt etwas, wenn man auf ihr sitzt, man könnte befürchten, dass sie irgendwann mal durchbricht und man unter der Hütte zwischen den Pfählen landet. Die Tür, die das Minibad vom Schlafraum abtrennt, ist ein Sichtschutz, nicht mehr. Man hört jedes noch so leise Geräusch durch die dünnen Wände hindurch. Wirklich jedes. Aber hey, es gibt eine Toilette in der Kabine! Aus Namibia kenne ich das völlig anders. Dort musste man erst mal ein Stück weit laufen, um zu den zentralen Toiletten in einem Wellblechverschlag zu gelangen.

Die Wände unserer Unterkunft bestehen aus dünnen Holzlatten, Risse und Löcher an den Wänden inklusive. Genauso im Boden, da tun sich riesige Schlitze und Lücken auf. Wenn etwas hereinwill, dann kommt es auch herein. Einen riesigen Tausendfüßler habe ich bereits aus der Dusche entfernt. Aber eigentlich sind die Löcher völlig egal, denn man muss sowieso die Tür und die Fenster über Nacht vollständig offen lassen, andernfalls ist es unerträglich heiß.

Zu Hause wollte Lisa, dass ich prophylaktisch das Malariamittel für die Zeit hier nehme. Eigentlich hatte ich vor, damit zu warten, bis sich Anzeichen einer Erkrankung zeigen würden. Doch unter diesen Umständen habe ich meine Meinung schnell geändert. Während die letzten Sonnenstrahlen des Tages ihr orangefarbenes Licht ins Tal werfen und damit die satte Landschaft mit tiefen Schatten zerschneiden, schlucke ich meine erste Malariatablette. Jetzt können mich die Stechmücken mal!

Die Kabine teile ich mit drei anderen Volontärinnen, Geschlechtertrennung gibt es hier nicht. Hauptsache, ein Bett zum Schlafen, für mehr wird die Kabine sowieso nicht genutzt. Neben Britney und Lili ist auch Mary hier untergekommen, eine Studentin aus Kapstadt. Anfang zwanzig, groß, lange hellbraune Haare und hübsches Gesicht. Sie läuft immer barfuß, und ihre Füße sind genau wie ihre Hände ausgesprochen groß. Sie ist schon zum vierten oder fünften Mal auf der Station und wirkt noch etwas distanziert uns Newbies gegenüber.

Für den ersten Abend habe ich eigentlich eine Art Vorstellungsrunde erwartet, wie ich sie aus Namibia kenne. Name, Alter, Heimat, Beruf, vergeben oder Single, Dog- oder Catperson, damit man weiß, mit wem man es zu tun hat.

Doch leider gibt es das hier nicht, meine zurechtgelegten Antworten kann ich somit vergessen. Stattdessen werde ich gezielt ausgefragt, was meine Tattoos bedeuten. Also erzähle ich den übrigen sechzehn Volontären, die mit mir auf der Terrasse des Steinhauses sitzen, in Kurzform von Atheno, Bonnie, Jessy, Missy Jo und Klaus-Bärbel, die alle in kräftigen Farben meinen linken Arm zieren. Sie lauschen meinen Erzählungen und loben im Anschluss die Arbeit der Tätowiererin. Ich ärgere mich selbst über mein schleppendes Englisch und stelle im Gegenzug ein paar Fragen, doch ich habe Mühe, die unterschiedlichen Akzente zu verstehen. Die anderen stammen allesamt aus englischsprachigen Ländern, von Kalifornien über Irland und Südafrika bis Australien, sodass ich mir als Deutscher fast wie ein Exot vorkomme. Ein ungewohntes Gefühl.

Während ich versuche, dem Gespräch zwischen Lili und Sophie aus Oxford zu folgen, klingeln meine Alarmglocken. Habe ich das gerade richtig verstanden? Hier herrscht Fotografierverbot? Wieso?

Da bin ich an einem der landschaftlich schönsten Orte, die ich je gesehen habe, führe einen Rucksack voll mit hochwertiger Kameraausrüstung mit mir, bin leidenschaftlicher Tierfotograf und darf hier keine Aufnahmen machen?!

Mir reicht es, ich bin hundemüde und frustriert. Ich entscheide mich, in meine Hütte zu gehen. Müde stapfe ich in Richtung der Schlafkabine in der Hoffnung, dass die Dusche frei ist.

Später stehe ich vor der Hütte und lasse einen letzten Blick über das im Dunkeln liegende Tal schweifen. Begleitet werden meine Gedanken vom Surren der Insekten. Ihre Stiche sind jedoch Nebensache. Die nehme ich gern in Kauf dafür, dass ich ab morgen mit Nashörnern arbeiten darf. Denn darauf freue ich mich, dafür bin ich hier.

Kapitel 11

Von Narben und Spinnen

Ein lautes, vertrautes Brüllen erklingt in der Ferne. Löwen! Einen Atemzug später dringt von Nahem ein tiefes Schnauben, gefolgt von einem Geräusch wie dröhnendes Lachen an mein Ohr. Das Geräusch kann ich nicht zuordnen. Ein Tier, vermutlich ein großes. Doch welches?

Es ist halb sechs am Morgen, und ich laufe noch verschlafen das kurze Stück von meiner Unterkunft zum Steinhaus. Dort wartet Sophie aus Oxford auf uns Neue, sie hat bereits den Wasserkessel auf den altmodischen Gasherd gesetzt und wird uns in den Tagesablauf einführen. Lili und Britney gesellen sich mit müden Augen zu uns. Wir trinken wortkarg unseren Instantkaffee, füllen anschließend jeder eine Flasche mit Wasser aus dem Kanister, und schon marschieren wir vier ins Tal.

»So wie es sich angehört hat, gibt es hier Löwen?«, frage ich Sophie.

Sie nickt mit erhobener Nase. »Ja, hier auf der Station leben zwei junge erwachsene Löwen, Weibchen und Männchen. Wenn ihr länger als drei Wochen hier seid, werdet ihr wahrscheinlich auch mal beim Cat-Team dabei sein. Dann müsst ihr sie füttern.«

Cat-Team, das hört sich super an. »Und von wem kamen die anderen Geräusche?«, frage ich.

»Welche meinst du?«

»Dieses Schn...« Weiter komme ich nicht. Wir haben gerade eine Scheune und ein steinernes Wohnhaus passiert, vor dem sich ein großer grüner Tümpel mit einer Insel befindet. Aus dem erhebt sich in diesem Moment ein massiger dunkelgrauer Kopf, die Nasenlöcher öffnen sich, und ein lautes Schnauben, gefolgt von einem dröhnenden Lachgeräusch, schallt uns entgegen.

»Oh, das sind die Nilpferde. Hier gibt es zwei. Emma ist um die drei Jahre alt, also erwachsen, und die Ersatzmutter von Molly. Die Kleine ist knapp ein Jahr alt. Beide sind als Waisen hierhergekommen.«

Das mit hüfthohen Pfählen umzäunte Gehege der beiden Nilpferde ist weitläufig. Es liegt in unmittelbarer Nähe des Wohnhauses der Gründerin des Rhino Sanctuarys, dadurch wirkt es ein wenig so, als hätte sie einen etwas groß geratenen Vorgarten mit Nilpferden darin. Ich bin fasziniert und muss ein wenig schmunzeln.

»Die beiden gehören auch zum Cat-Team, gefüttert werden sie von Calvin. Wir Volontäre gehen da nicht rein«, erklärt Sophie.

»Die sehen aber nicht wie Katzen aus«, sage ich irritiert. »Na ja, die wenigsten Tiere, um die wir uns im Cat-Team kümmern, sind wirklich Katzen. Aber jetzt seid ihr sowieso erst mal im Rhino-Team.«

Wir laufen weiter ins Tal, das Gras links und rechts des rotbraunen Weges ist fast hüfthoch, bunte Vögel fliegen über uns hinweg, und je mehr wir abwärts laufen, umso mehr Bäume ragen um uns auf. Hin und wieder kreuzen dicke, fliegende Käfer, die sich anhören wie kleine Hubschrauber, unseren Weg. Als wir fast den tiefsten Punkt des Tales erreichen, gelangen wir in einen Wald. Rechts von uns sehen wir große Vogelvolieren. »Dort sind unsere Eulen untergebracht, sie sollen nach und nach ausgewildert werden«, erzählt Sophie. »Sie gehören auch zum Cat-Team.« Ich muss gleich an Klaus-Bärbel denken, meinen Lieblingsgreifvogel einer befreundeten Falknerin, dessen Bild auf meinem linken Arm prangt. Aber sibirische Uhus gibt es hier natürlich keine.

Der Wald riecht plötzlich intensiv nach Citronella, ein starker, zitronenartiger Geruch. Wahrscheinlich haben sich Britney oder Lili, die hinter uns laufen, gerade mit einem Antimückenspray eingesprüht, und das nicht zu sparsam. Im nächsten Moment ist der Gedanke auch schon Nebensache, denn wir treten aus dem Wald.

Vor uns öffnet sich das grüne Tal, und wir blicken direkt auf die Bomas, die von einem Wachturm neben dem Eingangstor dominiert werden. Eine Boma ist ein Gehege, das durch Palisadenwände abgegrenzt ist. Die Palisaden bestehen aus massiven, etwa drei Meter langen Baumpfählen, die tief im Boden eingelassen sind. Sie werden häufig bei Tieren verwendet, die eine gewisse Kraft aufweisen, wie Elefanten oder eben Nashörner. Alle Bomas sind miteinander verbunden und nur durch das Eingangstor neben dem Turm erreichbar. Zusätzlich werden sie außen von einem elektrischen Zaun geschützt. Seine Aufgabe ist es nicht, die Tiere in den Bomas zu halten, sondern ein Eindringen von Menschen zu verhindern.

Wir treten an das Tor und müssen mit einem Spray unsere Schuhe und Hände desinfizieren. Zwei Wachen in olivgrüner Uniform winken uns vom Turm zu. Einer sieht von der Statur her ein wenig aus wie Bud Spencer, er trägt eine italienische Pistole am Gürtel und strahlt eine Ruhe aus, die ich bis hier unten spüren kann.

Wir treten ein und werden gleich zu einem Gebäude geführt, in dem sich eine Art Küche befindet. Hier wird die Milch für die kleinen Nashörner zubereitet. Im Vorraum steht eine große Tafel. Auf ihr finden sich alle Namen und wichtigen Informationen der aktuellen Nashorn-Waisen, um die wir uns kümmern: um welche Uhrzeit sie wie viel Liter Milch bekommen, welches Mischverhältnis von Milchpulver, Glukose und Protexin ihre Nahrung aktuell haben soll und woran man das jeweilige Nashorn von den anderen unterscheiden kann. Zusätzlich wird über jedes einzelne Nashorn-Baby ein Ordner geführt. In diesen werden mindestens zweimal täglich Informationen zum Verhalten und auch jede Art von Auffälligkeiten eingetragen. Es wirkt alles beeindruckend professionell und organisiert.

Wir lernen gleich, wo sich alles befindet und worauf wir beim Anrühren der Milch achten müssen. Natürlich darf nichts verklumpen, und auch die richtige Temperatur des Wassers spielt eine große Rolle. Jedes Nashorn hat seine eigenen, mit dem jeweiligen Namen beschrifteten Flaschen. Es handelt sich um gut gespülte, leere Zwei-Liter-Colaflaschen, über deren Öffnung jeweils ein Gummisauger gestülpt wird. Die vier Nashörner, für die wir an diesem Morgen die Nahrung zubereiten, erhalten je zwei bis drei Flaschen pro Fütterung. Ihre Milch bekommen sie momentan alle drei Stunden, das Mischverhältnis und die Menge unterscheiden sich je nach Uhrzeit und von Tier zu Tier. Die erste Fütterung ist um sechs Uhr morgens, die letzte um neun Uhr abends. Dazwischen gibt es viel zu tun, wie wir bald merken werden.

Als wir die Milch zu Sophies Zufriedenheit richtig zubereitet haben, können wir los.

Die Anlage ist in mehrere Bomas aufgeteilt, in denen drei bis fünf Nashornbabys wohnen. Die vier, die wir gleich füttern werden, sind die Kleinsten in unserem Team; alle anderen sind alt genug, sodass sie keine Milch mehr brauchen.

Mit Milchspritzern übersät laufen wir um zwei Ecken – und sind an unserem Ziel angekommen. Hier sind die Palisadenpfähle in weiterem Abstand gesetzt und wirken mehr wie Gitterstäbe. Auf der anderen Seite sehe ich die vier, sie sehen aus wie kleine graue Felsen. Kaum haben sie uns entdeckt, kommen sie auch schon auf uns zugerannt. Es sind Breitmaulnashorn-Waisen. Sie drücken ihre breiten Münder an die Öffnungen und geben ein jammerndes Geräusch von sich. Sie haben eindeutig Hunger und wollen jetzt sofort ihr Frühstück. Ich bin ganz fasziniert, weil die Kleinen so niedlich sind. Ein kurzer Blick zu Britney und Lili zeigt mir, dass es ihnen genauso geht. Wir drei haben alle ein breites Grinsen im Gesicht und sprechen mit hohen Stimmen auf die kleinen grauen Rhinos ein. Sophie hilft uns, sodass jedes Nashorn auch seine richtige Flasche bekommt, in dem sie unsere Positionen tauscht. Laute Saug- und Schmatz-Laute ertönen, die Milch wird in einer irren Geschwindigkeit aus den Flaschen gesaugt.

Ich sehe mir die einzelnen Miniatur-Nashörner genauer an und versuche herauszufinden, worin sie sich unterscheiden. Rob ist derjenige, dem ich gerade die Flasche gebe, er scheint etwas größer als die anderen drei zu sein. Aber sonst? Ich frage Sophie danach.

»Jeder hat seine eigenen Merkmale. Wenn ihr länger mit ihnen zu tun habt, werdet ihr das schon herausfinden. Alle sind unterschiedlich, vom Äußeren wie auch vom Charakter. Obwohl sie alle fast dasselbe Alter haben.«

»Und wie alt sind sie so im Durchschnitt?«, will ich wissen.

»Genau auf den Tag können wir das natürlich nicht sagen, da sie in der Wildnis geboren wurden, aber anhand der Größe kann man das Alter schätzen. Die vier hier sind jetzt zwischen sieben und neun Monate alt.« Mein Blick wandert zu dem kleinen Nashorn links von mir, das mir bis zum Oberschenkel reicht.

»Sie ist dünner als die anderen drei und im Verhalten häufig aggressiver«, erklärt Sophie. »Das liegt wohl daran, dass sie fast verhungert in einer Grube gefunden wurde. Der kleine Bulle rechts neben dir hat eine Narbe von der Stirn bis zum rechten Auge. Und sie«, Sophie weist auf das Nashorn, das sie selbst füttert, »hat ein kleines, spitz zulaufendes Horn und eine Narbe quer über der Schulter.«

»Wovon stammen die Narben denn?«, will Lili wissen.

Was Sophie darauf antworten wird, weiß ich leider schon. Die Narben sind der Grund, wieso ich hier bin, wieso es solche

Orte wie diesen überhaupt geben muss. »Macheten«, antwortet Sophie nüchtern. »Die Kleinen hier wollten ihre toten Mütter verteidigen, die von Wilderern für ihr Horn abgeschlachtet wurden. Die Wilderer haben sie mit Machetenhieben und Gewehrkolben verjagt, da ihnen noch kein Horn gewachsen war. Sonst hätten sie sie auch getötet.«

Das ist die traurige und grausame Wahrheit. Hier im Süden Afrikas herrscht ein Krieg, der vom Rest der Welt weitgehend ignoriert wird. Er hat einen eigenen Namen: »Rhino War« – ein Krieg um die letzten Nashörner.

Nashörner bevölkern die Erde seit rund fünfzig Millionen Jahren. Es gibt nur noch fünf existierende Arten auf der Welt. Und wenn die Wilderei weiter solche Ausmaße annimmt, wie es momentan der Fall ist, werden die Tiere in zehn bis zwanzig Jahren ausgerottet sein. Anfang 2017, während ich Rob füttere, gibt es von den beiden afrikanischen Nashornarten nur noch einen Bruchteil ihres ehemaligen Bestandes: etwa zwanzigtausend Breitmaulnashörner und nur mehr fünftausend Spitzmaulnashörner. Noch dramatischer steht es um die asiatischen Nashornarten.

Aber was ist der Grund für diesen ganzen Wahnsinn? Geld. Der Preis auf dem Schwarzmarkt für ein Kilo Horn liegt bei fünfundfünfzigtausend US-Dollar aufwärts. Er ist höher als der von Gold oder Kokain, Horn zählt zu den teuersten Elementen auf dieser Welt. Rebellen- und Terrororganisationen finanzieren sich sogar mit den Hörnern der Tiere. Sie stehen somit auf der gleichen Stufe wie die sogenannten Blutdiamanten. Aber wer will überhaupt diesen »Rohstoff«? Wer zahlt Unmengen an Geld für etwas, das einem Tier aus dem Gesicht gehackt wurde, um es im Anschluss verbluten zu lassen? Wenn es nicht schon vorher tot war, durchsiebt von großkalibrigen Gewehren, ausgestattet mit Schalldämpfern.

Die Käufer sitzen in ostasiatischen Ländern, allen voran China und Vietnam. Hier wird durch eine fehlgeleitete traditionelle Medizin dem Horn des Tieres eine heilende Wirkung zugeschrieben. In Vietnam wird sogar behauptet, es heile Krebs. Die Regierungen dieser Länder haben offensichtlich kein Interesse daran, ihre Bevölkerung darüber aufzuklären, dass mit dem Kauf der Produkte eine ganze Tierart ausgerottet wird. Die angebliche Heilwirkung hat keinerlei wissenschaftliche Grundlage, denn eines steht fest: Das Horn besteht ausschließlich aus Keratin – dem gleichen Material wie menschliche Fingernägel.

Aber der Irrglaube über die nicht vorhandene Heilwirkung ist nicht der einzige Grund für den Preis. Längst ist Elfenbein ein Statussymbol der reichen Chinesen und Vietnamesen geworden. Noch exklusiver ist natürlich das weitaus seltenere und teurere Horn eines Rhinos, um Freunde und Geschäftspartner zu beeindrucken. Umso seltener, umso teurer, umso teurer, umso besser – so einfach ist die Rechnung dieses Wahnsinns.

Um diese seltenen Tiere zu erhalten, braucht es Schutzmaßnahmen. Doch anders als bei heimischen Tieren, deren Lebensraum wir mithilfe von Naturparks, Biotopen und Renaturierung stellenweise erhalten können, sieht der Schutz hier anders aus: Nicht umsonst wird der Ort geheim gehalten, schützen massive Elektrozäune das Sanctuary und sind die Wächter gut ausgebildet und bewaffnet.

Ich wische ein paar Milchspritzer von dem Gesicht des kleinen Nashorns und streichle die raue, warme Haut an Wange und Kinn, bevor wir mit leeren Flaschen zurück zur Küche gehen. Mittlerweile sind eine Handvoll weiterer Volontäre eingetroffen. Nach der ersten Fütterung geht die Arbeit erst richtig los. Wir spülen ausgiebig die Flaschen, während andere Schubkarren und Schaufeln bereitstellen. Die übrigen Volontäre machen sich daran, Stroh und Luzerne in Säcke zu stopfen und zu wiegen. Sophie trägt derweil in die Ordner ein, was und wie viel die vier Kleinen gerade getrunken haben und dass es keine Auffälligkeiten gab.

Als Nächstes werden die Nashorngruppen auf eine weitläufige Wiese hinter den Palisaden gelassen, damit wir die Bomas reinigen können. Das alte Stroh und jede Menge Nashornmist schaufeln wir in die beiden Schubkarren, die anschließend über holprige Wege an dem Wachturm vorbei nach draußen gefahren und auf dem riesigen Misthaufen entleert werden. Diese Arbeit übernehmen Monica, eine Anwältin aus Kalifornien, und ich. Wir schaffen eine Schubkarrenladung nach der anderen fort, doch es scheint nicht enden zu wollen. Nashornmist ist ziemlich schwer, stelle ich schwitzend fest. Dem Gewicht der Ladungen nach zu urteilen könnte es auch Zement sein. Die Sonne knallt herab, und die Luftfeuchtigkeit liegt irgendwo zwischen Dschungel und nassem Handtuch auf der Heizung.

Die Breitmaulnashörner, die wir hier in unserem Team versorgen, sind zwischen sieben und zwanzig Monate alt. Trotz ihres jungen Alters wiegen sie schon zwischen zweihundert und fünfhundert Kilogramm. Sie befinden sich im Wachstum und fressen dementsprechend viel, was sie dann auch wieder ausscheiden. Immerhin werden sie ausgewachsen zwischen zwei und dreieinhalb Tonnen wiegen.

Nach dem Ausmisten werden frisches Stroh und Futter verteilt, das Wasser wird aufgefüllt, und die Schubkarren und Schaufeln werden gesäubert. Dann steht auch schon die nächste Fütterung der vier an. Diesmal dürfen wir die Milch selbstständig zubereiten.

Die Sonne drückt vom wolkenlosen Himmel, und ich bin froh, wieder in die Schatten der Bäume einzutauchen, als wir bergaufwärts zurück zu unseren Unterkünften laufen. Wieder steigt der starke Zitronengeruch in meine Nase. Er stammt jedoch nicht von einem Antimückenspray, wie ich vermutet hatte, sondern von den Bäumen. Sie sondern einen Saft ab, der Fliegen fernhält und einen angenehmen Duft verbreitet, der mich allerdings ein wenig an Toilettenstein erinnert. Ich werde ihn mehrmals täglich in den kommenden Wochen immer an dieser Stelle riechen, sodass er sich in mein Gedächtnis einbrennt. Egal wo ich bin: Wann immer ich später diesen zitronigen Duft in der Nase habe, wird mich die Erinnerung daran in den kleinen Waldabschnitt mit den hohen Bäumen am tiefsten Punkt des Rhino Sanctuarys zurückversetzen. Ich zupfe ein paar Blätter ab und stecke sie in meine Hosentasche, um sie später in mein Tagebuch zu legen.

Frühstück, endlich.

Wir sitzen auf der überdachten Terrasse des Steinhauses. Verschwitzt und dreckig von der morgendlichen Arbeit, essen wir Rühreier, Brot mit Erdnussbutter und Marmelade sowie alle möglichen Arten von Cornflakes und trinken dazu Instantkaffee. Auch wenn sich das Essen, das von zwei einheimischen Frauen zubereitet wird, von Woche zu Woche wiederholt, schmeckt es, und die Portionen sind ausreichend.

Nach einer halben Stunde ist die Pause vorbei, denn es warten einige Zusatzaufgaben auf uns. Ich nehme einen letzten Schluck Kaffee und schlüpfe wieder in meine robusten Wanderstiefel aus Leder, schnappe mir eine Mango, von denen es hier nur so wimmelt, und gehe noch mal schnell zur Unterkunft. Auf dem Weg dorthin komme ich an Lili und Dave, einem Australier, vorbei. Grinsend zeigt er auf eine Öffnung im Boden, die an ein Mauseloch erinnert. Davor liegt ein Stein, in etwa so groß wie eine Kinderfaust. Jetzt tut sich etwas, der Stein wird von innen zur Seite geschoben, und eine haarlose, bräunlich orange Spinne verschafft sich Platz. Sie ist etwa handtellergroß, mit dicken Beinen. Lili schaut entsetzt, und ich kann sie verstehen. Die Spinne wirkt aggressiv, und sie wird nicht die einzige bleiben, der wir an diesem Tag begegnen.

Es tropft. Es tropft von meiner Nasenspitze, es tropft von meinem Kinn. Ich habe das Gefühl, in der tropischen Luftfeuchtigkeit dahinzuschmelzen. Vor zwei Tagen, in Würzburg, habe ich noch eine dicke Mütze getragen, während mir der eisige Wind ins Gesicht schnitt. Wettertechnisch ist das eine Hundertachtzig-Grad-Wendung.

Wir stehen wieder bei den Bomas, diesmal jedoch davor. Eine weitläufige Wiesenfläche ist hier für die etwas größeren Nashörner des Rhino-Teams eingezäunt, die keine Milch mehr trinken. Sie können tagsüber grasen und herumtollen, natürlich alles in Sichtweite des Wachturms. Der ganze Bereich soll nun erweitert werden, und dafür wurden einige Bäume, vor allem wilde Mangobäume, gefällt. Sie wachsen überall, und ich werde wohl nie wieder so gute Mangos in meinem Leben essen wie hier. Summer, eines der Mädchen, die hier fest angestellt sind, hat uns erklärt, was wir zu tun haben. Es gilt, all die gefällten Bäume, die zum größten Teil schon getrocknet sind, über den Zaun nach draußen zu werfen und sie auf der anderen Seite auf einen Truck ohne Seitenwände zu laden.

Und das tun wir nun schon einige Zeit, weshalb wir ziemlich ins Schwitzen geraten. Ich habe mir Arbeitshandschuhe angezogen, um Splitter in der Haut und Blasen zu vermeiden. Es lohnt sich immer, welche mitzunehmen, wenn man an einem Volontärsprojekt teilnimmt, denn man kann sich nicht darauf verlassen, dass es sie vor Ort gibt.

Der Boden ist voll von trockenem Laub und Ästen der gefällten Bäume. Mit Wanderstiefeln stehe ich im hohen Gras und greife wieder nach unten, um Äste, Wurzeln und Blattwerk über den Zaun zu werfen. Plötzlich höre ich einen schrillen Schrei. Britney, die ein paar Meter neben mir steht und die letzte Stunde mindestens ebenso viele Baumteile wie ich über den Zaun geworfen hat, schüttelt panisch ihre linke Hand. Ein großes braunes Etwas fliegt in hohem Bogen ins Gras zurück.

»Fuck!«, rufe ich. »Was war denn das?«

»Eine verdammte Spinne!«, sagt sie laut, man kann das Entsetzen in ihrer Stimme hören. »Eine verdammte Riesenspinne!« Sie wurde zum Glück nicht gebissen, denn auch sie hatte Arbeitshandschuhe an. Die anderen um uns herum, die es mitbekommen haben und keine Handschuhe tragen, sehen sich voller Unbehagen um, bevor sie, vorsichtiger jetzt, weiterarbeiten.

Im Blattwerk am Boden fühlen sich Schlangen und Spinnen wohl. Diese sind im Gegensatz zu ihren Verwandten in Europa hier häufig sehr giftig. Zecken gibt es sowieso überall, aber sie sind ein Thema für sich. Wir sollen vorsichtig sein, sagt man uns. So weit das möglich ist, bin ich das auch.

Die Sonne scheint noch heißer herab, gleich ist zwölf Uhr, die nächste Fütterung steht an. Dave steht in seinen extrakurzen Shorts und seinem breiten Strohhut auf der Ladefläche und zurrt die Baumreste fest. »Für heute reicht es mit den Bäumen«, sagt er. »Ihr seid ja nicht hier, um als Waldarbeiter in Afrika zu arbeiten, sondern um euch um Nashörner zu kümmern.«

Und das tun wir jetzt auch. Die vier Mini-Nashörner sind so durstig, als hätten sie heute noch überhaupt nichts bekommen. Rob saugt in kürzester Zeit sechs Liter Milch weg, als wäre es nichts.

Trockenes Gras, Holzsplitter und Staub kleben auf meinen Armen, an meinen Beinen und wahrscheinlich auch in meinem Gesicht. Schweiß und Sonnencreme ergeben eben einen hervorragenden Kleber. Es ist Abend geworden. Nach dem Mittagessen haben wir doch noch mal bei den gefällten Mangobäumen weitergearbeitet. Das muss eben diese Woche erledigt werden. Jetzt liegen ein gutes Dutzend Volontäre müde auf den Sitzkissen der Terrasse. Diese sollte man übrigens besser umdrehen, bevor man sich auf ihnen niederlässt. Heute Mittag erst hat Lee, eine Amerikanerin mit südafrikanischen Wurzeln, einen schwarzen Skorpion unter ihrem Sitzkissen entdeckt.

Lachend kommt eine junge, hellhäutige, etwas kräftige Frau namens Rose durch das Steinhaus gelaufen. In einer Hand schwingt sie einen lärmenden orangefarbenen Lautsprecher, mit dem sie uns alle aufschreckt. Daraus tönt »Castle On the Hill« von Ed Sheeran, ein Song, den sie in den kommenden Wochen ständig hören wird und wir Volontäre zwangsläufig leider auch. Ähnlich wie der zitronige Geruch der Bäume wird auch der Song, ob ich will oder nicht, mich immer an meine Zeit hier in Südafrika erinnern. Mary, die im Bett über mir schläft, erklärt uns Neuen, dass Rose sich um die Wünsche oder Probleme der Volontäre kümmert. Darüber hinaus kauft sie die Lebensmittel und alles, was sonst noch gebraucht wird, in der eineinhalb Stunden Autofahrt entfernten Stadt ein.

Nach dem Abendessen spreche ich Rose wegen des Fotografierverbotes an. Sie meint, ich müsse mit der Chefin persönlich reden, die morgen aus Pretoria zurück sein wird.

Etwas enttäuscht lehne ich mich wieder in die Ecke der Terrasse. Na ja, bis morgen kann ich jetzt auch noch warten, sage ich zu mir selbst und setze mir wieder die Kopfhörer auf. Ein halbes Dutzend Mal hintereinander »Castle On the Hill« aus Roses Lautsprecher reicht jetzt.

Ich blicke zwischen dem Steinhaus und einem krummen Baum vorbei ins Tal. Es liegt bereits wieder im Schatten, während die Spitzen der Hügel noch im warmen Abendlicht orange und golden leuchten. Während durch meinen Kopfhörer »The Unforgiven« von Metallica erklingt, hänge ich meinen Gedanken nach und fühle mich einsam. Aber sich einsam fühlen gehört zum Alleinreisen nun mal dazu. Immer dort, wo man neu hinkommt, sich noch nicht auskennt und wo andere, die schon vor einem da waren, ihre Gemeinschaften gebildet haben, fühlt man sich erst mal allein. Man hat niemanden, mit dem man die Erlebnisse des Tages teilen kann, und ist ganz auf sich selbst zurückgeworfen. Dazu kommt, dass ich sowieso eher der schüchterne Typ bin, zumindest wenn ich die Leute noch nicht kenne und die Sprachbarriere es erschwert, mich so auszudrücken, wie ich es möchte. Doch es hat auch sein Gutes, nicht abgelenkt zu sein. Denn so empfindet man alles intensiver. Man muss sich mit sich selbst und seinen Gedanken auseinandersetzen. Etwas, das ich früher viel zu selten tat.

Es ist dunkel geworden. Plötzlich ertönt ein schriller Schrei, Hektik bricht aus, ein paar der Mädels ziehen die Füße vom Boden auf die Sitzfläche. Ich nehme die Kopfhörer ab, doch bevor ich fragen kann, was los ist, sehe ich es schon: Wie der Blitz rennt eine handtellergroße, bräunlich orange Spinne über den Steinboden der Terrasse zwischen uns hindurch. Sie ist wohl von der gleichen Art wie die, die Lili, Dave und ich heute Mittag gesehen haben. So schnell, wie sie aufgetaucht ist, verschwindet sie auch wieder in der Dunkelheit. Wahrscheinlich hat sie sich genauso erschreckt wie wir. Lili hat die Arme fest um ihre Beine geschlungen, und ihre blauen Augen sind weit aufgerissen.

»Hey«, sage ich, »Mary und Britney sind fertig mit Duschen, du kannst als Nächstes gehen.«

»Ich gehe jetzt ganz sicher nicht durch die Dunkelheit zu unserer Kabine«, sagt sie schaudernd. Ich kann ihre Gänsehaut fast selbst spüren. »Geh du zuerst. Und töte die Spinne, wenn du sie siehst!«

»Jawohl, Prinzessin«, sage ich grinsend. Ich freue mich auf die Dusche. Die Schicht aus Schweiß, Sonnencreme und Pflanzenresten auf der Haut muss weg. Also setze ich mir meine

Stirntaschenlampe auf und gehe in ihrem Licht barfuß zur Kabine. Aus meinen Kopfhörern dringt »Lullaby« von The Cure. Meine Wanderstiefel trage ich wie Waffen in der linken und rechten Hand. Als könnte sie mich so sehen, höre ich aus der Ferne das dröhnende Lachen von Nilpferd Emma.

Kapitel 12

Ohne Ohren

Der Saft einer Mango läuft zähflüssig mein Handgelenk hinunter. Das gelbe Fruchtfleisch schmeckt besser als jeder Schokoriegel.

Die kleine Duiker-Antilope mit der lustigen Frisur hat andere Gelüste. Sie knabbert an meiner rechten Wade, während ich unter dem großen, Schatten spendenden Mangobaum sitze und ihr, einem Duiker-Bock und einer Nyala-Antilope beim Fressen zusehe.

Vorsichtig streichle ich die Wange der neugierigen Dame, während sie neben mir steht und meine von Ästen und Dornen zerkratzten Waden hochinteressant findet. Duiker zählen zu den kleinsten Antilopen Afrikas. Die ausgewachsenen Tiere erreichen eine Schulterhöhe von gerade mal fünfzig Zentimetern. Ihre Fellfarbe ist graubraun und leicht gelblich. Von der schwarzen Nase verläuft ein breiter, ebenfalls schwarzer Streifen bis zur Stirn. Die Männchen haben kurze Hörner, die Weibchen stattdessen auf der Mitte des Kopfes eine süße geringelte Haarlocke.

Das Nyalaweibchen ist ein gutes Stück größer als die beiden Duiker. Es hat eine rotbraune Fellfarbe und weiße Streifen an den Flanken. Nyalas strahlen Eleganz und Schönheit aus. Die Männchen werden fast doppelt so groß wie die Weibchen. Sie haben ein schwarzgraues Fell, das am Hals länger ist, was mich ein wenig an eine Mähne erinnert. Zusammen mit den gewundenen Hörnern ergibt dies eine beeindruckende Erscheinung. Aber ein Nyalamännchen findet man in diesem Gehege nicht.

Die Antilopen hier sind Waisen oder Findelkinder, die von ihren Müttern nicht angenommen wurden. Auch sie werden von unserem Team täglich versorgt. Ihr Gehege grenzt direkt an das der kleinen Nashörner innerhalb der Bomas.

Knapp eine halbe Stunde habe ich jetzt bei ihnen verbracht, nachdem ich wie jeden Morgen Dutzende Schubkarrenladungen voll Nashornmist nach draußen geschafft habe. Langsam gewöhnt sich mein Körper an das Klima. Natürlich ist es nach wie vor ein schweißtreibender Job, aber ich zerlaufe nicht mehr völlig wie in den ersten Tagen. Nur brauche ich einen Ersatz für meinen Hut, der viel zu warm ist. Ich werde mich nach etwas Zweckmäßigem umsehen, wenn ich demnächst in die Stadt komme, um mir eine südafrikanische Handykarte zu kaufen. Welchen Wochentag haben wir eigentlich? Wann wollten wir noch mal los? Egal, wenn es so weit ist, werde ich es schon merken. Ein angenehmer Gedanke, der in all seiner Gelassenheit zeigt, wie weit weg ich in diesem Moment von Deutschland bin.

Hier an meinem Schattenplatz ist die Luft erfüllt vom süßlichen Geruch der reifen Mangos. Viele sind schon vom Baum gefallen, und die Antilopen fressen von ihnen; was sie übriglassen, holen sich die Wespen und Fliegen. Während ich aufstehe, um mich wieder an die Arbeit zu machen, beobachtet mich ein junges Buschbockweibchen. Es gehört zur dritten hiesigen Antilopenart und steht gerade etwas abseits im hohen Gras. Sein Fell ist rotbraun wie das des Nyala-Mädchens, doch statt weißer Streifen hat es weiße Punkte auf dem Fell.

Ich schließe das Tor hinter mir und gehe zum Gebäude neben dem Wachturm. Im Vorbeigehen prüfe ich die Temperatur in dem Häuschen, in dem die kleinen Nashörner nachts schlafen. Dem Thermometer zufolge beträgt die Innentemperatur sechsunddreißig Komma zwei Grad, die Außentemperatur dreiunddreißig Grad. Ich trage die Werte mit Kugelschreiber auf dem dafür vorgesehenen Formular ein. Als ich mich mit der linken Schulter an die Schatten spendende Wand lehne, durchfährt mich ein kurzer, stechender Schmerz. Ach, verdammt, denke ich, den kleinen Zwischenfall gestern hatte ich schon fast vergessen. Ein großer, schwerer Anhänger, beladen mit Heuballen, hatte sich selbstständig gemacht und hätte einen anderen Volontär und mich beinahe überfahren. Bis es uns gelang, ihn auszubremsen – in meinem Fall mit der Schulter. Wäre sie nicht bunt tätowiert, könnte man jetzt den großen blauen Fleck sehen.

Mein Weg durch die Bomas führt mich an einem Abschnitt vorbei, bei dem eine große Lücke in den Palisaden heraussticht. Sie wirkt wie ein Fenster ohne Glas, und durch dieses streckt soeben eines der älteren Nashornkinder den Kopf. Wahrscheinlich hofft die junge Dame, etwas von der Milch abzubekommen, die die Kleinsten gerade bei ihrer zweiten Fütterung gegenüber trinken. Aber dafür ist sie schon zu alt, was sie wahrscheinlich auch weiß. Aber versuchen kann man es ja mal ...

Ich streichle ihren großen grauen Kopf. Ihr Horn wurde bereits einmal entfernt. Das wird bei allen Nashörnern hier so gehalten, um sie weniger attraktiv für Wilderer zu machen. Die Prozedur, wie sie hier regelmäßig vorgenommen wird, tut den Tieren angeblich nicht weh, es ist wie Fingernägel schneiden. Die abgeschnittenen Hörner erhält vom Gesetz her die Regierung. Was diese dann damit macht, ist ziemlich undurchsichtig. Die derzeitige Regierung Südafrikas ist korrupt, und der skandalreiche Präsident des Landes tritt das Erbe Nelson Mandelas mit Füßen.

Das Nashornmädchen, das ich gerade kraule, heißt Winter. Sie von den anderen zu unterscheiden ist leider sehr leicht. Denn sie hat keine Ohren mehr.

Wenn eine Nashornmutter von Wilderern abgeschlachtet

wird, begnügen sich diese meist damit, das Baby mit Gewalt zu vertreiben. Haben die Wilderer, was sie wollen, ziehen sie schnell weiter, um ihrem Verbindungsmann das Horn zu übergeben. Für das Nashorn-Baby fängt dann der Horror erst richtig an.

Nashörner sind Einzelgänger. Spitzmaulnashörner sind immer allein unterwegs, Breitmaulnashörner sieht man äußerst selten in kleinen Gruppen. Wenn die Mutter also getötet wurde, ist das Baby auf sich allein gestellt. Es bleibt bei dem entstellten Körper, weil es gar nicht weiß, wo es sonst hinsollte, denn es gibt keine Herde, die sich um das Jungtier kümmern könnte. Und selbst wenn es eine Herde oder Gruppe gäbe, hätten die Wilderer sämtliche Tiere mit Horn getötet.

Der Geruch der toten Mutter zieht spätestens, wenn es dunkel wird, Fleisch- und Aasfresser an. Das kleine Nashorn wird wieder versuchen, seine tote Mutter gegen die Feinde zu verteidigen. Winter legte sich mit einem Rudel Hyänen an. Den Kampf zu gewinnen ist dabei unmöglich, sie verlor ihre Ohren an die Hyänen, die sie ihr abbissen. Aber sie konnte dem Rudel entkommen, das sich mit dem Kadaver des gewilderten Nashorns zufriedengab. Im Anschluss verbrachte Winter allein und verletzt mehrere Tage und Nächte in der Wildnis. Manche Nashornbabys irren wochenlang umher, bevor sie von Wildhütern oder Soldaten gefunden werden, die sie an Auffangstationen übergeben. Das Erlebte hinterlässt Narben, nicht nur in Form von Machetenhieben und Schusswunden, sondern auch von Bissen oder gar Krallenspuren eines Löwen quer über den Rücken.

Als Winter halb verhungert, traumatisiert und ohne Ohren hierhergebracht wurde, war sie gerade mal zwei Monate alt. Wundversorgung und Nahrungsaufnahme sind dann natürlich besonders wichtig. Aber das kleine Nashorn wird nur trinken, wenn es auch Vertrauen hat zu denen, die es füttern möchten. Dieses Vertrauen gilt es erst einmal wieder aufzubauen, und das ist nicht einfach. Immerhin sind diejenigen, die sich jetzt um es kümmern wollen, und die anderen, die seine Mutter getötet haben, von der gleichen Art. Es sind Menschen.

Winter hat sich in den vergangenen Monaten gut entwickelt. In einem Jahr wird sie voraussichtlich mit den anderen erwachsenen Nashörnern auf dem Gelände der gut sechsundvierzigtausend Hektar großen Auffangstation frei leben können. Natürlich immer im Schutz von Wachen, die sich zwischen Büschen und Bäumen verstecken, die Nashörner in Blickweite.

Es ist angenehm kühl in der Scheune oberhalb des Tales. Sie liegt in der Nähe des Steinhauses, das direkt an die Unterkünfte der Volontäre grenzt. Auf der anderen Seite der Scheune steht das Wohnhaus von Maria, der Gründerin und Chefin der Nashorn-Auffangstation. Sie möchte uns auch heute wieder, wie tags zuvor, eine Einweisung geben. Ihr ist es sehr wichtig, dass wir die Tiere nicht nur versorgen, sondern auch beobachten. Wie verhalten sie sich untereinander? Gibt es Auffälligkeiten, Wesensveränderungen, körperliche Beschwerden? Alles muss dokumentiert und gemeldet werden, damit die Ursachen ermittelt und entsprechende Gegenmaßnahmen eingeleitet werden können.

Halbwegs bequem sitze ich auf einem alten Bürostuhl und blicke in die Runde, während ich gut gelaunt »Unrockbar« von den Ärzten lausche. Wir sitzen in U-Form vor einem Pult, auf dem Laptop und Beamer aufgebaut sind, und warten geduldig auf Maria.

Hinter uns türmen sich Säcke mit Milchpulver, weiter vorne liegen Berge aus Luzerne, und nebenan stehen Dutzende Heuballen. Gestern erst hat Lee eine Puffotter in der Ecke bei den Heuballen entdeckt. Zack, der große, schlaksige Kerl, der uns am ersten Tag vom Tor abholte, hat sie mithilfe einer Zange entfernt. Nach eigener Aussage musste er danach seine Hose wechseln.

Ich gähne und prüfe ein paar Einstellungen an meiner Vollformatkamera. Fotografierverbot besteht nach wie vor, um zu vermeiden, dass sorglos Bilder gepostet werden, die womöglich aktuelle Sicherheitsvorrichtungen, Gesamtansichten von den Bomas und den Standort der Wachen preisgeben. Solche Bilder können von Wilderern genutzt werden, um einen Überfall auf die Auffangstation zu organisieren. Eine reelle Gefahr: Ein geplanter Überfall wurde, wie ich erfuhr, gerade noch im Vorfeld abgewendet. Doch in meinem Fall gibt es eine Ausnahme. Ich habe angeboten, ein Video zu drehen und Fotoaufnahmen zu machen, um diese der Auffangstation zur Verfügung zu stellen. Maria war von der Idee begeistert, und so bekam ich nicht nur den Auftrag, ein kurzes, übersichtliches Video über die Aufgaben eines Volontärs zu drehen, sondern auch die Erlaubnis, unter Einhaltung aller Sicherheitsvorkehrungen zu fotografieren. Nach dem Gespräch war ich ziemlich erleichtert. Gut, dass ich mich nicht in meine Enttäuschung und die negativen Gedanken hineingesteigert hatte. Ich sehe es als Zeichen, dass Afrika seine Wirkung auf mich entfaltet und mich gelassener macht, statt mich bei unerwarteten Problemen gleich schwarzsehen zu lassen.

Ein kleiner schwarzer Hund kommt mit fliegenden Ohren in den Raum geschossen. Luci, sie bildet wie immer die Vorhut. Ich nehme die Kopfhörer ab und höre gleich darauf die hohe Stimme von Maria näher kommen. Unsere Chefin ist Mitte vierzig und hat wache, klare Augen. Die braunen Haare trägt sie zu einem Pferdeschwanz zusammengebunden. Sie wirkt sehr sportlich und ist offensichtlich voller Energie. Aber wie sonst soll man eine Nashorn-Auffangstation wie diese aufbauen?

Maria läuft mit Summer und Mara, den beiden fest angestellten Mädchen, die Rampe zu uns herauf. Neben der schwarzen Kurzhaardackel-Dame Luci, die trotz ihrer geringen Größe fest davon überzeugt ist, dass sie nach ihrem Frauchen hier das Sagen hat, ist auch Goofy dabei. Er ist ein Weimaraner, ein großer grauer Jagdhund mit ausgeprägtem Beschützerinstinkt gegenüber seiner Chefin.

Der Grund der Einweisung heute: Maria wird für knapp drei Wochen in die USA reisen, um mithilfe von TV-Shows, Interviews und Vorträgen an Universitäten die Menschen zu informieren, für den Rhino War zu sensibilisieren und um Spenden zu sammeln. Sie schärft uns noch mal ein, worauf wir zu achten haben, wenn ein neues Nashorn-Waisenkind in ihrer Abwesenheit eintreffen sollte. Im Anschluss sehen wir uns ein kurzes Video an. Es zeigt, wie eine Anti-Wilderer-Einheit ein verletztes Nashornbaby findet und wie es mit dem Helikopter vom Kruger National Park hierhergeflogen wird, um versorgt zu werden.

Anti-Wilderer-Einheiten werden in dieser Zeit mehr denn je gebraucht. Der Nachwuchs dieser Einheiten wird militärisch ausgebildet, häufig von kriegserfahrenen Ex-Soldaten aus den USA oder Australien. Frauen und Männer, die bereits Irak- oder Afghanistan-Veteranen sind, streifen mit einheimischen Fährtenlesern Tage und manchmal sogar Wochen durch den südafrikanischen Busch, um die wenigen noch frei lebenden Nashörner zu schützen. Täten sie das nicht, gäbe es schlichtweg keine mehr.

Ich lasse die Informationen wirken. Wie schon öfter in den vergangenen Tagen bin ich froh, auf diesen Ort gestoßen zu sein. Hier geht es nicht darum, Studenten und andere Freiwillige für mehrere Hundert Euro die Woche zu bespaßen und ein paar Tiere streicheln zu lassen. Immer steht das Wohl der Tiere im Vordergrund, und es ist mehr als deutlich, dass Stationen wie diese oft ihre einzige Rettung in dieser vom Geld regierten Welt sind.

Wenig später zieht der Pick-up-Truck eine Staubwolke hinter sich her, während wir auf der Ladefläche durchgeschüttelt werden. In den letzten Tagen sind einige Volontäre abgereist und nur wenige dazugekommen, sodass wir im Moment lediglich zu acht sind. Eng zusammengequetscht sind wir unterwegs zu unserer nächsten Zusatzaufgabe. Ich richte mich auf und merke, es ist viel angenehmer, auf der Ladefläche zu stehen, als zu sitzen. Zum einen sehe ich so mehr von der beeindruckenden Umgebung, und zum anderen werden mir nicht ständig irgendwelche Hintern derjenigen, die auch lieber stehen, gegen den Kopf gedrückt.

Die Landschaft der Nashorn-Auffangstation rauscht an uns vorbei: weite Wiesen, bewaldete Hügel, sanfte bis steil abfallende Hänge, dschungelartige Wälder mit Lianen. Zwischendurch kreuzen ein erschrockener Kudu, eine Gruppe Giraffen und ein Warzenschwein unseren Weg.

Der Pick-up wird langsamer, wir erreichen ein ebenes Gebiet, das sich an einem Fluss entlangzieht. Die Fläche fällt zum Wasser hin ein wenig ab, die andere Uferseite ist üppig mit grünen Büschen und Bäumen bewachsen. Im Hintergrund ragen hellgraue Felsformationen empor. In der Ebene selbst steht hüfthohes Gras, überall dazwischen sind lila Blüten und vereinzelt Felsen zu sehen. Eigentlich eine malerische Kulisse – wären die hübschen Blütenpflanzen nicht giftig für viele der Tiere.

Wir springen mit Messern und Plastiksäcken bewaffnet vom Pick-up und betrachten unseren Arbeitsplatz für die nächsten Stunden. Die Sonne scheint gnadenlos, und ich bin froh, dass ich meine Wasserflasche zuvor randvoll gemacht habe. Trotz der Hitze trage ich meine hohen Wanderstiefel, was sich als keine schlechte Idee erweist: Das hohe Gras sieht wie ein Naherholungsgebiet für Zecken und Schlangen aus.

»So, und bis wohin sollen wir die lila Pflanzen entfernen?«, fragt Andy, die in Australien Tiermedizin studiert.

»Bis wohin? Alle müssen weg! Alle, die wir sehen«, antwortet Mara. Wir Volontäre machen große Augen.

»Gut, dann fangen wir besser an, wir wollen ja irgendwann mal fertig werden«, sagt Lee schmunzelnd. Die nächsten Stunden reißen wir eine lila Blütenpflanze nach der anderen heraus und arbeiten uns so durch die Wiese. Es ist keine einheimische Pflanzenart, daher wissen viele Tiere noch nicht, dass sie diese lieber nicht fressen sollten. Wir entfernen sie, um ihre Ausbreitung einzudämmen.

Ich arbeite mich mit Lee ganz links außen am Hang entlang. Mit ihr hatte ich bisher nicht viel zu tun, da wir in verschiedenen Teams waren. Sie ist drahtig, sportlich, und man merkt ihr bei aller Kraft und Energie nicht an, dass sie mehr als doppelt so alt ist wie Britney oder Mara. Vom Wesen her ist sie sehr ruhig, angenehm und ausgesprochen freundlich. Abends sieht man sie meistens lesend in einer ruhigen Ecke auf der Terrasse sitzen. Wir unterhalten uns die ganze Zeit über, und so erfährt jeder einiges über den anderen. Lee wohnt an der Nordwestküste der USA, geboren und aufgewachsen ist sie aber in Südafrika. Sie hat drei erwachsene Kinder, von denen das älteste etwa in meinem Alter ist. Da das Leben als Hausfrau sie nicht auslastet, ist sie für drei Monate hergekommen. Es ist nicht ihr erster Einsatz als Volontärin. Zuvor war sie schon ein paarmal auf der Isle of Man in der Irischen See. Dort kümmerte sie sich auf einer Farm um Tausende Schafe. Ihre Begeisterung, wenn sie von dort erzählt, vom stürmischen Regen, der Versorgung verletzter Tiere und der täglichen harten Arbeit ist nicht zu überhören. Dies ist ihr Element, das kann man fühlen. Ihr Mann unterstützt sie in ihrem Tun, auch wenn das heißt, dass sie wie jetzt mehrere Monate getrennt sind. Aber einer gesunden Beziehung schadet das nicht. Im Gegenteil, sie wächst.

Ein Berg aus Plastiksäcken, gefüllt mit den schädlichen Pflanzen, liegt vor uns. Die Stunden sind wieder verflogen. Meine

Wasserflasche ist mittlerweile leer, meine Füße schreien nach Freiheit, und mein Nacken ist von der Sonne verbrannt. Aber das war er ja gestern schon, also egal. Zwischenfälle gab es auch keine, niemand wurde von einer Schlange gebissen. Wir steigen müde von der Hitze und dem ewigen Bücken auf die Ladefläche und schaukeln über die staubigen Wege zurück Richtung Farm. Ich freue mich schon darauf, Schuhe und Socken auszuziehen und in Ruhe eine Tasse Instantkaffee zu trinken, bevor die nächste Nashorn-Fütterung ansteht.

Auf dem Weg zurück halten wir im Dickicht an. Auf einer Lichtung steht eine Giraffe, die aus einer Wunde am Hals blutet. Wilderer? Ein Kampf unter zwei Giraffen? Dornen? Oder womöglich eine Verletzung durch einen geborstenen Ast? Es scheint Letzteres zu sein. Die Haut ist aufgerissen, und die Wunde blutet noch. Der Manager der Nashorn-Auffangstation wird später noch mal hierherkommen. Mit einem Paintball-Gewehr, das keine Farbe, sondern Kugeln mit einem Antibiotikum geladen hat, um einer Infektion entgegenzuwirken. Eine praktische Methode, die weitaus besser für die Giraffe ist, als wenn ein Tierarzt sie betäuben müsste, um sie zu behandeln. Die Wahrscheinlichkeit, dass sich das große Tier dabei weitere und schwerere Verletzungen zufügen würde, ist zu groß.

Am Abend prasselt das Lagerfeuer unter einem atemberaubenden Sternenhimmel, und ich frage mich, wie man nur so niedlich sein kann ... Diese großen runden Augen und dazu die überdimensionalen Ohren! Und jetzt stellt sich der kleinere der beiden Kerle auf die Hinterfüße und spreizt die Arme von sich. In der Haltung, in der er gerade verharrt, sieht er aus wie ein indianischer Medizinmann, der gleich einen Regentanz zum dumpfen Dröhnen der Trommeln aufführen wird. Nur dass dieser Medizinmann keine zwanzig Zentimeter groß ist und ein wuscheliges braunes Fell hat. Es handelt sich um eines der Buschbabys, die im Steinhaus untergekommen sind. Sie sind Waisen und beide noch Babys, also Buschbaby-Babys. Offiziell heißen sie Galagos, doch wegen ihrer Laute, die an Babygeschrei erinnern, sind die winzigen Primaten zu ihrem Zweitnamen gekommen. Es sind nachtaktive Tiere, die ausgewachsen je nach Art zwischen zehn und fünfzig Zentimeter groß werden. Sie sind sehr gute Kletterer, die in Bäumen leben und sich von Insekten und Früchten ernähren.

Tagsüber schlafen die beiden zu ihrer eigenen Sicherheit in einem großen, abgedeckten Vogelkäfig. Monica, die sich hauptsächlich um das tägliche Wohlergehen der Kleinen kümmert, nimmt sie immer bei Sonnenuntergang heraus. Zuvor sehen wir natürlich nach, ob auch keiner der Hunde in der Nähe ist. Wenn es sicher ist, springen die beiden munter über Tische und Stühle und zeigen im Steinhaus, was für gute Kletterer sie schon sind.

Gelegentlich fange ich Heuschrecken oder andere Käfer für sie, eine willkommene Abwechslung zu den Früchten, die sie hauptsächlich bekommen. Ihre tollpatschige Art hält sie nicht davon ab, die Heuschrecken zu erwischen. Blitzschnell hüpfen sie zu ihrer Beute, umfassen sie mit ihren beiden feingliedrigen Händen und mampfen das Insekt wie ein Sandwich. Ihre Hände fühlen sich immer kühl und leicht feucht an. Der Grund dafür: Sie pinkeln sich regelmäßig selbst auf die Hände, um praktischerweise beim Umherklettern ihr Revier zu markieren.

Während ich ganz in der Beobachtung der Buschbabys versunken bin, flucht Britney ausgiebig, während sie ihre Beine untersucht. Nahezu alle Volontäre haben sich heute im hohen Gras Zecken eingefangen. Es handelt sich fast ausschließlich um eine stecknadelkopfgroße Blutsaugerart, die weniger gefährlich ist als die etwas größeren Zecken, von deren Bissen man das Afrikanische Zeckenbissfieber bekommen kann, das einem Kopf- und Gliederschmerzen in Verbindung mit hohem Fieber beschert. Es heißt, man erkennt es daran, dass die Biss-stelle aussieht, als hätte jemand eine Zigarette auf der Haut ausgedrückt. Na danke, darauf kann ich verzichten. Aber zum Glück habe ich keinen Blutsauger an mir gefunden, die mochten mich noch nie. Egal wie lange und wo ich im Gras lag, ob privat oder auf irgendwelchen Truppenübungsplätzen, ich bleibe von ihnen verschont. Wovon ich leider nicht ver-schont bleibe, sind Britneys Launen. Und es sind nicht nur die Zecken, die sie unausstehlich machen. Sie ist laut, respektlos und macht sich über Abwesende gern lustig. Vielleicht könnte ich es abtun als Teenie-Gehabe oder schlichtweg Erschöpfung und darüber hinwegsehen, doch es gelingt mir nicht. Tagtäg-lich werden wir hier konfrontiert mit den Auswirkungen des Rhino War, der viel heftiger und ernster ist, als man es in den wenigen Berichten in deutschen Medien mitbekommt. Ange-sichts der Situation der Nashörner und der Verantwortung, die Stationen wie diese tragen, scheint mir das Gezicke völlig unangebracht. Manchmal im Leben muss man sich zurückstel-len, weil es Wichtigeres gibt als die eigene Befindlichkeit. Um mir nicht die gute Laune verderben zu lassen, beschließe ich, ins Bett zu gehen.

»Gute Nacht, Buschbabys, gute Nacht, Buschbaby-Mama Monica«, verabschiede ich mich für heute und freue mich auf eine hoffentlich erholsame Nacht.

Kapitel 13

Der Ausbrecher

In der Ferne ertönt Donnergrollen, die Dunkelheit wird hin und wieder von einem Blitz zerrissen. Es ist schwül in der Hütte, obwohl wie immer die Tür und die Fenster offen stehen. Ich liege eine gefühlte Ewigkeit wach, bis ich endlich in einen schweren Dämmerzustand gleite. Gleich werde ich schlafen, fühle ich mehr, als dass ich es denke. Da spüre ich eine Erschütterung, höre schnelle Schritte auf der Holztreppe. Und zwar auf der, die direkt zu unserem Raum führt! Ich halte den Atem an. Es ist eindeutig ein Tier, vier Pfoten, schwer. Während ich noch völlig benebelt versuche, ganz wach zu werden, ist es auch schon in unserem Raum. Ich strecke die Füße abwehrend in Richtung der Tür aus und mache mich zum Sprung bereit. Wohin eigentlich? Wo ist meine Taschenlampe, wo mein Messer? Ist das ein Albtraum, oder ist es Wirklichkeit? Im nächsten Moment prallt das Tier auch schon gegen meine Füße, wird abgebremst und gibt einen kurzen, erstaunten Laut von sich. Dann wendet es sich zur anderen Seite und legt sich blitzschnell zu Lili ins Bett.

»Goofy!«, sage ich in einer Mischung aus Erleichterung, schlaftrunkener Müdigkeit und Belustigung. »Du hast mir vielleicht einen Schrecken eingejagt!«, flüstere ich in Richtung des großen Jagdhundes und lasse mich zurück auf mein Bett sinken. Wie zur Antwort rollt sich der nächtliche Gast zu Lilis Füßen. Klar, denke ich, Maria ist mittlerweile in den USA, und Goofy, der sonst immer an ihrer Seite ist, vermisst sie. Mal sehen, was Mrs. Swildan morgen früh dazu sagt.

Licht! Lärm! Das näher kommende Gewitter reißt mich aus dem Schlaf. Draußen scheint die Welt unterzugehen, auf jeden Blitz folgt direkter Donner. Ich bin nicht empfindlich, was Gewitter angeht, zu Hause kann ich sie auch gut und gerne verschlafen, aber das hier?! Das scheint mir kein normales Gewitter zu sein. Es fühlt sich an, als stünde man unter Artilleriefeuer, Abschuss – Einschlag, Abschuss – Einschlag, Abschuss – Einschlag. Dazu hämmert der Regen wie MG-Salven aufs Dach. Von den andauernden Blitzen ist alles von einem kalten, zuckenden Licht erleuchtet. Goofy liegt bewegungslos noch immer an der gleichen Stelle, seine Augen sind weit aufgerissen und reflektieren das Licht des Blitz-Infernos. Auch die Mädels sind völlig ruhig, wie erstarrt. Ob sie wach sind, weiß ich nicht. An Schlaf ist bei mir nicht mehr zu denken. Ich steige aus dem Bett und schwanke, von grellem Blitzlicht beleuchtet, auf die Toilette.

Lola Marshs »You're Mine« erklingt sanft aus einer kleinen Musikbox in der Küche des Steinhauses. Außer mir sind nur ein nettes australisches Pärchen und Sophie schon wach. Ich stehe am Fenster der Küche und blicke auf den Hügel hinter unserer Hütte. Nasse Klamotten hängen dort zwischen den Bäumen aufgereiht an einer langen Wäscheleine. Es sind meine, sie tropfen. Gestern Abend hatte ich vergessen, sie abzuhängen. Heute Nacht wurden sie dann vom Regen ein zweites Mal gewaschen. Die natürliche Reinigung war wahrscheinlich gründlicher als die der alten Waschmaschine, die wir Volontäre hier nutzen können.

Ich nehme einen Schluck vom heißen Kaffee; das Wasser, mit dem wir ihn gekocht haben, war rötlich braun. Seit dem Sturm kommt anscheinend nur noch erdiges Wasser aus den Hähnen. Aber verrührt mit zwei bis drei Löffeln Instantkaffee, einem Löffel Zucker und etwas Milch sieht man das auch nicht mehr. Ich tauche einen der Buttermilch-Rusks in den Kaffee.

Das an Zwieback erinnernde Gebäck ist steinhart und wird in Südafrika zum Kaffee oder Tee gegessen.

Mit der Tasse in der Hand schlendere ich an dem Schlafplatz der Buschbabys, dem Regal mit den vielen alten Büchern und Jagdzeitschriften sowie der riesigen Weltkarte vorbei auf die überdachte Terrasse. Die drei anderen haben hier bereits aufgeräumt, was der Sturm durcheinandergebracht hatte. Lili kommt gefolgt von Goofy um die Hausecke.

»Ohhh! Heute typisch deutsche Schuhe«, sagt sie grinsend und mit Blick auf meine Füße.

»Ja, fehlen nur noch die weißen Socken«, antworte ich zwinkernd. Ich trage meine Birkenstocks. Ich glaube, ich laufe in dieser Art von Schuhen herum, seit ich acht Jahre alt bin. Sie sind eben praktisch und bequem – und seit einem Jahr sind sie plötzlich »in«. Jetzt werden sie nicht nur von Arzthelferinnen und Zahnärzten getragen, sondern auch von Hipstern in Berlin und anderswo.

Wieso ich heute zur Arbeit nicht meine praktischen Wanderstiefel trage, hat einen Grund. Als ich sie heute Morgen von der Veranda nahm und wie jeden Morgen umdrehte, um sicherzugehen, dass über Nacht weder Maus, Skorpion, Spinne, Käfer noch sonst etwas eingezogen war, ergoss sich jeweils ein kleiner See aus ihnen. Trotz Überdachung der Veranda hat es in der Nacht ordentlich in meine Schuhe geregnet. Zum Glück muss ich mit meinen Sandalen nicht ins Zeckenparadies, denn ich bin jetzt dem Cat-Team zugeteilt worden.

Wenig später stehe ich auf der kleinen Empore im Eingangsbereich der Scheune und schwinge das Hackbeil. Der unangenehme Geruch von auftauendem Hühnerfleisch von nicht allzu guter Qualität steigt mir in die Nase. Halb gefrorene Hälse und andere Teile müssen zerkleinert werden: pro Gehege zweihundertzwanzig Gramm für die Erdmännchen, zweihundert Gramm für die Frettchen, zweihundert Gramm für die eine Eulenart, zweihundertfünfzig Gramm für die andere Eulenart, dreihundert Gramm für die Servaldame. Für die kleine Raubkatze gibt es morgens auch noch ein Ei dazu, das darf ich nicht vergessen. Die beiden Löwen sind erst am Mittag mit Rindfleisch dran. Zuvor habe ich bereits zwei Säcke voll mit Heu und Luzerne für die Nilpferde gestopft und abgewogen. Karotten, Salat und Tomaten für die Schildkröten sind ebenfalls geschnippelt.

Heute ist mein zweiter Tag allein im Cat-Team. Den ersten Tag waren wir noch zu dritt: Cari, eine schmale Irin, die mit mir die Begeisterung für den Schriftsteller Terry Pratchett teilt und in London irgendetwas studiert, das mit Film zu tun hat, sowie Linda, eine achtzehnjährige Südafrikanerin, die Tiermedizin studieren will und eine unglaublich lebensfrohe Ausstrahlung hat. Doch nach dem ersten Tag wechselten beide zu den Rhino-Teams, da sie nur für zwei Wochen hier sind und in dieser kurzen Zeit hauptsächlich mit Nashörnern arbeiten wollen. Also habe ich jetzt die Aufgaben allein zu bewältigen. Körperlich ist es nicht so anstrengend wie das stundenlange Schaufeln und Wegtransportieren von Nashornmist, aber es sind viele unterschiedliche Dinge zu beachten, denn die Tiere haben allesamt ihre eigenen Bedürfnisse.

Meine Hände riechen wie ein Stand auf einem vor Hitze flimmernden afrikanischen Marktplatz, auf dem man Fleisch und Innereien kaufen kann, gut sortiert auf einem von geronnenem Blut dunkelbraun gefärbten Plastiktisch. Ja, diesen Geruch kenne ich.

Als ich beginne, die Arbeitsplatte und die Messer zu desinfizieren, schlendert Calvin in die Scheune, ein dunkelhäutiger Afrikaner, der ziemlich entspannt wirkt. Calvin ist der Ansprechpartner für das Cat-Team, das im Moment ja nur aus mir selbst besteht. Er lernt die Neuen ein, ist dabei, wenn die Löwen gefüttert werden, und versorgt selbst immer die Nilpferde Emma und Molly. Calvin trägt wie jeden Tag einen kakifarbenen, strapazierfähigen Arbeitsanzug, bestehend aus langer Hose und langärmeligem Hemd. Auf dem Kopf sitzt ein dazu passender breitkrempiger Sonnenhut. Das Auffallendste an ihm ist das Funkeln, wenn er grinst und dabei seine goldenen Schneidezähne entblößt. Und das tut er recht häufig.

»Guten Morgen. Wie geht's dir?«, begrüße ich ihn mit Desinfektionsflasche in der einen und dem Fleischerbeil in der anderen Hand.

»Gut, danke, wie steht's?«, gibt er grinsend zurück.

»Ich habe alles Futter vorbereitet. Wir brauchen nur noch was Frisches für Emma und Molly«, antworte ich ihm.

»Alles klar, kümmere mich drum«, schnarrt er gut gelaunt in seinem starken südafrikanischen Akzent und verschwindet um die Ecke.

Wenig später laufen wir aus der Scheune in Richtung des abgesperrten Tümpels, in dem die beiden Nilpferde wohnen. Bepackt sind wir mit ihrem Frühstück: zwei vollen Säcken mit Heu und einem Eimer voller Kartoffelschalen, ein paar Äpfeln, Karotten sowie etwas altem Toastbrot.

Calvin beschwert sich wie schon gestern, dass er immer allein über die Absperrung steigen muss und kein Volontär ihm dabei hilft, Säcke und Eimer durchs Gehege zum Futterplatz zu tragen.

Hofft er etwa, dass ich mit ihm über den Palisadenzaun klettere? Nilpferde sollen für die meisten tödlichen Begegnungen zwischen Wildtier und Mensch verantwortlich sein und rangieren dabei über Wasserbüffeln, Spitzmaulnashörnern und Löwen. Das liegt wohl vor allem daran, dass viele Menschen diese Tiere ganz einfach unterschätzen.

Ein Nil- oder auch Flusspferd erreicht immerhin eine Körperlänge von drei bis fünf Metern und hat, wenn es ausgewachsen ist, eine Schulterhöhe von eins fünfzig bis eins siebzig. Das Gewicht der Tiere ist gewaltig, ein kleines Weibchen wiegt mindestens eine Tonne, ein großer Bulle sogar bis zu fünf Tonnen. Man könnte meinen, dass sie mit den kurzen, stämmigen Beinen und dem behäbig wirkenden, schweren Körper recht langsam wären. Weit gefehlt! Nilpferde sind mit bis zu fünfzig Stundenkilometern unterwegs, eine nicht zu unterschätzende Mischung aus Schnelligkeit und Stärke. Und dann ist da noch das Gebiss ...

Als ich vor ein paar Tagen Videoaufnahmen für die Auffangstation machte, kam mir der Gedanke, dass ich eine kurze Szene von Emma aufnehmen könnte, um sie später einzuschneiden. Also fragte ich Calvin, wann Fütterungszeit ist, um die Nilpferde außerhalb des Wassers filmen zu können. Das war noch, bevor ich ins Cat-Team kam. Ich setzte mich zum Filmen auf den Palisadenzaun direkt neben dem Futterplatz. Die beiden hungrigen Damen kamen anmarschiert, und Emma machte sogleich einen von mir nicht vorhergesehenen Schritt auf mich zu, sodass sie keine zwei Meter mehr von mir entfernt war. Sie schaute mich an und riss ihr Maul auf. Nie habe ich etwas Vergleichbares gesehen. Ich fiel rückwärts vom Zaun ins Gras.

Das Maul eines Nilpferdes hat nichts mit dem anderer Pflanzenfresser gemein. Es ist ziemlich furchterregend, wenn sich dieses »Tor zur Hölle« direkt vor einem öffnet. Nilpferde können den Kiefer bis zu einhundertfünfzig Grad auseinanderklappen. Die Zunge sieht aus wie eine riesige rosa Schnecke. Die Eckzähne ragen bis zu dreißig Zentimeter aus dem Zahnfleisch heraus. Die Backenzähne sind dunkel und sitzen tief im lang gezogenen Kiefer. Ich glaube, es gibt kein Landsäugetier mit einem größeren Maul.

Nach diesem Blick auf Emmas Kauwerkzeug und dem anschließenden Sturz vom Palisadenzaun habe ich nicht mal ansatzweise das Bedürfnis, in Emmas und Mollys Gehege zu gehen.

Aber Calvin sieht das entspannter. »Emma ist gut, sie tut nichts«, versichert er mir. Es hört sich an wie der Standardsatz eines jeden Hundebesitzers. Fehlt nur noch, dass er sagt: »Die will nur spielen.«

»Ich dachte, es sei für uns Volontäre nicht erlaubt, zu den Nilpferden zu gehen?«, wende ich ein.

»Nein. Nicht direkt, die haben nur alle Angst vor Emma«, antwortet er und grinst breit, sodass seine Goldzähne im Sonnenlicht glitzern. »Emma ist gut, sie tut nichts«, wiederholt er sein Mantra.

Wir erreichen das weitläufige Gehege, und Calvin entfernt die Verbindung zu der Autobatterie, die den zusätzlichen elektrischen Zaun mit Spannung versorgt.

Soll ich da jetzt wirklich mit drüberklettern? Ach, komm, du bist schon zu ganz anderen Tieren ins Gehege gestiegen, sage ich in Gedanken zu mir selbst und denke an meine Erlebnisse in Namibia. Aber das hier ist noch mal eine ganz andere Nummer. Ich habe keine Erfahrung mit Nilpferden.

Calvin ist schon über den Zaun geklettert, ich reiche ihm die Säcke und den Eimer mit dem Futter auf die andere Seite. Jetzt den Fuß auf den untersten Querbalken gestellt, und schon habe ich das stabile Hindernis überwunden. Calvin nickt mir lächelnd zu, als ich neben ihm im Innern des Geheges stehe, und reicht mir einen Futtersack.

Als ich das erste Mal nach Namibia kam, hatte ich auch keine Ahnung von Erdmännchen, Pavianen, Karakalen, Geparden, Hyänenhunden und Löwen, bin aber trotzdem ohne zu zögern in die Gehege gegangen, wenn es erforderlich war oder ich es wollte. Doch ich muss gestehen, dass ich dort nicht mal ansatzweise ein derart komisches Gefühl empfunden habe wie hier. Vielleicht komme ich mit Raubtieren besser klar und kann sie eher einschätzen als diese tonnenschweren Pflanzenfresser.

Das Gelände ist abschüssig, wir laufen also abwärts in Richtung des Futterplatzes. Rechts von uns liegt der Teich. Seltsamerweise kann ich dort keines der beiden Nilpferde sehen, sie sind wohl untergetaucht. Wir sind ungefähr auf der Hälfte des Weges zwischen See und Futterplatz, als eindeutige Laute erklingen. Wassermassen werden verdrängt, es ertönt ein klatschendes Geräusch. Ich blicke über die Schulter. Emma verlässt soeben mit Molly ihre Badewanne, und zwar recht zielstrebig. Okay, cool bleiben, versuche ich mich zu beruhigen, Calvin weiß, was er tut, und du warst schon in ganz anderen Situationen.

Ich blicke nochmals zurück und beschleunige ganz leicht den Schritt. Emma ist direkt hinter uns. Sie war doch gerade noch am Wasser! Mit welcher Geschwindigkeit hat sie uns so rasch eingeholt?! Ich bin erstaunt und beeindruckt von der Schnelligkeit des schweren Tieres.

Wir haben inzwischen den Futterplatz erreicht, und Calvin erklärt mir ganz ruhig, wie wir das Futter wo auszulegen haben. Emma steht währenddessen direkt hinter uns, die kleine Molly versteckt sich hinter ihr und schaut skeptisch an dem Hinterteil ihrer Ersatzmama vorbei zu uns. Anscheinend sind wir der Nilpferddame nicht schnell genug, sie macht einen Schritt auf Calvin zu und klappt direkt vor ihm ihr riesiges Maul auf. Ich erstarre in der Bewegung. Und was macht Calvin?

»Eh, Emma, eh!«, sagt er in tadelndem Ton. »Eh, Emma, eh!«, wiederholt er noch mal und klatscht mit der flachen Hand zweimal auf die Schnauze direkt über dem offen stehenden Albtraum-Maul. Das hat er jetzt nicht gerade wirklich gemacht, denke ich mit einem Gesichtsausdruck wie ein Eichhörnchen, wenn es blitzt.

Der Rest der Fütterung verläuft geradezu unspektakulär. Als ich wieder draußen stehe und Calvin den Zaun an die Batterie angeschlossen hat, lasse ich den Blick über die beiden Nilpferde schweifen und überlege, warum ich ihm vorhin einfach hinterhergeklettert bin. Es ist keine Leichtsinnigkeit, das spüre ich. Anders als vor zwei Jahren, als meine Welt freudlos war und meine Gedanken düster, hänge ich jetzt schon am Leben.

Warum also schrecke ich vor Gefahr nicht zurück?

Es ist Nachmittag geworden, und trotz des nächtlichen Gewitters ist es immer noch verdammt schwül. Ich wische mir mit dem Handrücken den Schweiß von der Stirn. Mein ärmelloses Shirt klebt am Oberkörper, und ich freue mich auf eine Dusche oder noch besser den Sprung in den Pool, wenn ich später genug Zeit dazu haben sollte. Die schweren Eimer habe ich neben die erste Gittertür gestellt. Hinter der zweiten Gittertür streifen unruhig, hungrig und in freudiger Erwartung auf den blutigen Inhalt der Eimer die beiden Großkatzen umher.

Meine erste Begegnung mit Emma in ihrem Revier und ohne schützende Barriere liegt bereits ein paar Stunden zurück. Bis jetzt war es das beeindruckendste Ereignis des Tages, wenn auch nicht das nervenaufreibendste. Am meisten Action hatte ich heute nämlich mit meinen zwei kleinen, frechen Freunden – mal wieder.

Mit Erdmännchen bin ich bereits in Namibia auf Tuchfühlung gegangen, wie die hellen Narben an meiner Ferse beweisen. Hier auf der Nashorn-Auffangstation gibt es zwei männliche Exemplare, die dreimal am Tag ihr Essen serviert bekommen wollen. Wenig verwunderlich, dass ich ihnen gegenüber recht skeptisch war. Aber ich merkte schnell, wie zutraulich und verschmust die beiden im Gegensatz zu ihren namibischen Artgenossen sind. Mittlerweile betrete ich ihr Reich auch in Birkenstock-Sandalen statt mit hohen, schweren Wanderstiefeln. Wir vertrauen uns, aber aufpassen muss man trotzdem – das sollte man bei Wildtieren sowieso immer tun. Völlig egal, ob sie weniger als ein Kilogramm oder mehr als eine Tonne wiegen.

Apropos aufpassen … Als ich heute Morgen nach meinem aufregenden Nilpferd-Besuch zu den beiden Erdmännchen ging, passierte es. Ich öffnete die Tür und wollte eintreten, da stürmten beide auf mich zu, zwischen meinen Beinen hindurch und ab ins Freie. Ich erwischte den hinteren der Ausbrecher gerade noch am Genick, packte ihn und setzte ihn zurück ins Gehege. Der andere aber war bereits draußen. Schnell schloss ich die Tür, damit der Eingefangene nicht gleich wieder heraussprang. Aber der schien gar kein Interesse mehr daran zu haben, er widmete sich lieber seinem Frühstück. Der Ausreißer blieb ein paar Meter von mir stehen und blickte sich unsicher um. Wenn er jetzt ins Gebüsch oder den felsigen Hang hinaufrannte, dann wäre er weg gewesen. Meine Chancen, ihn dort zu fangen, gingen gegen null. Ich war allein, und es war auch niemand in Hörweite, der mir beim Einfangen des Erdmännchens hätte helfen können. Zum Glück hatte der kleine Kerl gar keine Lust wegzurennen. Er hatte nämlich soeben das Löwengehege entdeckt. Dessen Bewohner saßen direkt am Zaun, pressten ihre riesigen Schnauzen dagegen und starrten das kleine Tier aus ihren großen gelben Augen an.

Schnell rannte das Erdmännchen zurück an die Seite seines Geheges und fing an zu buddeln.

»Komm, ich setz dich wieder zu deinem Kumpel«, sagte ich und wollte ihn fangen, griff aber ins Leere, so flink war er. Verärgert fluchte ich, und wie zur Antwort gab der kleine Räuber nörgelnde Geräusche von sich. Er rannte außen am Gitter entlang, um sein Gehege herum und ich hinterher. Nach drei Umrundungen blieb ich schwitzend stehen. So funktioniert das nicht, dachte ich. Die beiden Löwen hatten sich mittlerweile mit überkreuzten Pranken hingelegt und beobachteten mich von ihrem großen Gehege aus gähnend. Vielleicht dachten sie ja, dass ich etwas Nachhilfe bei der Erdmännchenjagd vertragen könnte.

Ich änderte meine Strategie, indem ich mich jetzt langsam an das Erdmännchen heranschlich, das wieder begonnen hatte zu buddeln. Immer wenn es in meine Richtung schaute, blieb ich stehen und tat so, als interessierte es mich nicht im Geringsten. Ich wischte mir ganz locker ein paar Blätter oder Staubkörner von Armen und Beinen oder sah mich gelangweilt in der Gegend um, bis es wegschaute und weiterbuddelte. Dann schlich ich wieder ein Stück näher heran. Das Spiel ging ein paar Minuten, bis ich mich dem Ausbrecher auf Armeslänge genähert hatte. So schnell ich konnte, griff ich mit meiner Linken zu und erwischte ihn an der Hüfte, bevor er erneut wegrannte. Mit der Rechten packte ich ihn im Genick, damit er mich nicht beißen konnte. Die Löwen hatten sich mittlerweile wieder aufgesetzt und verfolgten interessiert, wie ich das Erdmännchen hochhob und zurück ins Gehege setzte. Erleichtert schloss ich die Tür hinter ihm und warf den Löwen einen triumphierenden Blick zu. Ha, ich kann es eben doch, Erdmännchen fangen, dachte ich. Die Raubkatzen gähnten erneut.

Jetzt, mehrere Stunden nach der Erdmännchenaktion, stehe ich direkt vor den beiden Löwen. Sie gähnen nicht mehr, im Gegenteil, sie sind aufgeregt und nervös. Immer wieder reiben sie knurrend die breiten Köpfe aneinander und streifen Körper an Körper eng am Gitter des zweiten Tores entlang, bis es dem Weibchen wohl zu viel wird und es dem Männchen vor Anspannung eine Schelle mit der Vorderpranke verpasst. Der beschwert sich lautstark, und es entsteht ein »kleines« Gerangel, als die beiden über zweihundert Kilo schweren Katzen sich abreagieren. Was völlig normal ist, sie sind eben hungrig. Ich kann ihr Verhalten nachvollziehen, denn im hungrigen Zustand bin ich manchmal ähnlich, denke ich schmunzelnd.

Calvin schließt das erste Gittertor auf, und ich ziehe es mit einem Seil nach oben, damit wir in den extra abgetrennten Fütterungsbereich des Geheges schlüpfen können. Die Löwen sind junge Erwachsene, knapp zwei Jahre alt und noch etwas schlaksig in der Statur. Beide wurden unabhängig voneinander als halb verhungerte und verdurstete Löwen-Findelkinder im Kruger National Park aufgegriffen. Mir fällt auf, dass ihr Fell viel dunkler ist als das der Löwen, die ich aus Namibia kenne. Es könnte daran liegen, dass die Vegetation im fruchtbaren Nordosten Südafrikas eine ganz andere ist als die in dem trockenen und verhältnismäßig vegetationsarmen Namibia. Das Fell hat sich sozusagen der Umgebung angepasst und trägt somit zu einer besseren Tarnung bei – etwas, das ich auch schon bei Leoparden beobachtet habe. Umso vegetations- und schattenreicher die Umgebung, umso kräftiger und dunkler die Fellfarben und umgekehrt.

Wir leeren den blutigen Inhalt der beiden Eimer auf den Steinboden des Fütterungsbereiches und füllen durch das Gitter mittels eines Wasserschlauchs das Trinkwasser auf. Die Gitter bestehen aus dichtem Maschendraht, zusätzlich verlaufen mehrere Querdrähte, die unter Spannung stehen, mit etwas Abstand an ihnen entlang. Die Pfosten sind aus Metall und gut verankert – völlig anders, als ich es von den Gehegen in Namibia kenne. Die Gitter dort wirken im Vergleich zu diesen hier wie rostige Hühnerzäune.

Mit leeren Eimern schlüpfen wir nach draußen und lassen das erste Gitter herab, um im Anschluss daran das zweite zu öffnen, das den Löwen Durchlass zum Fütterungsbereich gewährt. Die beiden stürzen sich auf das Fleisch. Das Männchen fängt gleich an zu fressen, während das Weibchen uns erst noch die beeindruckenden Zähne zeigt und uns anfaucht. Wir wenden uns ab, damit sie sich nicht gestört fühlt, und Calvin erzählt mir von seiner Zeit als Ranger in einem Nationalpark. Zu seiner Aufgabe gehörte es auch, in die umliegenden Orte zu fahren und dort an Schulen Aufklärungsarbeit gegen Tier-Aberglauben und Wilderei zu betreiben. Nicht selten stieß er auf Unverständnis und Ablehnung. Einige warfen ihm vor, dass er Dinge wie »Eulen sind gut, Wilderei ist schlecht, wir

müssen die wenigen Nashörner, die es noch gibt, schützen«
nur deshalb sagte, weil er »reich« sei und von noch reicheren
Leuten bezahlt würde, um solche »Lügen« zu verbreiten.

Es kann niederschmetternd sein, ständig mit falschen An-
nahmen und dem Aberglauben der Menschen konfrontiert zu
werden, wenn man doch nur informieren und helfen will. Gerade im Tierschutz muss man oft genug gegen Windmühlen
kämpfen. Und das betrifft Menschen in Afrika ebenso wie in
westlichen Industrienationen. Tiere werden in unserer Welt
meist als Ware betrachtet und nicht als fühlende Wesen. Ich
denke, jeder, der ein Haustier hat, mit Tieren arbeitet oder sie
einfach nur beobachtet, stellt fest, dass jedes Lebewesen seinen ganz eigenen Charakter hat. Egal ob Rabe, Katze, Hund,
Pferd, Schwein und Kuh. Diesen Tieren die Intelligenz oder gar
Gefühle abzusprechen ist schlichtweg naiv. Damit möchten die
Menschen meist nur ihr eigenes Gewissen erleichtern. Aber
das ist meine persönliche Meinung.

Kapitel 14

Sturm

Der unruhige Himmel vor uns am Horizont ist dunkelgrau, fast schon schwarz, und wie in den Tagen zuvor zucken einzelne, noch weit entfernte Blitze durch das Panorama der grünen Landschaft. Rose beschleunigt den achtsitzigen Transporter, so weit es geht. Man kann ihre Anspannung spüren, sie will bei der Nashorn-Auffangstation ankommen, bevor uns das Gewitter erreicht.

Das Fahrzeug ist voll mit Lebensmitteln für die nächsten Wochen. Ein paar Volontäre haben wie ich die Möglichkeit genutzt, mitzufahren, um sich in der Shoppingmall mit ein paar nützlichen Dingen einzudecken – Schokolade, Cola, Chips und anderes Luxuszeugs. Ich habe endlich eine südafrikanische SIM-Karte organisieren können und eine Baseballkappe als angenehmere Alternative zum viel zu warmen »Indiana Jones«-Hut gekauft. In der Mall kam es für mich immer wieder zu gewöhnungsbedürftigen Situationen, als die Leute meine Tätowierungen anfassen wollten. Ich kam mir ein wenig vor, als wäre ich ein exotisches Zootier. Noch während ich diesen Erinnerungen nachhänge, fällt mir auf, dass ich auf Englisch denke, und ich muss schmunzeln. Es ist eine lustige und zugleich etwas irritierende Erfahrung, und ich bin froh darüber, inzwischen so viel mehr verstehen zu können als noch bei meiner Ankunft in Südafrika vor gut zwei Wochen.

Der breite Horizont sieht inzwischen ein wenig nach Weltuntergang aus. Je länger wir fahren, umso näher kommt das

Unwetter, der Wind wird spürbar stärker. Kurz bevor wir das erste Tor erreichen, setzt der Regen ein. Dicke Tropfen klatschen auf das Fahrzeug und den staubigen, heißen Boden. Der Regen wird immer dichter, man hat fast das Gefühl, unter einem Wasserfall hindurchzufahren. Die Scheibenwischer kommen längst nicht mehr hinterher.

Dave steigt aus, um das Tor zu öffnen. Zur Belustigung aller ist er innerhalb von Sekunden klatschnass. Tatsächlich sieht er aus, als wäre er in einen Fluss gefallen. Schnell verschließt er den Eingang hinter uns und springt zurück ins Auto. Er schüttelt sich wie ein Hund und flucht.

Die Stimmung im Innern des Fahrzeugs ist aufgeregt, das Gewitter hat es in sich, und nur, weil wir das erste Tor passiert haben, heißt das noch lange nicht, dass wir am Ziel wären. Das Gelände der Nashorn-Auffangstation ist immerhin mehr als sechsundvierzigtausend Hektar groß. Für alle, die sich unter Hektar nicht viel vorstellen können: Das entspricht einer Fläche von knapp fünfundsechzigtausend Fußballfeldern. Die asphaltierte Straße haben wir längst hinter uns gelassen, und wir wissen, was der abenteuerlustige Feldweg auch ohne Regen zu bieten hat. Eigentlich ein ideales Testgebiet für Geländefahrzeuge und nicht für eine VW-Familienkutsche Baujahr 1998. Aber Rose fährt konzentriert mit der Nase an der Windschutzscheibe weiter, während der Wind das Fahrzeug immer heftiger zur Seite drücken will und der Regen laut auf uns einhämmert.

Da ertönt ein ohrenbetäubender Schlag. Grelles Licht flammt auf. Für einen Augenblick sehe ich nur helles Weiß. Dave auf dem Beifahrersitz kreischt und zieht ruckartig Arme und Beine an den Körper, um mich herum höre ich erstickte Laute und zusammenzuckende Körper.

»What the fuck!?«, entfährt es mir. Ich blicke aus dem Fenster links von mir und sehe ein letztes orangefarbenes Glimmen in der Luft, wo ein Blitz einen kleineren Baum keine zehn

Meter von uns entfernt getroffen hat. Der Blitzschlag hat ihn regelrecht zerfetzt. Trotz des Regens kann ich das verbrannte Holz riechen.

Ich atme durch. Das war ... beeindruckend. Die Stimmung im Fahrzeug wird noch nervöser und angespannter. Wir lachen mit und über den armen Dave, der wie ein Mädchen gekreischt hat, und versuchen uns auf diese Weise selbst wieder zu beruhigen.

Während es um uns herum donnert, blitzt und Unmengen von Wasser auf die Erde klatschen, holpern wir den Weg weiter und passieren Steigungen, Engpässe und gewundene Passagen durch den Wald. Um uns von der apokalyptischen Atmosphäre abzulenken, spielen wir ein Frage-Antwort-Spiel. »Welche Tierart ist für mehr Tote pro Jahr verantwortlich – Hai oder Krokodil? Löwe oder Wasserbüffel? Nilpferd oder Moskito?« Jeder gibt seine Meinung dazu ab, und so sind wir beschäftigt und konzentrieren uns nicht länger darauf, ob der nächste Blitz uns erwischen könnte. Was mich beunruhigt, ist, dass die Scheiben immer mehr beschlagen. Wie kann Rose da überhaupt noch etwas sehen? Ich greife nach vorne, stelle die Lüftung von Innenraum auf Scheibe um und korrigiere die Temperatureinstellung. Langsam werden die Scheiben wieder etwas freier, und ich atme wieder durch. Etwas zu früh, wie ich im nächsten Moment merke. Rose geht voll in die Eisen. Wir Insassen werden alle nach vorne gedrückt. Ich blicke durch die Windschutzscheibe nach draußen. Wellen von hüfthohem, glänzendem grünem Gras umgeben den Weg, einzelne Felsen ragen wie riesige, nasse Haifischflossen heraus. In einer Senke neben uns hat sich durch den explosionsartigen Regen ein reißender Bach gebildet, der aus dem Wald geschossen kommt. Aber das ist nicht der Grund, wieso Rose so hart gebremst hat. Direkt vor uns kreuzen dunkelgraue Riesen in vollem Galopp den Weg. In einer lang gezogenen Reihe rennen, aufgeschreckt durch das Gewitter, acht ausgewachsene, tonnenschwere

Breitmaulnashörner durch das hohe Gras. Es sind Tiere, die als Waisen auf der Station versorgt wurden und nun hier auf dem riesigen Gelände frei leben. Ganz offensichtlich gefällt ihnen das heftige Unwetter ebenso wenig wie uns.

Während wir uns von unserem zweiten Schock erholen und langsam weiterfahren, blicke ich mich um. Ich suche das Gelände durch die Scheibe ab, Wiesen, Felsen und auch den Waldrand, kann sie aber nicht entdecken. Aber dass sie da sind, steht außer Frage. Sie sind immer in unmittelbarer Nähe der frei lebenden Nashörner hier auf dem Gelände. Wir können sie nur nicht sehen, weil sie zu gut verborgen sind – die bewaffneten Wächter in den grünen Uniformen, die jetzt wahrscheinlich ihre olivfarbenen Regenparkas tragen. Sie alle sind dunkelhäutig, das macht es noch schwerer, sie im Busch auszumachen, während sie rund um die Uhr und bei jedem Wetter hier draußen sind, um die Nashörner zu schützen.

Wir passieren ein weiteres Tor, das uns von einem der Wächter geöffnet wird. Ich möchte jetzt nicht mit ihm tauschen, es schüttet nach wie vor wie aus Kübeln, und da hilft ihm auch seine Regenjacke nicht viel.

Als Nächstes passieren wir die Bomas mit dem Wachturm und fahren in den kleinen Wald, in dem es immer so markant nach Citronella riecht. Nach gerade mal zweihundert Metern müssen wir schon wieder anhalten. Diesmal ist es keine Gruppe von Nashörnern und auch kein Tor, nein, jetzt ist der Grund ein umgestürzter Baum.

Seit das Unwetter wütet, sind wir schon an einigen umgeknickten oder abgebrochenen Bäumen verschiedenster Größe vorbeigefahren, aber bis jetzt hatten wir Glück, und sie lagen neben und nicht auf der Straße. Der umgestürzte Baum vor uns ist von mittlerer Größe, zu dritt oder viert müssten wir ihn eigentlich aus dem Weg räumen können. Im Wald stehen zu bleiben ist nämlich keine gute Idee, es könnte jederzeit ein weiterer Baum umfallen, und zwar auf unser Fahrzeug. Lee und Dave sagen gleich wie selbstverständlich, dass sie aussteigen werden, und ich schließe mich ihnen an.

Draußen trommelt der Regen trotz des Blätterdachs auf uns ein. Lee, Dave und ich heben den schweren Baum an und ziehen ihn vom Weg runter. Wir machen, so schnell es geht. Nicht wegen des Regens, wir sind ja sowieso schon komplett durchnässt. Nein, wir haben keine Lust, dass uns jetzt noch ein Ast oder Baum auf den Schädel fällt.

Als ich Minuten später wieder ins Auto steige, kann ich spüren, wie all meine Klamotten inklusive Boxershorts nasskalt am Körper kleben. Meine Schuhe sind doppelt so schwer wie vorher, sie sind vollständig mit Wasser getränkt. Rose und die anderen im Fahrzeug klatschen und bedanken sich bei uns dreien. Nur Britney hat mal wieder ihre Launen und giftet rum, weil unsere Kleidung tropft.

Wir fahren an Emmas und Mollys Gehege vorbei und erreichen kurz darauf unser Ziel, endlich. Rose stoppt vor der großen Scheune, wir bleiben aber wegen des starken Regens weiter im Auto sitzen. Erst mal ordentlich durchatmen. Lili, die hinter mir sitzt, sagt trocken: »Wow. Ist hier oft solches Wetter?« Ohne eine Antwort abzuwarten, ergänzt sie in ihrem harten Dialekt: »Vielleicht ist es ja doch nicht so schlecht, in Schweden zu leben.«

»Du meinst wohl Swildan«, erwidere ich grinsend, und wir müssen lachen. Die Anspannung fällt jetzt endgültig von uns ab.

Während ich tags darauf fröhlich »Blitzkrieg Bop« von den Ramones summe, versuche ich den am Boden liegenden gelben Marula-Früchten auszuweichen. So schlendere ich mit meinem Bettzeug bepackt von meiner Hütte zur nächsten. Lee hat mir angeboten, dass ich in ihren Raum umziehen kann. Es ist noch ein Bett frei, meinte sie, und ihre Mitbewohner – die sechzigjährige Olivia aus London und der achtundfünfzigjährige Henry aus York – sind ruhig und angenehm. Es ist beeindruckend, in welcher Altersklasse es hier Volontäre gibt. Während meines Aufenthaltes liegt das Alter der Freiwilligen zwischen achtzehn und vierundsechzig. Mit meinen einunddreißig Jahren bin ich hier also ziemlich im Mittelfeld, wohingegen ich in Namibia schon zu den Älteren gehörte.

Der Grund meines Umzugs ist, dass ich mal wieder in Ruhe schlafen will und ganz einfach Abstand zu unserem Teenager aus dem Mittleren Westen brauche. Neben allen möglichen sinnlosen Diskussionen ist sie tags zuvor, als ich lesend im Bett lag, »aus Versehen« auf mich gefallen, nur mit einem Handtuch bekleidet. Das war für mich ein eindeutiges Zeichen, möglichst schnell einen Sicherheitsabstand zwischen sie und mich zu bringen. Denn Interesse an einem intimen Abenteuer mit ihr habe ich definitiv nicht.

Nach meinem Umzug werde ich von fast allen Volontären angesprochen, die sagen, dass sie das Gleiche getan hätten. Manche wundern sich sogar, dass ich das Teenie-Getue überhaupt so lange ertragen habe.

Nachdem ich umgezogen bin und die Nachmittagsfütterung im Cat-Team inklusive Nilpferdversorgung erledigt habe, steige ich auf einen kleinen Berg nahe dem Steinhaus. Die Sonne ist nach dem Sturm wieder hervorgekommen und taucht alles in angenehmes Abendlicht. Auf dem Weg Richtung Gipfel rieche ich das Holzfeuer, das Zack jeden Abend entzündet, um das Leitungswasser zu erhitzen, damit wir Volontäre die Möglichkeit haben, warm zu duschen. Aber nicht nur der angenehme Geruch von brennendem Holz begleitet mich, auch ein Vierbeiner hat sich mir angeschlossen, wahrscheinlich aus Neugier.

Als Goofy und ich die felsige Spitze erreichen, werden wir

mit einem atemberaubenden Blick über die saftig grüne Landschaft belohnt. Mit der neuen südafrikanischen Handykarte möchte ich endlich Lisa anrufen. Es liegen rund achttausendsiebenhundert Kilometer zwischen uns, aber die Zeitverschiebung beträgt nur eine Stunde, daher sollte es kein Problem sein, sie zu erreichen – hoffe ich. Das Freizeichen ertönt zweimal, und sie nimmt ab. Natürlich sind wir beide aufgeregt, und meine Eindrücke und Erlebnisse sind zu viel, zu intensiv, um sie mal kurz am Telefon zu erzählen. Ich weiß gar nicht, wo ich anfangen soll. Aber ich schreibe ja Tagebuch und werde ihr einfach daraus vorlesen, wenn ich zurück bin, sage ich. Lisa erzählt mir, dass momentan Schneestürme und dauerhafte Minustemperaturen in Deutschland herrschen und die Katzen schon gar nicht mehr von den Heizungen weggehen. Kaum vorstellbar bei der Hitze, die mich trotz der heraufziehenden Dämmerung umfängt. Eine halbe Stunde telefonieren wir, bevor ich zusammen mit Goofy zum Steinhaus hinuntersteigen muss. Es ist Wochenende, das bedeutet, wir Volontäre kochen unser Essen selbst. Mal schauen, wobei ich helfen kann.

Leicht schaukelnd und etwas melancholisch sitze ich mit meinem Tagebuch in der Hängematte auf der Terrasse und fühle mich etwas einsam nach dem Telefonat. Die Sonne hat sich bereits hinter den Bergen verabschiedet. Im Hintergrund brennt ein kleines Lagerfeuer, über dem der Mond leuchtet, und passend dazu erklingt »Blue Moon« von Beck aus meinen Kopfhörern.

Ich lege den Stift aus der Hand und seufze. Warum bin ich nur wieder so schwermütig?, ärgere ich mich über mich selbst.

»Hey, ich habe gesehen, du schreibst Tagebuch«, sagt eine angenehme Stimme neben mir. Ich drehe mich nach rechts und sehe den »Army-Typen«, wie er von den Mädels genannt wird. Er überreicht mir mit einem Lächeln einen langen schwarzweiß gestreiften Stachel. »Für dein Tagebuch.«

»Oh, ein Stachel von einem Stachelschwein«, sage ich verdutzt. »Danke.«

»Habe ich heute auf Patrouille gefunden«, erwidert er und nickt, dann geht er zurück zu seiner Frau, die an der Ecke des Steinhauses auf ihn wartet. Überrascht blicke ich ihm nach und bedauere, dass ich nicht mehr als nur »Danke« gesagt habe.

Der »Army-Typ« ist schon seit ein paar Tagen hier, aber man sieht ihn nur selten, da er mit der Weiterbildung der Wachen beschäftigt ist. Er ist ungefähr sechzig, hat ein freundliches, wettergegerbtes Gesicht, das von einem grauen Schnurrbart beherrscht wird, und wirkt immer tiefenentspannt. Sein tägliches Outfit besteht aus einem ausgeblichenen Armeehemd und einem Sonnenhut mit kurzer Krempe in der gleichen Tarnfarbe. Ich muss ihn morgen unbedingt noch mal ansprechen, denn ich würde gern mehr über die Ausbildung der Wachen erfahren und mich nochmals bedanken.

Der restliche Abend vergeht schnell, und ich lenke mich erfolgreich von meiner aufkeimenden Melancholie ab, indem ich mit sieben anderen Volontären, die alle Englisch-Muttersprachler sind, »Cards against Humanity« spiele. Übersetzt heißt das »Karten gegen die Menschlichkeit«, und das beschreibt es sehr treffend. Es handelt sich um ein bitterböses Kartenspiel, das vor schwarzem Humor nur so trieft. Eigentlich genau mein Ding, aber ich verstehe leider nur in etwa die Hälfte der Texte. Egal, ich mache trotzdem mit und lege die Karten einfach nach Bauchgefühl, etwas, das ich bei meinem Perfektionismus früher nie getan hätte. Zum Erstaunen aller, vor allem aber zu meinem eigenen, gewinne ich am Ende haushoch.

Noch immer belustigt über den Ausgang des Spiels, liege ich frisch geduscht und entspannt in meinem neuen Bett. Das Wasser ist wie nach jedem Sturm für ein paar Tage rot-bräunlich, und ich habe schon wieder einen Tausendfüßler aus der Dusche entfernt. Aber lieber ein Tausendfüßler als eine

Schlange. Schlangen bin ich bisher hier erst zweien begegnet: einer bräunlichen Puffotter in der Nähe der Eulenvoliere und einer sicherlich zwei Meter langen Grünen Mamba, die sich vor uns auf dem Weg zum Fluss von der einen zur anderen Seite des Weges geschlängelt hat. Beide sind äußerst giftig, lassen einen aber in Ruhe, wenn man sie auch in Ruhe lässt. Abstand halten und einen großen Bogen um sie machen ist da angesagt. Es sei denn, man hat eine Herde Zebramangusten bei sich. Sie sind äußerlich den Erdmännchen sehr ähnlich, und Schlangen stehen bei ihnen weit oben auf dem Speiseplan.

Ich drehe mich zur Seite und lausche den Grillen, die draußen in der Dunkelheit zirpen. Goofy liegt unter mir im Stockbett bei Henry, und die beiden beginnen gerade um die Wette zu schnarchen. Ich packe die Ohrstöpsel aus und denke über meine Stimmung an diesem Abend nach, das kurze Heimweh, den Anflug von Melancholie. Doch statt wie früher in negativen Gefühlen zu versinken, bin ich stattdessen einfach aktiv geworden. Manchmal hat man eben doch eine Wahl, und ich bin in diesem Fall froh, die Chance ergriffen zu haben.

Kapitel 15

Vollmond

Meine letzten Tage im Cat-Team brechen an. Mitte der Woche soll ich in das Kruger-Team wechseln und freue mich schon darauf, wieder mit Nashörnern zu arbeiten. Das Cat-Team macht Spaß, aber ehrlich gesagt sehne ich mich danach, im Schweiße meines Angesichts Schubkarren voller Nashornmist wegzukarren. Zwischendurch gern auch ein paar leichte Fuhren mit Stroh. Hauptsache, ich habe wieder Kontakt zu Nashörnern, deshalb bin ich ja hier.

Für heute heißt es erst den Hügel hinunter zu den Schildkröten, die beim Sex wie uralte Männer stöhnen, dann zu den frechen Erdmännchen und im Anschluss zu den beiden unruhigen Frettchen, bei denen ich ehrlich gesagt nicht weiß, wieso sie hier sind. Als Nächstes geht es zu der Servaldame, die weder Männer noch Hüte mag. Ein Serval ist eine langbeinige, mittelgroße Katze mit bräunlich gelbem Fell und schwarzen Punkten. Markant ist neben ihren langen Beinen der kleine Kopf mit den großen Ohren. Natürlich sind die schlanken Tiere wie nahezu alle Katzenarten Einzelgänger. Ihre Beute besteht fast ausschließlich aus kleinen Säugetieren. Leider sind Servals wie so viele andere Raubkatzenarten mittlerweile selten geworden.

Vor dem Gehege nehme ich meine Kappe ab und rate Jade, einer dreißigjährigen Australierin, die einen Reiseblog führt, es mir gleichzutun. »Die Sonnenbrille bitte auch«, ergänze ich. In den Gläsern kann sich die Katze spiegeln und dieses Spiegelbild dann als Konkurrenten wahrnehmen. Das kann sehr unangenehm für den jeweiligen Sonnenbrillenträger werden.

Summer, die eine enge Beziehung zu der Servaldame hat, erzählte mir, dass diese vor einigen Monaten ausgebrochen sei, um in den umliegenden Bergen zu jagen. Einen ganzen Tag lang war sie verschwunden, dann saß sie wieder vor ihrer Gehegetür und forderte lautstark miauend, dass man sie doch gefälligst hineinlassen solle.

Der Weg zu den Eulen führt vorbei an den beiden Löwen. Durch das hohe Gras nehmen wir die Abkürzung, die uns über eine schiefe Holzbrücke ohne Geländer führt. Diese Kulisse könnte auch aus »Indiana Jones und der Tempel des Todes« stammen, denke ich jedes Mal, wenn ich über das wackelige Ding laufe und in den Abgrund blicke.

Die Afrika-Waldkäuze mit ihren schwarzen Augen sind zu fünft in einer mittelgroßen Voliere untergebracht. Mir erscheint der Raum, der ihnen zur Verfügung steht, als zu knapp bemessen, und ich hoffe, dass sie bald ausgewildert werden. Die weitaus größere und schönere Voliere bewohnt der Fleckenuhu. Dieser hübsche Kerl mit den gelben Augen sitzt offenbar immer in demselben Baum, niemals sieht man ihn auf dem Boden, und das hat wohl einen Grund. Vor Kurzem war noch ein zweiter Fleckenuhu hier, aber irgendein Tier hat den Jüngeren, der nur ein paar Tage lang in der Voliere war, getötet. Es passierte, kurz nachdem Maria in die USA abgereist war und ich selbst nicht im Cat-Team war. Das Tragische: Dieser Uhu wurde von Maria zuvor per Hand aufgezogen und bedeutete ihr dementsprechend viel. Weder Rose noch Summer, Mara, Zack oder der Manager trauen sich, es ihr zu schreiben.

Als man den toten Uhu fand, sah ich mir gemeinsam mit Magdalena, einer spanischen Biologin, den »Tatort« an. Ein Tier hatte dem Uhu innerhalb des Geheges den Kopf abgebissen und im Anschluss versucht, den Körper durch einen Spalt zwischen Tür und Zaun nach draußen zu ziehen, wo er jedoch stecken geblieben war. Durch denselben Spalt wird der Angreifer wohl auch eingedrungen sein und muss den Uhu am Boden überrascht haben. Nach der Breite und Höhe des Spalts zu schließen, konnte es nur ein Tier gewesen sein, das nicht größer war als eine Wildkatze. Für einen Serval oder gar einen Karakal wäre es zu eng. Es könnte aber auch eine Mangustenart gewesen sein. Oder hatte am Ende der ältere Fleckenuhu seinem Artgenossen den Kopf abgetrennt, und ein anderes Raubtier hatte dann versucht, sich den toten Vogel zu schnappen?

All das erzähle ich Jade, während wir den Boden der Voliere rechen und die Wasserbehälter reinigen. Hier im Schatten der hohen Bäume zu arbeiten ist angenehm, weshalb wir uns auch etwas Zeit lassen.

Nachdem wir aus dem Tal nach oben gelaufen sind, füttern wir gemeinsam mit Calvin Emma und Molly. Jade geht bei der zweiten Fütterung sogar schon mit ins Gehege. Calvin freut das, und er bedankt sich später bei mir dafür, dass die anderen Volontäre nicht mehr so abgeneigt sind, zu den Nilpferden zu gehen, seit sie mich dort täglich gesehen haben.

Für mich ist es mittlerweile etwas ganz Normales, dreimal am Tag über die Begrenzung zu klettern und den beiden tonnenschweren Tieren mit den wuchtigen Köpfen so nahe zu kommen. Aber ich habe nach wie vor großen Respekt vor ihnen, und diesen sollte man auch nie verlieren. Respekt ist jedoch nicht zu verwechseln mit Angst – Angst spüren Tiere, und sie lässt Menschen häufig unüberlegte Dinge tun, die schwere Folgen haben können, da die Tiere das Verhalten missverstehen oder ausnutzen können. Wer also Angst vor einem Wildtier hat, sollte, auch wenn es heißt, es sei zahm, seinem Bauchgefühl folgen und ihm fernbleiben.

Am Abend bei Sonnenuntergang ist der Blick vom Steinhaus Richtung Tal jedes Mal wunderschön. Die sanften Wellen der umgebenden Berge, die saftige Vegetation, die im orangenfarbenen Abendlicht leuchtet, und dazu die vielen verschiedenen Laute von Hunderten Vögeln, das gelegentliche Brüllen der Löwen sowie das Schnauben und Lachen der beiden Nilpferde schaffen eine unvergleichliche Atmosphäre. Auf der anderen Hangseite kann man im Moment sogar Antilopen beobachten, die von hier aus gesehen gerade mal stecknadelkopfgroß sind. Ich werde diesen Anblick vermissen, wenn es Zeit ist, abzureisen. Doch ich werde nach meiner Zeit hier in Südafrika nicht gleich wieder heimfliegen. Erst mal geht es weiter in das trockene Nachbarland Namibia. Als Volontär und vor allem als Fotograf werde ich zurück auf die Wildtier-Auffangstation in der Kalahari reisen.

Bis dahin werden aber noch mehr als zwei weitere Wochen hier in Südafrika vergehen, und die möchte ich genießen. Was mir jedoch nicht immer leichtfällt, da ich in den Ruhepausen und vor allem an den Abenden häufig ins Grübeln verfalle. Meine Gedanken kreisen immer um den gleichen, Energie fressenden Gedankenbrei. Was werde ich in Zukunft arbeiten, was ist das »Richtige« für mich, wie kann ich mich dem nähern, ist es dann auch wirklich das »Richtige«, oder denke ich das nur, wo könnte ich das »Richtige« finden, macht das alles überhaupt Sinn, und so weiter und so weiter. Ein Gedankenstrudel, der mich immer wieder herunterzieht und regelmäßig lähmt, sodass ich mich kaum dagegen wehren kann.

Heute Abend habe ich jedoch Glück und bleibe von meinen immer wiederkehrenden Zweifeln verschont. Der Grund ist, dass ich abgelenkt bin. Ich sitze nämlich endlich gemeinsam mit Karl, dem »Army-Typen«, und seiner Frau Pauline auf der Terrasse des Steinhauses, und wir unterhalten uns angeregt. Ich habe mich getraut und mich nach dem Essen zu den beiden gesetzt. Die richtige Entscheidung, wie ich binnen Kurzem merke.

Wir reden über alles Mögliche, und so erfahre ich unter anderem, dass es Karls Wunsch ist, einmal eine richtige Trachtenlederhose zu besitzen. Interessant, was sich Südafrikaner so wünschen, denke ich. Ich selbst hatte nie das Bedürfnis, eine Lederhose zu tragen.

Pferde sind ebenfalls ein großes Thema, wobei ich mehr zuhöre, da ich mich mit Pferden ehrlich gesagt nicht auskenne. Ich saß bis jetzt insgesamt dreimal auf dem Rücken eines Pferdes, dreimal bin ich runtergefallen und davon einmal fast in meinem eigenen, vierzig Zentimeter langen, rasiermesserscharfen Dolch gelandet.

Karl und Pauline besitzen insgesamt fünf Pferde und leben mit ihnen, zwei Hunden und einer Katze in einem privaten Wildtierreservat rund fünf Autostunden von hier entfernt. Karl fährt regelmäßig für mehrere Tage zur Nashorn-Auffangstation, und das nicht nur, weil er mit Maria und ihrem Lebensgefährten befreundet ist. Nein, der ruhige, sympathische und meist lächelnde Karl hat eine Vergangenheit, die ihn zu einem geschätzten Ausbilder für die Wachen der Auffangstation hier macht. Karl war Soldat in einer Sondereinheit während eines Krieges, von dem kaum jemand in Europa etwas weiß: dem Südafrikanischen Grenzkrieg. Dieser dauerte von 1966 bis 1989 und ist in Südafrika sowie den beteiligten Nachbarländern noch stark im Bewusstsein verankert. Für den Rest der Welt war er unpopulär, obwohl er ein Stellvertreterkrieg der Großmächte des Kalten Krieges war. Namibia hieß damals noch Südwestafrika und stand seit dem Ende des Ersten Weltkrieges unter südafrikanischer Verwaltung. Im nördlichen Nachbarland Angola herrschte Bürgerkrieg, bei dem sich auf der einen Seite kommunistische Rebellen und auf der anderen Seite westlich unterstützte Rebellen gegenüberstanden. Zuvor hatten beide die Kolonialmacht Portugal aus Angola vertrieben, um im Anschluss übereinander herzufallen. Gleichzeitig nutzten namibische Unabhängigkeitskämpfer Angola als Rückzugsgebiet, um von dort aus südafrikanische Ziele anzugreifen. Die Kommunisten wurden unter anderem von Kuba,

Russland, Nordkorea und der DDR unterstützt, die andere Seite durch das Apartheidregime in Südafrika, die USA und im Geheimen auch von Israel.

Ein langer Guerillakrieg, der viele Tausend Menschen das Leben kostete, noch mehr traumatisierte und wie eben jeder Krieg eine Katastrophe für die beteiligte Bevölkerung, die Tierwelt und das Land war.

Die Aufgabe, die Karl dabei zufiel, war außergewöhnlich. Man hatte entdeckt, dass er ein ganz besonderes Talent besaß: Spuren lesen! Also bildete man ihn zu einem professionellen Spurenleser aus, von denen es in der südafrikanischen Armee nur eine Handvoll gab. Dementsprechend war er fast ständig im Einsatz, um im tiefen afrikanischen Busch die Spuren von Guerillakämpfern zu finden, zu verfolgen und dann mit den Truppen, die er anführte, das aufgespürte Rebellennest zu vernichten.

Karl sitzt zurückgelehnt in dem alten Holzstuhl auf der Terrasse, und ich merke ihm an, dass es ihn mitnimmt, vom Krieg zu sprechen. Etwas, das man bei allen echten Veteranen beobachten kann. In diesem Moment erinnert er mich ungemein an meinen Großvater, auch wenn dieser rund dreißig Jahre älter war und nicht in Süd-, sondern in Nordafrika gekämpft hatte, zu einer anderen Zeit in einem anderen Krieg. Aber er hatte denselben in die Ferne schweifenden Blick, wenn er davon erzählte. Wen der Krieg nicht tötet, den traumatisiert er. Der Horror, der Schrecken, die ständige Todesgefahr und die Angst, die man erlebt, sind einfach zu groß für den gesunden Menschenverstand. Niemand, der so etwas über einen längeren Zeitraum erlebt, kann danach wieder der Gleiche sein wie zuvor. Mein Großvater nicht und Karl auch nicht.

Karl nimmt einen Schluck von seinem Kaffee, und ich nutze die Gesprächspause, um mich umzusehen. An unserem Tisch sitzen neben uns dreien noch Goofy und Lee, die sich mit Pauline auf Afrikaans unterhält. Die anderen Volontäre haben sich fast alle zu Grüppchen zusammengefunden. Ich höre Dave im Innern des Steinhauses »The House of the Rising Sun« auf der alten Gitarre spielen.

Einer der Wächter tritt aus der Dunkelheit auf die Terrasse. Goofy fängt sofort lautstark und aggressiv an zu bellen, das macht er bei jedem Dunkelhäutigen.

»AUS!«, fahre ich den Weimaraner im Befehlston auf Deutsch an und packe ihn am Halsband. Er hört auf zu bellen, knurrt aber bedrohlich in Richtung des grün uniformierten Hünen, der im Halbschatten steht. Diese Reaktion ist nicht nur mir schon aufgefallen. Wir Volontäre haben mehrmals darüber gesprochen, weshalb Goofy ein solcher »Rassist« ist und bei jedem Schwarzen sofort ausgesprochen aggressiv anschlägt. Von den Südafrikanern bekommt man darauf keine Antwort, aber es liegt auf der Hand. Die Hunde werden von den Züchtern darauf abgerichtet. Der Grund: Die Mehrzahl der Einbrüche und Überfälle auf Weiße geht in Südafrika von Dunkelhäutigen aus. Die Leute haben Angst und kaufen Hunde zu ihrem Schutz. Ich werde ein solches antrainiertes Verhalten bei Hunden noch häufiger erleben, auch in Namibia.

Der Wächter ist das Verhalten von Goofy wohl schon gewöhnt und übergeht es mit einem Lächeln. Ich kenne ihn, er ist häufig am Turm anzutreffen und würde einen hervorragenden Feldwebel abgeben, davon bin ich überzeugt. Sein Alter ist schwer zu schätzen, aber ich würde auf vierzig bis fünfzig tippen.

»Guten Abend, wie geht es euch?«, grüßt er freundlich auf Englisch, bevor er im orangefarbenen Licht der Terrassenbeleuchtung an Karl herantritt. Die beiden unterhalten sich auf Afrikaans, und ich kann nur bruchstückhaft einzelne Wörter verstehen. Anscheinend geht es um Pferde, gefundene Spuren und eine gemeinsame Aktion mit der südafrikanischen Polizei.

Nach ein paar Minuten verabschiedet sich der bewaffnete Hüne und verschwindet in der Dunkelheit, wo drei weitere Wächter auf ihn warten. Sie alle sind mit dem deutschen Sturmgewehr G3 ausgestattet, mit dem ich selbst vor zwölf Jahren in meiner Grundausbildung bei Eis und Schnee das Schießen erlernte. Ein seltsames Gefühl, die Waffe jetzt hier im südafrikanischen Busch wiederzusehen.

Während Goofy sich endlich wieder entspannt und zu unseren Füßen unter dem Tisch ausstreckt, erzählt Karl mir, dass die meisten Wächter hier ehemalige Elitesoldaten der südafrikanischen Streitkräfte sind. In Gruppen sind sie rund um die Uhr auf dem riesigen, doppelt umzäunten Gelände der Auffangstation im Einsatz. Sie patrouillieren zu Fuß, auf Pferden, mit trainierten Anti-Wilderer-Hunden, den energiegeladenen Malinois, und sie liegen gut getarnt an wechselnden Positionen auf der Lauer, um das Gelände zu beobachten. Zusätzlich wird in unregelmäßigen Abständen das Gebiet mit Drohnen oder sogar einem Helikopter abgeflogen. Das Gelände wird besser bewacht als jede deutsche Kaserne, die ich kenne. Der Aufwand hier ist enorm und kostet dementsprechend, aber er ist eben auch notwendig. Beim Rhino War sterben Nashörner wie Menschen gleichermaßen, denn Wilderer gehen buchstäblich über Leichen. Ihnen ist es egal, dass sie die Ausrottung einer Tierart herbeiführen, nur das Geld zählt. Und sie würden auch nicht vor den kleinen Nashörnern hier haltmachen, sofern sie ein Horn tragen.

Später, als ich in meiner Unterkunft bin, höre ich durch das geöffnete Badfenster, wie die Nilpferde und Löwen ihr allnächtliches Konzert geben. Das Wasser in der Dusche ist noch lauwarm und hat nach wie vor einen rötlichen Stich. Aber das macht nichts, ich will das Wasser ja nicht trinken, sondern mir damit nur den Staub, den Schmutz und Schweiß des Tages abwaschen. Den obligatorischen Tausendfüßler gab es heute nicht in der Dusche, dafür eine mittelgroße gelbliche Spinne, die auf meinem roten Ersatzhandtuch saß. Das aus Holzbrettern genagelte Bad hat keinen Spiegel, und knapp die Hälfte des Platzes nimmt die Dusche ein, aus der ich jetzt steige. Noch tropfend stehe ich am kleinen Waschbecken und putze mir die Zähne, während ich an den heutigen Abend zurückdenke. Die Gespräche mit Pauline und Karl waren sehr interessant. Ich liebe es, außergewöhnliche Menschen kennenzulernen, die etwas über ihr Leben erzählen können, und wenn sie dann auch noch so sympathisch sind wie die beiden – perfekt. Bevor sie ins Bett gingen, luden sie mich sogar noch zu sich nach Hause ein. Ich wäre jederzeit bei ihnen als Gast willkommen, sagten sie. Selbst wenn sie nicht da wären, könnte ich bei ihnen wohnen – dann würden sie den Schlüssel einfach für mich hinterlegen, und ich hätte das Haus für mich allein. Ich war schwer beeindruckt und auch etwas gerührt von ihrer Gastfreundschaft. Vielleicht ist es der gemeinsame Armee-Hintergrund, zusammen mit dem Wunsch, sich von jetzt an ganz dem Schutz der Nashörner zu verschreiben, der diese Ebene gegenseitigen Vertrauens zwischen uns schafft.

Der Mondschein, der durch die offene Tür fällt, ist an diesem Abend so hell, dass ich keine Taschenlampe brauche, um in mein Hochbett zu klettern. Heute ist Vollmond, die Nacht ist in weißes Licht getaucht, die Sicht ausgesprochen gut. Beste Bedingungen für die verdammten Wilderer. Bei Vollmond werden stets die meisten Nashörner gewildert. Für die Wildhüter und Wächter in allen Nationalparks, privaten Wildtierreservaten und Nashorn-Auffangstationen wie der unseren bedeutet das maximale Wachsamkeit. Klar, denke ich, genau darum wird es bei dem Gespräch zwischen Karl und dem »Wächter-Feldwebel« gegangen sein. Die Wächter sind heute Nacht allesamt im Einsatz und werden dabei durch Polizeikräfte von außerhalb unterstützt.

Über mir, auf dem Dach der Hütte, höre ich kleine Füße rennen. Wahrscheinlich ein wildes Buschbaby oder ein Baumhörnchen. Es ist ziemlich warm, weshalb ich wach und nur halb zugedeckt mit einem dünnen Laken im Bett liege. Wie anders hier doch alles ist, wie unsicher, gefährlich, aber auch intensiv und spannend. Kannst du dir vorstellen, in Südafrika zu wohnen?, frage ich mich selbst und weiß die Antwort eigentlich im gleichen Moment. Bevor ich wieder zu tief ins Grübeln verfalle, was meine Zukunft angeht, schließe ich die Augen und falle in einen unruhigen Schlaf.

Kapitel 16

Schwalbentanz

Es ist sechs Uhr dreißig, und David Bowies »Heroes« erklingt aus einem Handylautsprecher, während wir im offenen Landrover aus dem grünen und vertraut nach Zitronen riechenden Wald herausfahren. Seit nunmehr fünf Tagen bin ich beim Kruger-Team, das sich um die verwaisten Nashörner aus dem riesigen Kruger National Park kümmert, die dem Gesetz nach unter Quarantäne stehen. Ich muss sagen, dass es mir in diesem gut organisierten Team mit Abstand am besten gefällt. Die Arbeit ist körperlich anstrengend und lastet mich aus. Die hoch motivierte und sympathische Lee ist ebenfalls im Team. Und ich habe hier auch noch mein Lieblingsnashorn gefunden, das für sein Alter sehr tough, selbstbewusst, aber auch niedlich ist. Im Moment geht es mir richtig gut.

Wir halten vor dem Platz beim Wachturm, wo gerade eine große Anzahl an Wächtern angetreten ist. Alle tragen die gleiche grüne Uniform, grüne Kappe und schwarze Kampfstiefel. Mir fällt auf, dass zwei der Wachen zusätzlich alte, aber sehr saubere olivfarbene Bundeswehrparkas mit deutschem Hoheitsabzeichen tragen, wie ich sie von meinem Vater aus den Neunzigern kenne. Zwei Hundeführer haben ihre angeleinten Belgischen Schäferhunde dabei, die brav neben ihnen sitzen. Alle blicken nach vorne zu dem stämmigen »Feldwebel«, der gerade zu ihnen spricht. Auf dem Turm und von der Sonne beleuchtet steht Karl in seinem ausgeblichenen, aber sorgfältig gebügelten Armeehemd und winkt mir mit halb erhobenem Arm zu. Ich winke ihm grinsend zurück. Wir beide unterhalten uns seit jener Vollmondnacht so gut wie jeden Abend, und ich lerne durch unsere Gespräche einiges über die Natur Südafrikas dazu.

Die Ansprache ist beendet, und ein in der Formation stehender Wächter gibt im harten afrikanischen Dialekt dreimal laut hintereinander ein Kommando, das sich anhört wie: »A wonn, tohhh, triii!« Darauf nehmen die Wächter kurz Haltung an, stampfen einmal mit dem Fuß auf und verteilen sich im Anschluss, um ihren Aufgaben nachzugehen. Die Hundeführer marschieren mit mehreren Wächtern in Richtung der Berge, drei weitere gehen auf die Koppel nebenan und satteln die Pferde für einen Patrouillenritt, und wieder andere setzen ihre Rucksäcke auf und machen sich auf den Weg tiefer ins Tal. Karl, der mittlerweile vom Turm gestiegen ist, schließt sich mit seinem Pferd und einem unter den Arm geklemmten Jagdgewehr der Reiterpatrouille an.

Mir sind ähnliche militärische Situationen mehr als vertraut. Aus dem aktiven Militärdienst bin ich erst vor etwas mehr als einem Monat ausgeschieden. Ich habe noch nicht verinnerlicht, dass ich jetzt wieder Zivilist bin. Nach zwölf Jahren in Uniform braucht man etwas Zeit, um sich daran zu gewöhnen. Während wir uns hier Tausende Kilometer weiter südlich befinden und die Ausgangslage eine völlig andere ist, wirkt alles für mich viel sinnvoller als zu Hause – und zugleich ernster. Die Gefahr ist keine Simulation, sondern sehr real.

Wenig später hebe ich den schwarzen Eimer aus dem Fahrzeug, in dem vier Plastikflaschen mit jeweils zwei Litern Milch für die kleine Sibeva stehen. Angerührt haben wir die Milch bereits oben, in der Küche der Scheune. In der Nähe der Scheune sind auch Leo und Fee untergebracht, zwei jüngere Breitmaulnashörner, die jeden Morgen um sechs Uhr als Allererste durch unser Team gefüttert werden. Beide sind gerade mal ein halbes Jahr alt, weshalb sie noch zu klein sind, um mit den anderen Nashörnern aus dem Kruger-Team zusammenzu-leben. Die älteren sind hier unten im Tal in einer weitläufigen Boma-Anlage untergebracht, die Lee, Lili, Carla, Dave und ich jetzt ansteuern. Dave ist die letzten Tage wegen Zeckenbiss-fieber ausgefallen. Im Fieber hat er sogar halluziniert und musste deshalb Antibiotika nehmen. Das Gleiche hat Summer ein paar Wochen zuvor durchgemacht. Ich bin wirklich froh, dass ich von diesen Blutsaugern verschont bleibe.

Nachdem wir das Tor aufgeschlossen haben, um in den Quarantänebereich zu gelangen, desinfizieren wir uns vor-schriftsmäßig mit einer Sprühflasche die Hände und in einer kleinen Wanne unsere Schuhsohlen. Anschließend laufen Lee und ich mit dem Eimer am äußeren Rand der Bomas entlang, um an den hinteren Teil der Anlage zu gelangen. Die Sonne brennt schon wieder gnadenlos vom wolkenlosen Himmel, während die anderen Schubkarren, Schaufeln und Rechen aus dem kleinen Schuppen holen. Die Bomas hier sind in drei Ab-schnitte unterteilt, die jeweils durch Schiebetore verbunden sind, welche man von außen öffnen und schließen kann.

»Kom, kom«, rufen Lee und ich, während wir an den Palisa-den entlanggehen. Pfeilschnelle Schwalben fliegen über unsere Köpfe hinweg. Durch Schlitze zwischen den einzelnen Pfählen können wir ins Innere der Boma sehen. Die Nashörner liegen oder stehen fast alle in dem mittleren Abschnitt, das ist schon mal gut.

»Kom, Sibevatjie, kom hierso!«, rufe ich auf Afrikaans. Die Übersetzung ist simpel: Kom heißt »komm«, kom hierso bedeu-tet »komm her«, und wenn man etwas verniedlichen möchte, hängt man einfach ein »tjie« hinten an den jeweiligen Namen, das »ki« ausgesprochen wird. Sogar Goofy reagiert auf Afri-kaans. Rufe ich ihn »Goofytjie«, am besten noch in einer mög-lichst hohen Stimmlage und mit der passenden Körperspra-che, dreht er vor Freude völlig ab.

An der hintersten Ecke des letzten Geheges angekommen,

schließen wir das Außentor auf und betreten das Innere der Boma. Eine hüfthohe Metallbegrenzung trennt uns zu unserer eigenen Sicherheit von dem restlichen Bereich der Nashörner ab.

»Kom, *Sibevatjie. Kom, kom*«, ruft Lee, während ich die erste der vier Milchflaschen aus dem Eimer nehme. Ein kleines Nashorn wackelt gemächlich durch das Tor, welches den zweiten mit dem dritten Abschnitt verbindet.

»Da ist ja die kleine Sibeva!«, rufe ich erfreut. Das graue Breitmaulnashorn-Baby läuft den leicht ansteigenden Hang zu unserer Absperrung hinauf. Es weiß, dass es jetzt Frühstück gibt, das Wasser läuft ihm im Mund zusammen, und der Speichel tropft in dünnen Fäden links und rechts aus dem breiten Mäulchen.

Hinter ihr blickt eines der älteren Nashörner um die Ecke, tritt durchs Tor und rennt einmal mit erhobenem Kopf im Kreis, wobei es jede Menge Staub aufwirbelt. Dann bleibt es zu uns gewandt stehen und schnaubt kurz und laut durch die Nasenlöcher. Wir müssen lachen. Das ist Flower, Sibevas neue, fast zwei Tonnen schwere Adoptivmutter, die uns mit ihrer eindrucksvollen Kraftdemonstration klar zu verstehen gibt, dass wir auch ja nett zu der Kleinen sein sollen.

»Keine Sorge, wir füttern sie nur kurz, und dann sind wir auch schon wieder weg«, sagt Lee lächelnd, während Sibeva bereits mit ihrer Schnute den Sauger der ersten von mir gehaltenen Flasche umschließt. Keine zwei Minuten später sind alle vier Flaschen leer. Der kleine umherlaufende graue Fels hat acht Liter Milch weggesaugt, als wäre es ein Glas Limo gewesen.

Sibeva streckt uns ihren Mund offen entgegen in der Hoffnung, es könnte noch eine weitere Flasche geben.

»Hey, Kleine, das reicht jetzt erst mal, heute Mittag kriegst du wieder acht Liter.« Ich streichle kurz über ihre raue Wange, das kurze Horn und ihre Oberlippe.

Bonnie und Jessy im Alter von 2 Monaten

Mad-Max-Car an der Grenze zu Botswana.

Afrikanische Wildhunde

Lee und ich füttern Sibeva.
Foto: Tom Bickels

Schwimmen im südafrikanischen Fluss

Die Fünf im Sonnenuntergang

Sie ist ungefähr zehn Monate alt und wiegt um die zweihundertvierzig Kilogramm. Markant ist ihre faustgroße Narbe an der linken Schulter. Sie entstand, als Sibeva acht Monate alt war und ihre Mutter abgeschlachtet wurde. Die Wilderer schossen sie mit einem großkalibrigen Jagdgewehr nieder und gaben, wieso auch immer, einen einzelnen Schuss auf das Baby ab. Wahrscheinlich wollte es seine Mutter trotz der geringen Größe verteidigen. Wilderer jedoch kennen keine Skrupel. Der Schuss durchschlug die linke Schulter, und Sibeva floh in Panik, schwer verletzt und traumatisiert. Über eine Woche überlebte sie allein und versteckte sich im tiefen, unübersichtlichen Busch, bevor die Suchtrupps sie fanden und zur Versorgung hierherbringen konnten.

Das alles ist gerade mal zwei Monate her, und die Wunde ist inzwischen vollkommen verheilt. Die Narbe jedoch bleibt und wird ein Leben lang an ihre Geschichte erinnern.

Sibeva akzeptiert, dass es keine Milch mehr gibt, sie zwinkert, wackelt noch einmal kurz mit dem Kopf und trottet zurück zu ihrer Adoptivmutter, die uns während der Fütterung von der Seite her ganz genau beobachtet hat.

Wir schließen das Tor wieder ab und laufen zurück zum Rest unseres Teams. Jetzt geht es ans Mistschaufeln.

»Weißt du eigentlich, was Sibeva bedeutet?«, fragt mich Lee beiläufig.

»Keine Ahnung. Es hört sich nicht wirklich nach Afrikaans an«, denke ich laut.

»Nein«, bestätigt Lee. »Es ist nicht Afrikaans, sondern Swati.«

Klar, Lee kann auch ein paar Brocken Swati, die Arbeiter und Wachen freuen sich immer besonders, wenn Lee sie morgens mit einem *Sawubona* statt mit *Good morning* oder *Goeie more* begrüßt.

»Rudi hat mir erzählt, dass es ›aggressiv‹ bedeutet.«

Damit habe ich nicht gerechnet. Mein kleines, kämpferisches Nashorn heißt also »aggressiv«. Lee erzählt mir, wieso es diesen Namen erhalten hat. Als das verwundete Tier hier ankam, war es ziemlich streitlustig und sah in allem eine Gefahr, die es angreifen musste. So benannten die Arbeiter das Nashornmädchen ganz einfach nach seiner markanten Eigenschaft. Inzwischen hat Sibeva gemerkt, dass die Menschen hier ihr nichts Böses wollen, sondern ihr helfen, und sie ist weitaus ruhiger geworden.

Acht Uhr morgens, dreiunddreißig Grad, und der Schweiß läuft mir in Bächen den Körper hinunter. Mit dem Unterarm wische ich mir über die brennenden Augen und blinzle. Die fünfzig obligatorischen Liegestütze, die ich normalerweise jeden Morgen mache, spare ich mir, seit ich in diesem Team bin.

Was hat Dave gerade gesagt? Keine Ahnung, mein Englisch wird zwar immer besser, aber seinen Dialekt verstehe ich beim besten Willen nicht. Egal, ich mache einfach weiter. Wir arbeiten uns wie jeden Tag nacheinander durch die drei Abschnitte der Boma-Anlage. Nashörner haben zum Glück die Angewohnheit, ihren Kot immer im selben Bereich abzusetzen, das macht es etwas leichter. Dave, Lee, Rudi, ein fest angestellter Arbeiter, und ich schaufeln den schweren Nashornmist von mehr als einem Dutzend Tieren auf zwei Schubkarren, um ihn dann etwa 300 Meter außerhalb der Anlage auf einen großen Misthaufen zu schieben. Die anderen rechen in der Zeit den Boden bei den Futterplätzen und trennen feuchtes Heu von trockenem. Meist müssen wir jedoch alles Heu austauschen, was zusätzlich zu dem Abtransport der gigantischen Haufen eine ganz schöne Laufarbeit ist. Hätten wir eine oder zwei Schubkarren mehr, ginge das Ganze wesentlich schneller vonstatten. Haben wir aber nicht.

Lee und ich schieben die meisten Schubkarrenladungen

fort. Lee wird schnell mal sauer, wenn man ihr etwas abnehmen möchte, denn sie will diesen anstrengendsten Teil der Arbeit unter allen Umständen selbst machen.

Die Nashörner grasen mittlerweile außerhalb der Boma auf einer weitläufigen eingezäunten Wiese, auf der sie bis zum Nachmittag auch bleiben werden. Wir haben den ersten Abschnitt mit dem meisten Mist freigeschaufelt. Während sich die anderen um das Kehren und Verteilen des Heus im ersten Abschnitt kümmern, gehen Lee und ich schon mal bewaffnet mit einer Schubkarre, einem Rechen und zwei Schaufeln in den zweiten.

Wir schaufeln die Karre so voll es geht, Lee schnappt sie sich und schafft sie auf den Misthaufen. Ich bleibe in der Boma zurück, um auf die ausgeleerte Schubkarre zu warten. Vor mir in der Sonne liegt ein kleiner Berg Nashornmist, über dem Hunderte Fliegen schwirren. Einzelne Mistkäfer rollen selbst gebaute Kugeln aus den Ausscheidungen der Grasfresser in verschiedene Richtungen. Nashornmist stinkt zum Glück nicht übermäßig, er hat einen leicht süßlichen Geruch, der an Pferdeäpfel erinnert.

Auf meine Metallschaufel gestützt, stelle ich mich in den Schatten der Palisaden und genieße die kurze Pause, in der ich nicht der prallen Sonne ausgesetzt bin. Plötzlich schießt von hinten ein schwarzblau glänzender Pfeil etwa dreißig Zentimeter rechts an meinem Kopf vorbei. Ein zweiter fliegt in der gleichen Geschwindigkeit links über meinen Kopf hinweg. Schwalben, stelle ich staunend fest. Sie stürzen sich in einer irren Geschwindigkeit aus der Höhe herab, um wenige Zentimeter über dem Boden die Fliegen über dem Nashornmist zu fangen. Die schwarzen, extrem wendigen Vögel mit dem weißen Bauch fand ich schon immer sehr imponierend. Gibt es Vögel, die schnellere, waghalsigere und beeindruckendere Manöver in so dichtem Abstand zum Boden fliegen? Ich glaube nicht.

Jetzt tauchen immer mehr von ihnen auf. In unglaublichen Drehungen, Kurven und Pirouetten fliegen sie über mich hinweg und um mich herum. Ich befinde mich mitten in einem tanzenden Schwalbenschwarm, der zum Angriff geblasen hat. Der Moment hat etwas Magisches, ich bin von dem Schauspiel der stromlinienförmigen Zugvögel mit dem glänzenden Gefieder so fasziniert, dass ich alles um mich herum vergesse. Erst als das laute Rumpeln der leeren Schubkarre ertönt, verschwinden die Schwalben ebenso schnell, wie sie gekommen sind.

»Hey, Lee!«, sage ich und bin durch das gerade Erlebte, von dem sie nichts mitbekommen hat, noch etwas verstrahlt. »Lass die Schubkarre stehen, und stell dich kurz mit mir in den Schatten, ich will dir etwas zeigen!« Falls sie sich fragt, ob ich einen Sonnenstich erlitten und in ihrer kurzen Abwesenheit den Verstand verloren habe, lässt sie es sich nicht anmerken. »Okay, jetzt nicht mehr bewegen, einfach auf den Mist schauen«, sage ich flüsternd.

Keine Minute später kommen die eleganten Flugkünstler zurück und geben uns eine zweite beeindruckende Vorstellung. Wie gebannt verfolgen Lee und ich die akrobatische Flugshow.

Nach dem Frühstück, bestehend aus Rührei, Reiswaffeln mit Erdnussbutter plus Marmelade, Joghurt und zwei Tassen Kaffee, gehe ich mit Lili zur Scheune. Die dritte Fütterung der beiden Nashorn-Waisen Leo und Fee steht an. Die Milch wird wie immer nach der an der Tafel stehenden aktuellen Anweisung zusammengerührt.

Nach der Fütterung reinigt Lili die Flaschen und alles Zubehör, das wir zum Mischen und Zubereiten benötigt haben, während ich frisches Heu für den Schlafplatz der kleinen Hornträger in einen Sack fülle. Ich greife gerade wieder in einen großen Heuballen, als ich sehe, wie mich zwei Augen mit geschlitzten Pupillen aus dem Haufen heraus fixieren. Ich erstarre in der Bewegung. Verdammt! Ist das eine Schlange? Und wenn ja, welche?

Mein Herz beginnt zu rasen. Ich sehe nur zwei Augen, durch das Heu kann ich weder den Körper noch den Kopf erkennen. Wie in Zeitlupe nehme ich den Arm zurück und stelle mich auf die Zehnspitzen, um einen besseren Blick zu bekommen. Dann atme ich auf. Erst mal den Puls wieder runterfahren! Es ist eine Kröte, eine verdammt fette Kröte, die sich im Heuballen versteckt hat. Ich packe sie und setze sie außerhalb der Scheune ins Gras. Schmunzelnd erinnere ich mich an das Gespräch mit Karl über Giftschlangen.

»Wenn man von einer Schwarzen Mamba gebissen wird, kann man nur noch eines tun«, sagte er eines Nachmittags, als wir bei einem Kaffee auf seiner Veranda saßen.

»Und das wäre?«, wollte ich neugierig wissen.

»Unter einen Baum in den Schatten legen, Beine zusammen und Arme überkreuzt auf die Brust«, antwortete er und fügte grinsend hinzu: »So bekommt man den Gebissenen dann am einfachsten in den Leichensack.« Ich musste lachen.

Am Abend laufe ich ein wenig rastlos durch das Steinhaus. Der Tag war lang und anstrengend, ich bin dementsprechend müde. Erledigt ist die Arbeit für mich jedoch noch nicht, denn ich bin in drei Stunden mit der Fütterung von Leo und Fee dran. Ich nehme ein paar abgegriffene Zeitschriften aus dem Regal und setze mich auf die Terrasse an einen langen Tisch, um darin zu blättern.

Einige Artikel sind auf Afrikaans, andere auf Englisch. Ich bleibe an einem Bericht über die Bekämpfung der Wilderei hängen, dann blättere ich weiter. Weitaus mehr Artikel drehen sich um neue Jagdgewehre und die Jagd an sich, und ich spüre, wie Wut in mir aufsteigt. Dann komme ich zu den Anzeigen über Wildtiere, die man lebend kaufen kann. Ein Wasserbüffel, abgebildet mit Porträtfoto, verschiedenste Antilopenarten vom Kudu bis zum Springbock, einzeln oder gleich in Gruppen zu erwerben, Streifen- und Weißschwanzgnus im Angebot, Steppenzebras und sogar ein ausgewachsenes Breitmaulnashorn! Ich kann es nicht fassen. Was zur Hölle ist das? Wieso kann man Wildtiere in einem Katalog kaufen?! Ich ereifere mich lautstark, denn Wildtiere gehören in die Wildnis und nicht auf einen Auktionsmarkt oder als Sonderangebot in ein Magazin! Und diese Trophäenjäger habe ich sowieso gefressen. Wie kann man nur Vergnügen daran finden, mit einem Präzisionsgewehr ein Tier aus sicherer Entfernung abzuknallen?!

Ich steigere mich in einen verbalen Wutanfall hinein, Goofy flüchtet um die Ecke, die anderen Volontäre sehen mich nur mit großen Augen an.

Eine Hand legt sich auf meine Schulter, und eine mir bekannte Stimme sagt in ruhigem Ton: »Komm, setz dich mit mir an den Tisch dahinten, und lass uns in Ruhe etwas trinken.« Es ist Karl, und mit »etwas trinken« meint er Wasser, denn Alkohol trinkt der grauhaarige Spurenexperte niemals.

»Weißt du, Sebastian, ich schieße keine Tiere, die ich nicht essen kann«, beginnt er das Gespräch. »Nie würde ich einen Löwen, Elefanten oder dergleichen töten, davon halte ich nichts.« Ich habe mich wieder etwas beruhigt und höre Karl mit einem flauen Gefühl im Magen zu. »Wildtiermanagement ist ein sehr komplexes Thema«, sagt er und wirkt dabei plötzlich müde. »Die meisten Wildtiere leben heute in riesigen privaten oder staatlichen Reservaten. Das ist schon allein zum Schutz vor Wilderern nötig. Aber es bedeutet auch, dass man je nach Anzahl der Tiere gelegentlich frische Gene braucht. Inzucht ist ein Problem und führt auch unter Wildtieren zu Krankheiten. Deshalb ist es gar nicht so schlecht, Tiere zu kaufen und zu verkaufen, um dem Ganzen vorzubeugen.« Ich nicke und merke, wie mir das Blut in den Kopf steigt. Daran hatte ich gar nicht gedacht. Aber Karl ist noch nicht fertig. »In den Reservaten gibt es meist nur wenige Raubtiere, deshalb nimmt auch die Population von Tieren schnell überhand – besonders, was Warzenschweine, Impalas und Springböcke angeht. Durch die Umzäunung der Gebiete haben sie aber keine unerschöpflichen Nahrungsreserven. Irgendwann sind es zu viele einer Art, dann rauben sie sich selbst und anderen die Lebensgrundlage in Form von Pflanzen und Wasser. Man muss ihre Anzahl also immer wieder reduzieren, natürlich gezielt und so schonend wie möglich.« Er nimmt einen Schluck aus seiner mit Wasser gefüllten Tasse und blickt mich aus seinen freundlichen Augen an. »Aber mal ganz ehrlich, ich esse lieber ein frisch geschossenes Tier, das sein ganzes Leben unter freiem Himmel in einer natürlichen Umgebung verbracht hat und nicht leiden musste, als eines, das in einer Halle ohne Tageslicht geboren wurde, nur um drei Monate später in Plastik abgepackt im Supermarkt verkauft zu werden.« Er hat vollkommen recht, denke ich beschämt und sinke noch etwas mehr in mich zusammen. »Natürlich gibt es auch in der Jagd viele schwarze Schafe, keine Frage«, ergänzt er ernst.

Ich nicke wieder, und meine Ohren glühen mittlerweile. Man muss sich auch mal an die eigene Nase fassen können. Was weiß ich schon über die Jagd in Südafrika oder über Wildtiermanagement? Nichts! Wie drastisch sich meine diesbezügliche Erfahrung bis zum Ende des Jahres ändern wird, ahne ich zu diesem Zeitpunkt noch nicht mal ansatzweise.

Roses Stimme dringt polternd über die Terrasse. »Hey, Leute! Ich habe für alle Volontäre, die möchten, einen Ausflug in den Kruger National Park organisiert!« Mit ihrer tragbaren Musikbox in der Hand, aus der wie immer dasselbe Lied klimpert, dreht sie sich einmal breit grinsend um die eigene Achse. »Übermorgen früh um halb vier geht's los. Vergesst eure Sonnenhüte und das Geld nicht!«, fügt sie hinzu und verschwindet laut singend im Steinhaus.

Ein Nationalpark-Besuch! Eine willkommene Abwechslung,

denke ich und freue mich schon darauf, meine vernachlässigte Kamera zum Einsatz zu bringen.

Um zehn vor neun gehe ich nachdenklich und mit meiner Stirntaschenlampe ausgerüstet durch den kleinen Waldabschnitt zur Scheune, die letzte Fütterung des Tages steht an. Aus der Dunkelheit dringt eine unerwartete Stimme.

»Guten Abend.« Ich zucke leicht zusammen, ich war völlig in Gedanken und habe nur beiläufig auf den Lichtschein meiner Taschenlampe geachtet. Einer der Wächter steht bei der Scheune, eine dunkle Erscheinung, die mit dem ebenfalls dunklen Hintergrund fast völlig verschmilzt. Seine weißen Zähne blitzen, als er lächelt. Ich grüße zurück und muss grinsen.

»Verdammt, ich hab dich gar nicht gesehen. Alles ruhig, alles klar?«

»Ja, danke, aber Taschenlampen sind nicht gut, mein Freund«, sagt er mit breitem südafrikanischem Akzent. »Die machen dich in der Dunkelheit blind – und mich auch. Außerdem kannst du die Sterne dann nicht so gut sehen.«

Damit hat er natürlich recht. Ich stelle mich neben ihn mit Blickrichtung ins Tal, schalte die Stirntaschenlampe aus und halte für einen Moment die Augen geschlossen, bevor ich sie im Dunkeln wieder öffne. Der Anblick ist atemberaubend. Es ist eine völlig klare Nacht. Die Berge und Hügel grenzen sich schwarz von dem über und über mit Sternenlicht durchfluteten Himmel ab. Millionen Sterne leuchten in einer unvergleichlichen Intensität. Die Milchstraße spannt sich über uns als lang gezogene, leuchtende Sternenwolke. Der große abnehmende Mond geht in diesem Lichterglanz fast unter. Sternenhimmel in Afrika sind einzigartig, ich kenne sie aus Namibia, aber hatte sie bis zu diesem Augenblick fast wieder vergessen. Eigentlich nicht vorstellbar, dass man so etwas vergessen kann, zu beeindruckend, zu prachtvoll ist dieser Anblick. Schon allein dafür lohnt es sich, nach Afrika zu reisen, denke ich.

Nach dem Schwalbentanz am Morgen ist dies gleich der zweite magische Moment heute. Augenblicke wie diese kann man nicht fotografieren. Man muss sie selbst erleben.

Kapitel 17

Kruger National Park

Ich blinzle, der Schweiß rinnt mir in die Augen. Mit geschulterter Schaufel und brennenden Muskeln lasse ich die Bomas im Quarantäne-Bereich hinter mir und bin froh, dass der Morgen endlich geschafft ist. Heute war doppelte Arbeit für mich angesagt.

Eine Stunde zuvor, bei der Fütterung der Nashornbabys nahe der Scheune, stellten Summer und ich fest, dass die kleine Fee Durchfall hat. Das ist nicht ungefährlich für derart junge Nashörner. Also reinigte ich auf Anweisung von Summer hin den gesamten Bereich der beiden von Grund auf. Dazu gehörte auch, die kleinen Wasserlöcher in ihrem Gehege auszuschaufeln. Der sich darin befindende nasse Schlamm war schwer wie Zement. Bis ich mithilfe der Schaufel alles trocken gelegt und den Schlamm mit mehreren Schubkarrenladungen weggebracht hatte, war eine ganze Stunde vergangen. So war ich, als die Teammitglieder wie immer um sieben Uhr dazustießen, um gemeinsam ins Tal zu laufen, schon komplett durchgeschwitzt – wo doch die eigentliche Arbeit erst anfing.

»Ich muss unbedingt in den Fluss springen«, sage ich, an Dave und Lee gewandt. Sie stimmen grinsend zu, und somit ist es ausgemacht: Heute Abend wird wieder »wild« gebadet.

Als wir mit der Arbeit in den Bomas fertig sind, verstauen wir die Werkzeuge im Schuppen und verlassen das weitläufige Quarantänegebiet. Der Safariwagen, mit dem wir sonst zurückfahren, ist mit defektem Getriebe zur Reparatur in der nächstgelegenen Stadt.

Gerade als mir der Duft des Waldes in die Nase steigt und ich mich damit abgefunden habe, den Berg hinaufzulaufen, hält neben uns ein Geländewagen.

»Einsteigen, ich fahr euch hoch«, sagt Karl aus dem geöffneten Fenster. Wir quetschen uns zusammen in sein Fahrzeug und lassen uns zum Frühstück kutschieren. Alle bis auf Lee, die natürlich läuft.

Mit vollem Teller, gefüllter Kaffeetasse und einem Rusk zwischen den Zähnen lasse ich mich ächzend auf einem Sitzkissen auf der Terrasse nieder. Da bemerke ich, dass neue Volontäre eingetroffen sind. Eigentlich nichts Besonderes, fast täglich kommt und geht jemand.

Bei den Neuen handelt es sich offensichtlich um eine Fotografin, was ich sehr interessant finde, und um zwei spanisch aussehende Mädels, die von den anderen Volontärinnen skeptisch beäugt werden. Die Fotografin stellt sich als Tom aus Israel vor, ein ungewöhnlicher Name für eine Frau, aber egal. Die beiden anderen sind Schwestern aus Brasilien. Sie tragen nagelneu aussehende weiße Turnschuhe, sehr eng sitzende Hosen und helle Oberteile. Perlenanhänger schmücken ihre Ohren, und das Make-up ist nicht zu knapp aufgetragen, zusätzlich duften sie nach rosa Blümchen-Duschgel. Die zwei sehen aus wie aus einem Teenager-Mädchen-Katalog. Der Gegensatz zu uns könnte nicht größer sein. Wir alle tragen praktische, von der Arbeit am frühen Morgen verdreckte und verschwitzte Kleidung, teilweise mit großen Rissen und Flecken. Unsere Schuhe sind voll mit Nashornkacke, und hier ist sonst niemand auch nur im Ansatz geschminkt. Dave, Henry und ich sowieso nicht, aber auch die Frauen nicht, das Make-up würde gar nicht halten, so viel, wie man hier bei der Arbeit schwitzt. Ich muss grinsen bei dem Gedanken daran, wie die beiden Mädels in den Bomas arbeiten. Momentan wirken sie wie von einem anderen Planeten, und den anderen jungen

Frauen passt das ihren Blicken nach zu urteilen überhaupt nicht.

Der Tag vergeht gewohnt schnell. Die Fütterungen sind alle unkompliziert, und keines der Nashörner bis auf Fee zeigt Auffälligkeiten. Summer kümmert sich um die Kleine und steht mit Maria, die sich am Ende ihrer USA-Reise befindet, in Telefonkontakt. Sibeva, das Breitmaulnashorn-Mädchen mit der großen Schulternarbe, wartet zur Fütterungszeit jetzt schon immer brav an der richtigen Stelle auf uns. Sonderaufgaben stehen heute auch nicht an, weshalb ich mich am Nachmittag mit Tom unterhalten kann. Sie hat einen scharfen, sympathischen Humor und erzählt, dass sie im Auftrag einer Organisation, die Volontäre von Israel nach Afrika vermittelt, verschiedene Freiwilligen-Programme in Südafrika besucht und fotografiert. Die Nashorn-Auffangstation ist ihr letztes von vielen Zielen. Ich warne sie vor, dass das Fotografieren hier nicht ohne Weiteres möglich ist und sie unbedingt mit dem Manager, Summer oder Rose sprechen sollte.

Später fahren wir noch mit dem alten Toyota Land Cruiser umher und kontrollieren die Aggregate der Wasserversorgungspumpen für die Bomas. Und dann geht es endlich zum Fluss. Welch ein Gefühl von Freiheit, sich in der angenehmen Abendsonne den Staub und Schweiß des Tages von dem kühlen fließenden Wasser abwaschen zu lassen!

Nach dem Essen setze ich mich an den großen, runden Tisch auf der Terrasse zu Karl. Die Sonne geht unter und taucht den Horizont in Rot- und Rosa-Farbtöne. In der Mitte des Tisches liegt ein kleiner Berg runder gelber Früchte – Marulas. Sie erinnern ein wenig an große Mirabellen. Man findet sie momentan überall, unsere Hütten sind eingerahmt von Marula-Bäumen. Man nennt sie auch Elefantenbäume, da die Frucht bei den großen grauen Riesen äußerst beliebt ist. Marulas schmecken erfrischend säuerlich, haben aber wenig Fruchtfleisch, da der Kern sehr groß ist.

Goofy liegt unter dem Tisch und schnarcht gleichmäßig. Nach und nach setzen sich noch weitere Volontäre an den Tisch, und es entsteht eine angenehme Unterhaltung. Während ich mir eine Marula schnappe und sie von ihrer Haut befreie, fällt mir etwas auf. Alle, die an diesem Tisch sitzen, haben etwas gemeinsam, das erst jetzt während der Gespräche deutlich wird und uns von den anderen hier auf der Station unterscheidet. Da ist Karl, der Veteran aus dem Südafrikanischen Grenzkrieg; Sarah aus dem Südwesten Englands, die acht Jahre in der Royal Air Force gedient hat; Henry aus Nordengland, der fünfzehn Jahre in der britischen Armee war und in dieser Zeit zwei Freunde im Nordirlandkonflikt verloren hat; Tom, die bis vor Kurzem in Israel ihre zweijährige Wehrpflicht abgeleistet hat, und ich selbst. Wie zufällig hat eine Gruppe ehemaliger Soldaten aus verschiedenen Ländern heute Abend an diesem Tisch zusammengefunden. Keiner kannte den anderen vor der Nashorn-Auffangstation, keiner ist mehr aktiv im Dienst, und doch hat uns alle ein Krieg hierhergeführt. Der Rhino War – der Krieg um die letzten Nashörner.

Wir alle sind hier, weil es wohl in unserer Natur liegt zu schützen, zu helfen. In diesem Fall den Nashörnern. Wir möchten unseren eigenen kleinen Teil zu ihrem Schutz beitragen, mit dem Willen, ihre Ausrottung zu verhindern. Wie schwer diese Aufgabe ist, wird mir mit jedem Tag mehr bewusst.

Ich gehe gerade in die Küche, um mir etwas zu trinken zu holen, als ich einen gellenden Schrei höre. Er kam aus Richtung der Hütten. Die plötzliche Stille ist alarmierend, aber bevor ich dem Ganzen selbst auf den Grund gehen kann, kommt Lili schmunzelnd in die Küche.

»Einer der beiden Brasilianerinnen ist beim Duschen eine Spinne auf den Kopf gefallen. War wohl eine recht große.«

Na super, die beiden Schwestern haben sowieso schon einen harten Tag gehabt, nachdem sie erfuhren, was die Arbeit als Volontär hier so alles umfasst. Und jetzt auch noch die Spinne in der Dusche. Die zwei tun mir fast schon leid.

Mein Handywecker klingelt, es ist kurz nach drei Uhr in der Nacht. Aufstehen ist angesagt, denn in einer halben Stunde geht es in den Kruger National Park. Völlig schlaftrunken klettere ich aus dem Hochbett. Im Minibad geht das Licht nicht an, und es kommt auch kein Wasser aus der Leitung, nicht mal rotbraunes. Das lässt sich jetzt nicht ändern. Also schnappe ich mir meinen vorbereiteten Rucksack, prüfe mit meiner Taschenlampe die Schuhe, bevor ich hineinschlüpfe, und steige gähnend die Treppenstufen unserer Hütte hinunter. Es ist finster, und ich sehe ein paar tanzende Taschenlampenlichter am Steinhaus. Henry ist schon da und erzählt mir, dass die Aggregate ausgefallen sind, deshalb kein Licht und kein Wasser. Ich sehe Jade und Sarah mit zwei anderen Frauen sprechen, die sich beim Näherkommen als die beiden Brasilianerinnen herausstellen. Sie stehen mit gepackten Koffern abreisebereit im Dunklen. Ich finde es etwas schade, dass sie gehen, sie wirken hier zwar fehl am Platz und haben es sich wohl ganz anders vorgestellt. Aber die Erfahrungen, die man auf dieser Station machen darf, sind trotz aller Anstrengung und Entbehrungen so wertvoll – und ich finde beide sehr nett.

Kaffee kochen geht nicht, da ja kein Wasser aus der Leitung kommt, also greife ich mir ersatzweise eine Mango und zwei Rusks, bevor wir zum Auto laufen. In der Scheune fülle ich schnell meine Wasserflasche am fast leeren Trinkwasserspender und klettere dann auf das Fahrzeug, an dessen Steuer die sichtlich müde, aber trotzdem schon lärmende Rose sitzt. Wir rollen los, und Rose wirft ihre Musikbox pflichtbewusst an – so laufen wir zumindest nicht Gefahr, in der Dunkelheit ein Tier zu überfahren. Jedes halbwegs vernünftige Wesen mit funktionierenden Ohren wird Reißaus nehmen, wenn es die über den Feldweg wackelnde Musikbox auf Rädern hört.

Wir passieren zwei Tore und einen Haufen Felsen, bei denen es sich in Wirklichkeit um eine Gruppe schlafender Nashörner handelt, wie wir im Scheinwerferlicht feststellen. Sie wird von grünen Uniformträgern bewacht. Bei der holprigen Fahrt durch die urwaldartige Gegend müssen wir ständig aufpassen, dass uns keine Äste aus der Dunkelheit ins Gesicht peitschen. Es ist sehr frisch, und je schneller wir fahren, umso tiefer möchte ich die Hände in den Hosentaschen vergraben. Wir erreichen das Außentor, an dem uns Rose absetzt. Auf der anderen Seite des Zaunes wartet ein VW-Bus auf uns, der mindestens so alt ist wie ich selbst. Davor steht ein rundlicher, robust gebauter junger Kerl in der Uniform eines Rangers.

»Oh, das ist Sam.« Ich höre Rose das erste Mal überhaupt flüstern. »Mit dem hatte ich mal was laufen, macht euch keine Gedanken, er ist ein ziemlich ruhiger Typ.«

Ruhiger Typ ist untertrieben. Nachdem wir in den Kleinbus geklettert sind, fahren wir fast eine Stunde in völliger Stille. Nur der Motor brummt, Sam sagt kein einziges Wort. Die ehemalige Beziehung zwischen ihm und der lärmenden Rose stelle ich mir wirklich lustig vor.

Zurückgelehnt blicke ich aus dem Fenster und beobachte, wie der erste goldene Lichtschein der langsam aufgehenden Sonne über den noch dunklen Horizont wandert. Wir halten an einer Tankstelle und wechseln erneut das Fahrzeug. Jetzt steigen wir in einen typischen überdachten Safariwagen. Unser neuer Fahrer und Guide für den Nationalpark ist eine unkompliziert wirkende Frau Ende zwanzig namens Barbara. Wir fahren an Bananenplantagen und Wohnsiedlungen vorbei, während uns der eisige Fahrtwind in dem offenen Fahrzeug immer kleiner werden lässt. Der Kruger National Park ist einer der größten Nationalparks Afrikas und eindeutig einer der populärsten. Er ist mit fast zwanzigtausend Quadratkilometern größer als Israel und grenzt im Osten an Südafrikas Nachbarland Mosambik. Von dort kommen auch die meisten Wilderer, die es vor allem auf die wenigen Hundert Nashörner und die zehntausend Elefanten abgesehen haben, die im Park leben.

Kurz bevor wir eines der vielen Tore des Parks passieren, fällt mir auf, dass die Wohngebiete bis an die Grenzen des Nationalparks reichen. Es gibt keinen Puffer zwischen der Zivilisation und der Wildnis. Das gefällt mir ehrlich gesagt nicht. Wenn der Abstand fehlt, ist der Konflikt zwischen Wildtier und Mensch meiner Ansicht nach schon vorprogrammiert.

Die Straßen im Kruger National Park sind im Gegensatz zu denen, die ich aus Namibia kenne, asphaltiert. Der Vorteil ist, dass man auch mit nicht geländegängigen Wagen selbstständig den Park befahren kann. Doch es sieht unschön aus, und durch den guten Ausbau kommt es zu einer touristischen Überfüllung des Parks. Natürlich gibt es hier auch ein paar Regeln zu beachten. So ist es aus gutem Grund verboten, das Fahrzeug im Park zu verlassen. Der ein oder andere naive Tourist ist hier schon ums Leben gekommen, weil er die echte Natur mit einem Disney-Film verwechselt hat. Erlaubt ist auch nur, auf den ausgeschilderten Straßen zu fahren, und keinesfalls querfeldein.

Die Vegetation ist Anfang Februar, dem Hochsommer auf der Südhalbkugel, üppig und grün. Die Landschaft in ihrer Weite beeindruckt mich. Riesige Felsen ragen auch hier aus dem alles beherrschenden Grün auf. Zwischen den Bäumen hindurch sehen wir Giraffen, Zebras und Antilopenarten wie kleine Steinböcke und Klippspringer, mittelgroße Impalas und Springböcke sowie große, majestätische Kudus. Später stoßen wir auf mehrere Elefanten direkt neben der Straße und erspähen Kaffernbüffel in einem Schlammbad. Am Horizont weicht ein Rudel Löwen zwei Breitmaulnashörnern aus, wie ich durch das Teleobjektiv erkenne. Der Tierreichtum hier im Park ist wirklich spektakulär, und Barbara beantwortet jede Frage, die wir zu den Tieren stellen. Wenn sie ausnahmsweise mal keine Antwort weiß, schlägt sie in einem ihrer vielen abgegriffenen Bücher über die Tierwelt des südlichen Afrika nach. Es sind dieselben Bücher, die auch ich zu Hause in Deutschland im Regal stehen habe. Aus Gewichtsgründen habe ich sie nicht mitgenommen, mein Reiserucksack war so schon kurz vorm Platzen. Nur ein dünnes englischsprachiges Buch mit Abbildungen von Spuren und den wichtigsten Merkmalen und Eigenschaften der jeweiligen Tiere habe ich bei mir.

Am Mittag legen wir auf einem großen, abgezäunten Rastplatz mitten im Park eine Pause ein. Hier ist das Aussteigen nicht nur erlaubt, sondern sogar erwünscht: Restaurants, Imbissbuden und ein riesiger Souvenir-Shop locken die Touristen an. Von unserem Platz aus blicken wir auf einen Fluss, in dem einzelne Krokodile schwimmen. Darüber spannt sich in ein paar Hundert Metern Entfernung eine alte, nicht mehr aktive Eisenbahnbrücke.

Nach einer Stunde essen, trinken und Mitbringsel shoppen geht unsere Safari weiter. Die Kälte des Morgens ist mittlerweile der Mittagshitze gewichen. Eineinhalb Stunden lang begegnen wir überhaupt keinem Tier, da alle sich klugerweise vor der Mittagssonne verstecken. Nur die Fahrerin und ich sind noch wach, die anderen liegen zur Seite gekippt oder nach hinten gelehnt auf ihren Sitzen und schlafen. Barbara erzählt mir, dass sie täglich mit Touristengruppen in den Nationalpark fährt, und das bereits seit vier Jahren. Zuvor hat sie sich in einem einjährigen Kurs zum Safari-Guide ausbilden lassen.

Wir kommen an eine Stelle, an der sich Autos verschiedener Klassen zu einem Haufen ineinanderschieben. Jeder behindert jeden. Safariwagen, private Geländewagen, Kleinwagen, Wohnmobile, sie alle wollen möglichst nah an etwas heran, das sich offenbar links der Straße befindet. Wir kommen nicht weit und müssen warten, bis wir uns schließlich langsam an der Stelle vorbeiquetschen können. Jetzt sehen wir auch, worum es sich handelt: zwei im Gebüsch liegende Löwen, ein Männchen und ein Weibchen. Sie dösen im Schatten und ignorieren die Ansammlung von Menschen, die sie aus ihren Fahrzeugen heraus bei laufendem Motor mit ihren Smartphonekameras knipsen wollen. Ich selbst blicke kurz durch meine Spiegelreflexkamera auf die Szene und entscheide mich, kein Bild zu machen. Das Mittagslicht ist fürchterlich für Fotos, und der Winkel, in dem wir zu den Löwen stehen, ist ungünstig.

Am Nachmittag begegnen wir noch zwei jungen Breitmaulnashorn-Männchen, die vor uns die Straße überqueren, vereinzelten Elefanten im Gelände, einer Hyäne, die sich im Dickicht verbirgt, und einer Vielzahl an Antilopen und Vögeln. Nach ungefähr acht Stunden Aufenthalt verlassen wir den großen Nationalpark wieder.

Auch wenn wir nur einen Bruchteil des Parks gesehen haben, reichte es doch, um sich einen Eindruck zu verschaffen. Obgleich es viele Tiere zu sehen gibt, ist alles sehr auf Massentourismus ausgelegt, worunter die Atmosphäre leidet.

Bei der Rückfahrt durch die Ortschaften fällt mir die Armut in den dicht bewohnten Gebieten auf. Viele Menschen sind am Straßenrand zu Fuß von einem Ort zum nächsten unterwegs, Wohnhäuser bestehen teilweise nur aus Wellblechverschlägen, und vermeintliche Läden mit selbst gemalten Ladenschildern sind oft nichts als aneinandergereihte Tische. Was ebenfalls auffällig ist, sind all die ähnlich aussehenden, niedrigen und dunkel wirkenden Steinhäuser. Laut Werbetafeln handelt es sich dabei um Bars. Sie sind die einzige sich wiederholende Konstante hier am Straßenrand Südafrikas.

Nach einer Stunde Fahrt halten wir wieder bei der gleichen Tankstelle wie am Morgen. Wenig später kommt auch schon der stille Ex-Freund von Rose mit seinem alten VW-Bus um die Ecke gefahren. Wir verabschieden uns von Barbara, die winkend davonfährt, während wir in den Kleinbus einsteigen.

Der Ausflug war interessant und für mich eine willkommene Abwechslung zur täglichen Arbeit auf der Nashorn-Auffangstation. Aber ich freue mich schon wieder auf die kleine Sibeva und das Schieben von Schubkarren voller Mist. Ganz so still wie heute Morgen ist es im Bus diesmal nicht, wir sprechen über unsere Eindrücke des Tages, und der ruhige, massige Fahrer hat das Radio eingeschaltet, aus dem schwülstige Volksmusik auf Afrikaans dahinplätschert.

Am Außentor des Geländes angelangt, werden wir von Rose erwartet. Im Pick-up-Truck geht es in viel zu schneller Geschwindigkeit durch das gigantische Gelände zurück zur Station. Mit auf der Ladefläche sind zwei neue Volontäre, eine Birkenstock tragende junge Amerikanerin aus Colorado und ein israelischer Erdkundelehrer in meinem Alter mit Pokemon-Tattoos, einer roten Kappe und – das finde ich sehr schräg – einem ebenfalls roten String-Tanga, der sichtbar aus seiner Hose ragt.

Am Abend sitze ich wieder hinter dem Steinhaus bei Lee, Lili und Tom, die nicht mit in den Nationalpark gefahren sind. Unkonzentriert trage ich die Erlebnisse von heute in mein blaues Tagebuch ein, während mich Caspers Stimme mit »Das Grizzly Lied« durch den Kopfhörer anschreit. Ich sehe zu Goofy, der sich auf der gepolsterten Bank ausgestreckt hat. Darüber liegt ein Fenster, in dem sich seit meinem ersten Tag ein fettes Spinnennetz befindet, bewohnt von einer großen, farbenfrohen Spinne. Goofy gähnt, und ich gähne mit, das ist das Zeichen für mich, ins Bett zu gehen. Ich klappe mein Tagebuch zu, wünsche eine Gute Nacht und gehe im Mondschein zu meiner Hütte, ohne Taschenlampe.

Kapitel 18

Abschied

Mit der Kaffeetasse in der Hand stehe ich hinter dem Steinhaus und lausche dem zwitschernden Tratsch zahlloser bunter Vögel in den umliegenden Bäumen. Die Sonne taucht nach und nach alles in ihren noch milden Schein. Ich liebe das Licht des Morgens, aber auch das des Abends. Morgendämmerung und Abenddämmerung, das ist meine Zeit.

Morgen geht es weiter nach Namibia. Etwas wehmütig bin ich schon, habe ich doch jetzt das Gefühl, mich richtig eingelebt zu haben.

Wenig später heißt es Milch anrühren, füttern, Leo und Fee beobachten, notieren, ausmisten, Heuballen auf Anhänger hieven, Sibeva füttern, Heu austauschen, Schubkarre mit Nashornmist beladen, wegbringen, entleeren und wieder beladen, Wasserlöcher auffüllen, Nashörner beobachten, notieren ... So gewohnt vergeht der letzte Morgen in der Hitze Südafrikas.

In der Mittagspause sitze ich im Schatten der Steinhaus-Veranda. Wo ist die Zeit nur hin?, frage ich mich, während ich meine letzten Eindrücke im Tagebuch notiere.

Einige neue Volontäre sind eingetroffen. Nicht allen scheinen die harten Arbeitsbedingungen zu gefallen, und sie lassen es die anderen mit Launen bis hin zu Ausbrüchen spüren. Viele verstehen nicht den Ernst des Rhino War und sind eigentlich hergekommen, um Selfies mit Nashörnern zu machen, diese irgendwelchen Bekanntschaften unter die Nase zu halten, in sozialen Netzwerken zu posten und sich dann erzählen zu lassen, was für »tolle Kerle« sie doch sind. Doch Maria hat aus guten Gründen das Fotografierverbot wieder verstärkt, sodass es zum Unmut einiger Volontäre keine Selfies geben wird. Vor ein paar Tagen hat Dave etwas Passendes dazu gesagt: »Menschen kommen immer, egal wohin, mit Erwartungen, und ihre Erwartungen sind immer das Problem.«

Ich muss an das Schild in der Scheune denken. Am liebsten würde ich es abschrauben und mitnehmen, so gut gefällt mir der Spruch darauf:

> If you cannot be positive
> Then at least be quiet.

> »The world is changed
> By your example,
> Not by your opinion.«

Der Nachmittag vergeht schweißtreibend wie immer. Dann ist Freizeit angesagt: ein letztes Mal im Fluss schwimmen … Florence + the Machine mit »What the Water Gave me« dringt in Dauerschleife an mein Ohr. Eine Gruppe Gnus jagt an unserem Pick-up-Truck vorbei, Giraffen stehen wie schwarze Schemen direkt vor der tief stehenden Sonne, die ihre goldorangefarbenen Lichtstrahlen über die grünen Hügel jagt. Wie gewohnt werden wir auf dem staubigen Weg zum »Beach« auf der Ladefläche durchgeschüttelt. Ich versuche alles um mich herum in mich aufzusaugen, alles so bewusst wie nur möglich wahrzunehmen. Füße in den Sand bohren, Klamotten ausziehen und durch das hüfthohe Schilf in das klare Wasser gleiten. Die Felsen im Fluss haben keinerlei Kanten, der felsige Grund ist über die Jahrtausende perfekt glatt poliert worden. Über uns flitzen Bienenfresser hinweg, das Gefieder der farbenprächtigen Vögel leuchtet im Abendlicht. Libellen tanzen über das Wasser, ein einzelner Kudu steht flussabwärts am Ufer und beobachtet uns kauend. Welch ein Paradies! Ich tauche unter, schwimme ein Stück weit flussaufwärts bis zu dem kleinen Wasserfall. Kein Krokodil, kein Nilpferd, keine Schlange – auch an meinem letzten Tag, bei meinem letzten Mal wild Schwimmen in Südafrika läuft alles gut. Ich werde es vermissen.

Lee greift sich meine Kamera am Ufer und macht noch ein Bild von mir im Fluss, bevor ich heute als Letzter etwas wehmütig aus dem Wasser steige.

Auf unserem Rückweg kommt uns Maria joggend entgegen. Seit gestern Abend ist sie zurück aus den USA. Begleitet wird sie von Luci und Goofy, die ihr seit ihrer Rückkehr keinen Meter mehr von der Seite weichen. Die Gründerin der Nashorn-Auffangstation erzählt uns halb außer Atem, dass wir bei den Löwen vorbeifahren sollen. Der Nachbarsfarmer hat gerade eine tote Kuh vorbeigebracht, die an die Raubkatzen verfüttert werden soll.

Wir schlängeln uns durch die engen Waldabschnitte, bis wir das Löwengehege erreichen, wo sich bereits eine kleine Gruppe Volontäre zusammengefunden hat. Die Löwen liegen mit offenem Maul am Zaun und starren gierig die tote Kuh auf der anderen Seite des Weges an. Es riecht nach Blut und Eingeweiden. Zwei uniformierte Wächter halten die Beine des Tieres, während Timor, einer der Arbeiter, mit nacktem Oberkörper die Kuh ausnimmt und sie mit einer Machete professionell zerlegt. Timor hat den Oberkörper eines zwanzigjährigen Athleten, sein Gesicht aber zeigt sein wahres Alter, das bei geschätzten fünfzig bis sechzig Jahren liegt. Seine Haut ist so dunkel, dass sie blau glänzt, und sein Gesichtsausdruck ist am besten mit »panzerbrechend« zu beschreiben. Ich habe noch nie auch nur ansatzweise einen Menschen erlebt, der mit einem solch harten Gesichtsausdruck durchs Leben geht. Das einzige Mal, dass ich ihn in meiner Zeit hier kurz habe lächeln sehen, war, als Lee ihm mit *Sawubona* auf Swati einen guten Morgen gewünscht hat.

Das erste große Stück der zerlegten Kuh landet im Löwengehege. Sofort schlagen beide ihre Krallen und Zähne in das blutige Fleisch. Tiefes, kraftvolles, gieriges Knurren und das Reißen von Muskelfasern ist jetzt alles, was man hört.

Der letzte Abend, »The Middle« von Jimmy Eat World rauscht durch meinen Kopfhörer, den ich einseitig locker in meinem linken Ohr trage. Über dem südafrikanischen Himmel spannt sich wieder das unendliche, glitzernde Sternenmeer.

Im Steinhaus ist reger Betrieb, und es riecht herrlich nach frisch gebackenen Muffins. Dave sitzt auf der Couch und klimpert auf der Gitarre, Karl telefoniert mit seiner Frau, die vor ein paar Tagen abreisen musste, Rose singt Lieder auf der Veranda, Lee sitzt lesend in einer ruhigen Ecke, und Tom springt fotografierend von Raum zu Raum. Lili hat Geburtstag, weshalb sie und einige andere Mädels fleißig am Backen sind. Ich stoße hinzu, um zu sehen, ob ich helfen kann. Monica ist mit den beiden Buschbabys ebenfalls in der Küche. Die Kleinen springen schnell auf meine Arme und benutzen mich als Kletterbaum.

Tom macht Bilder von den Galagos auf meiner Schulter, als mir bis zur Brust hinab plötzlich ziemlich warm wird. Erst warm, dann feucht ... Na toll, die zwei haben mich angepinkelt! Die Küche ist erfüllt von Gelächter.

»Die mögen dich eben und haben dich gleich markiert, damit jeder weiß, dass du ihnen gehörst«, erklärt Monica lächelnd.

»Ja, ganz toll«, sage ich mit gespieltem Ärger und ziehe mein nasses kakifarbenes Hemd aus. »Na, zum Glück machen wir Menschen das nicht auch so«, füge ich zwinkernd hinzu, und wir müssen wieder lachen. Draußen hänge ich das frisch markierte Hemd auf eine Wäscheleine und hole mir ein neues T-Shirt, bevor ich mich wieder auf die Veranda setze.

Mit Lee und Lili verbringe ich in einer ruhigen Ecke den Rest des Abends. Die Atmosphäre ist angenehm, wir unterhalten uns. Natürlich sprechen wir auch über unsere Zeit hier, über unsere Erwartungen und was uns besonders bewegt hat.

Wenn du Volontär auf einer Wildtier-Auffangstation sein möchtest, egal wo auf der Welt, dann stell dir eine Frage: Würdest du es auch tun, wenn du wüsstest, dass du während deiner Zeit dort keine Fotos von dir zusammen mit den Tieren machen dürftest? Wenn du diese Frage ehrlich beantwortest, werden dir deine Worte, wie auch immer sie lauten, deine wahre Motivation zeigen.

Ich bin Fotograf. Auch wenn das etwas völlig anderes ist, als Selfies zu knipsen, ist es mir ehrlich gesagt verdammt schwergefallen, meine Fotografiertätigkeit auf ein Minimum zu beschränken. Aber ich hatte mich hier auf der Nashorn-Auffangstation nun mal als aktiver Helfer angemeldet und nicht als Fotograf. Deshalb wusste ich, dass meine Hauptaufgabe aus körperlicher Arbeit rund um die Nashörner bestehen würde und ich keinen Anspruch darauf hätte, alles fotografisch festhalten zu können.

In Namibia wird es wie zum Ausgleich genau anders herum sein. Auf der Wildtier-Auffangstation in der Kalahari werde ich, zumindest dieses Mal, ausschließlich als Fotograf tätig sein. Ich bin sehr gespannt darauf, wie es sich dort im Vergleich zu hier anfühlen wird.

Sonnenaufgang fünf Uhr dreißig – Anthony Hamilton & Elayna Boynton sind mit »Freedom« mein Soundtrack zum letzten Aufstieg auf den felsigen Hügel neben dem Steinhaus, wo ich meine wöchentlichen Telefonate mit Lisa geführt habe. Ein letztes Mal blicke ich von dort auf die atemberaubende wellige Landschaft. Einzelne Nebelschwaden ziehen tanzend um die Berge und Hügel, um sich bei der Berührung mit den ersten Lichtstrahlen der feuerroten Morgensonne in nichts aufzulösen.

Sobald die Sonne vollständig aufgegangen ist, steige ich hinab, um den ersten Kaffee des Tages allein auf der Veranda zu genießen. Im Anschluss heißt es ein letztes Mal Leo und Fee füttern. Fee ist wieder gesund, zum Glück.

Wenig später stehen Lee, Dave und ich an der Scheune, jeder mit einer Zwei-Liter-Milchflasche für Sibeva in der Hand. Es wird meine letzte Fütterung der kleinen Kämpferin sein, und ich habe jetzt schon einen Kloß im Hals.

Als wir am Wohnhaus von Maria vorbeigehen, kommt sie uns winkend entgegen. Gemeinsam mit Summer schließt sie sich uns bei unserem Fußmarsch hinab ins Tal an. Beim Passieren des Geheges der Nilpferde wird unser Gespräch plötzlich von einem lauten Schnauben unterbrochen. Emma schießt aus dem Wasser und rennt so schnell, wie ich es noch nie gesehen habe, den Hügel hinab und auf uns zu. Am Palisadenzaun bleibt sie abrupt stehen – in dieser Geschwindigkeit und mit ihrer Masse hätte sie diesen wohl auch einfach umrennen können. Aber sie steckt nur den Kopf über die Begrenzung und macht Geräusche, wie ich sie zuvor noch nie von ihr gehört habe. Maria kommt auf sie zu und umarmt mit beiden Armen den massigen Kopf des Nilpferds. Ich stehe mit offenem Mund daneben und begreife langsam, was da gerade passiert. Emma freut sich nach drei Wochen Abwesenheit ihrer Ziehmutter, diese endlich wiederzusehen! Sie erinnert mich an einen Hund, dessen Besitzerin nach einer langen Geschäftsreise endlich wieder nach Hause kommt. Emma ist völlig aus dem Häuschen und reibt schüttelnd den Kopf an Maria. Ich bin tief beeindruckt, solch ein Verhalten hätte ich von einem Nilpferd nie erwartet.

Wir durchschreiten den stark duftenden Wald und passieren den bemannten Wachturm. Ein Stück weiter schließen wir die Sicherheitsanlagen des Quarantänebereichs auf und gehen wie gewohnt die Palisaden der Boma entlang, immer wieder »Kom, kom, Sibevatjie« rufend. Das stets hungrige Breitmaulnashorn-Mädchen lässt nicht lange auf sich warten. Wie jedes Mal tropft ihr das Wasser in langen Fäden aus dem Mund, während sie auf uns zukommt. Schweigend gebe ich ihr eine Flasche nach der anderen. Ich streichle ihre raue, warme Haut an Wange und Kinn und ihr kleines Horn. Der Abschied von der skeptischen, immer selbstsicherer werdenden Sibeva fällt mir mit Abstand am schwersten. Ich weiß nicht, ob ich jemals wieder hierherkommen kann, ob ich sie jemals wiedersehen werde. Bei den Menschen mache ich mir da keine Sorgen; denjenigen, die ich wiedersehen möchte, werde ich schon begegnen, da bin ich sicher. Aber was die Nashörner anbelangt ... Schon zu viele Tiere, die ich vor zwei Jahren auf der Auffangstation in der Kalahari gekannt, gepflegt oder aufgezogen habe, sind mittlerweile unerwartet gestorben. Und Sibeva wird so lange nicht sicher sein, wie die Menschen ihrem Horn nachjagen und ihre Artgenossen ausrotten.

Schließlich ist auch die letzte Flasche leer, und es heißt Abschied nehmen. Ich laufe mit einem komischen Gefühl im Magen den Weg zurück. Sachen packen statt Schubkarren mit Nashornmist schieben ist für mich angesagt, leider.

Mittags stehen Lili und ich mit gepackten Rucksäcken an der Scheune, zufällig reisen wir beide am selben Tag ab. Sie wird morgen von Johannesburg aus weiter nach Madagaskar fliegen und ich selbst noch heute nach Windhoek. Wir verabschieden uns von allen, und ich versuche, es möglichst kurz zu halten, ich bin einfach kein Freund von Drama. Aber die anderen müssen sowieso gleich wieder los, es gibt auch diese Woche einige Zusatzaufgaben für sie zu erledigen.

Eine halbe Stunde später sitzen Lili und ich im Transporter, mit dem uns Rose zum Tor fährt. Als wir die Bomas passiert haben, erreichen wir ein Feld, auf dem die Volontäre gerade Felsbrocken auf den Pick-up verladen. Jetzt sehen wir sie doch noch mal. Sie halten inne und winken uns zum Abschied zu.

Monica schwenkt ihren Strohhut und ruft mir irgendetwas zu, das wohl mit den Buschbabys zu tun hat, doch ich verstehe es wegen der Entfernung leider nicht. Dave steht mit seinen kurzen, viel zu engen Shorts auf der Ladefläche und winkt grinsend. Ihn werde ich in ein paar Monaten wiedersehen, in den Medien: Die Bilder, wie er im Stroh sitzend einem kleinen Babynashorn-Waisen auf seiner alten Gitarre vorspielt, bis es einschläft, werden um die Welt gehen. Die ruhige und kluge Lee steht neben ihm; sie war in den letzten Wochen meine wichtigste Bezugsperson, ich werde die Gespräche mit ihr vermissen. In zehn Monaten werde ich sie bei Glühwein, Eis und Schnee wiedersehen. Denn dann wird sie den Jakobsweg in Spanien gepilgert sein und im Anschluss Lisa und mich für ein paar Tage in Deutschland besuchen. Doch das weiß ich in diesem Moment noch nicht. Und was die Nashörner betrifft: Auch mit ihnen steht mir so manche Begegnung bevor, von der ich jetzt noch nichts ahne.

TEIL 3
ZURÜCK IN DIE KALAHARI

Wiedersehen mit Leopard, Gepard und Karakal

Kapitel 19

Wiederholungstäter

Namibia, im Februar 2017

Der Himmel hat die ersten rosafarbenen Töne des Abends angenommen, während ich barfuß den Sandweg von meiner Hütte zu den Duschen laufe. Das Gras links und rechts des Weges ist kniehoch. Eine getigerte Katze beobachtet mich aufmerksam aus ihrer Deckung heraus. Ich zwinkere ihr im Vorbeigehen kurz zu und beachte sie nicht weiter. Als wäre das ein vereinbartes Zeichen, folgt sie mir und streicht beharrlich schnurrend um meine Beine. Natürlich bleibe ich stehen und kraule den kleinen Tiger ausgiebig. In Südafrika bin ich keinen Hauskatzen begegnet, doch hier im Volontärsdorf in der Kalahari leben meiner ersten Schätzung nach fünf bis acht Katzen – obwohl Samar, der Karakal, hier zwischenzeitlich gewildert hat.

Die erste Duschkabine kann ich schon mal nicht benutzen, denn darin hat es sich ein ausgewachsener Warzenschwein-Keiler gemütlich gemacht – ein wirklich massives Exemplar! Er liegt auf der Seite und sieht mich aus einem Auge blinzelnd an, dann grunzt er frech.

»Hi, Bacon«, sage ich grinsend, als ich ihn wiedererkenne. Ich freue mich, den Respekt einflößenden, schmutzigen und häufig auch etwas aufdringlichen Keiler wiederzusehen, er gehört zum Volontärsdorf einfach dazu. Die Katze ist weniger begeistert von dem Anblick und flüchtet mit buschig aufgestelltem Schwanz. Ich betrachte Bacon näher, er sieht aus, als hätte er das Doppelte seines vorherigen Gewichts erreicht.

»Mein Gott, bist du groß geworden! Und was ist denn mit deinem linken Hauer passiert?« Bacon grunzt wieder und schließt die Augen. Sein linker Hauer ist tatsächlich auf halber Länge abgebrochen, es sieht aber aus, als wäre das schon vor Längerem passiert.

Nachdem ich eine freie Dusche gefunden und mich umgezogen habe, geselle ich mich zu den anderen, die sich in der überdachten Gemeinschaftsunterkunft eingefunden haben. Abendessen ist angesagt, gefolgt von der gewohnten Kennenlernrunde. Mit mir sind drei entspannt wirkende Schweizer in meinem Alter eingetroffen, eine große, freundliche Dänin Anfang zwanzig mit langen roten Kringellocken und vier junge Leute aus Deutschland.

Mir fällt auf, dass der Altersdurchschnitt bei Anfang zwanzig liegt und damit deutlich niedriger als auf der Nashorn-Auffangstation. Und noch etwas ist interessant: Von uns neun Volontären sind sechs bereits zum zweiten Mal dabei. Ich bin also nicht der einzige Wiederholungstäter hier.

Was die Koordinatoren und Tour Guides anbelangt, sind gerade mal noch vier von ihnen für uns zuständig, und unter diesen ist Eva als einziges mir bekanntes Gesicht dabei. Bei der Vorstellung der vier fällt mir vor allem einer der Neuen auf, ein Typ mit Rauschebart, kräftiger Statur und hellgrünen Augen. Er wirkt sehr locker und nimmt sich im Gegensatz zu manch anderem nicht allzu ernst. Irgendwie ist er mir sympathisch, auch wenn er etwas verrückt zu sein scheint. Mal sehen, inwieweit ich mit ihm in den nächsten Wochen zusammenarbeiten werde.

Nachts vor dem Einschlafen hänge ich meinen Gedanken nach. Zwei Jahre sind vergangen, seit ich das erste Mal als Volontär auf der Wildtier-Auffangstation in der Kalahari war. Noch fühlt es sich fremd an, wieder hier an diesem Ort zu sein, wo alles begann ... Vielleicht, weil ein Teil von mir nach wie vor in Südafrika ist und mitten im Rhino War steckt. Oder liegt es daran, dass die Station sich verändert hat und ich ebenso?

Als ich das erste Mal hierherkam, traute ich mich nicht, positive Erwartungen zu haben, und war doch voll von unterdrückten Wünschen an das Leben. Inzwischen habe ich gelernt, dass es keinen Sinn hat zu erwarten, dass sich das Leben einfach verändert; man muss sich selbst ändern, um ein anderes Leben zu erlangen. Doch ich weiß nicht, wohin dieses neue Leben mich führen wird – ein Umstand, der mich immer wieder verunsichert. Ich stelle die Weichen für eine Zukunft, die noch im Ungewissen liegt ... In manchen Augenblicken verschafft mir dies das Gefühl, näher bei mir zu sein, in meine Kraft zu kommen. In anderen fangen aufs Neue die negativen Gedanken an, in mir zu kreisen ... Wie viel Sicherheit brauchen wir Menschen, um uns wohlzufühlen? Gibt es Sicherheit überhaupt in einer Welt, in der sich alles von einem Augenblick auf den anderen verändern kann? Irgendwann schlafe ich ein, begleitet vom Zirpen Hunderter Grillen und dem Heulen der Schakale.

Löwengebrüll aus mehr als einem Dutzend Kehlen erklingt in der Ferne. Die Großkatzen sind wie jeden Morgen pflichtbewusst dabei, ihr Revier zu markieren. Ich liebe diesen epischen Sound, den man meist zu Sonnenauf- und -untergang hört. Das erste Licht des Tages fällt noch etwas schüchtern durch das kleine quadratische Fenster rechts neben mir. Es beleuchtet die zahlreichen Spinnweben in den Ecken, die im Takt der einströmenden Morgenluft leicht hin und her schwingen. Neben mir schnarchen die beiden Schweizer, sympathisch unkomplizierte Kerle. Michael ist ein etwas nerdig wirkender, langhaariger Heavy-Metal-Fan, der zu Hause als Ingenieur tätig ist. Marcus, der neben mir liegt, ist wie Michaels Freundin Jana, die in einer anderen Hütte schläft, ein Lehrer. Am anderen Ende der Hütte liegt Holger, ein freundlicher Achtzehnjähriger aus der Hansestadt Lübeck. Er hat vor einem halben Jahr sein Abi gemacht und reist seitdem durch die Welt.

Ich gähne und strecke mich ausgiebig unter meinem Moskitonetz. Solch ein Netz ist für einen ruhigen Schlaf nur zu empfehlen. In den Hütten sind zwar auch Fliegengitter an den Fenstern angebracht, aber sie hängen schon länger nutzlos in Fetzen.

Mein Blick fällt auf die Uhr: 06:30. Ich schwinge mich aus dem Bett und fühle mich ausgeschlafen. Auf der Nashorn-Auffangstation musste ich viel früher aufstehen. Ich öffne die Tür und trete ins Morgenlicht. In Namibia ist die Natur karger, die Farben erdiger im Gegensatz zum satten Grün Südafrikas. Und doch umgibt mich auch hier das Gezwitscher von Hunderten Vögeln.

Ich mache gerade meine obligatorischen Liegestütze auf der Veranda, als plötzlich ein Geräusch näher kommt, das wie eine kleine tuckernde Lokomotive klingt. Es ist Bacon, der Warzenschwein-Keiler! Im flotten Galopp stürmt das schwere Borstentier auf seinen verhältnismäßig dünnen Beinen herbei. Ich springe auf und schaffe es gerade noch, die Tür zur Unterkunft vor seiner Schnauze zuzuschlagen. Während er weiterhin tuckernde Geräusche von sich gibt, bleibt Bacon vor dem Hindernis stehen und sieht mich vorwurfsvoll an. Jetzt sind zumindest auch die anderen wach, denke ich und klatsche mit der flachen Hand freundschaftlich Bacons Flanke. Dann schnappe ich mir meinen auf dem Geländer liegenden Kulturbeutel und gehe zu den Duschen. Zähne putzen und Rasieren sind angesagt. Hinter mir, im Osten, ist der Himmel noch immer rot von der aufgehenden Sonne. Das letzte Brüllen der Löwen verklingt in der Ferne. Eine einzelne Oryxantilope läuft ein paar Hundert Meter entfernt Richtung Wasserloch. Ich spüre wie am Abend zuvor den sandigen Untergrund unter meinen Füßen. Während ich alles auf mich wirken lasse, fühle ich mich langsam wieder angekommen, hier in der Kalahari.

Nach dem Frühstück mit Blick auf eine Herde Eland-Antilopen am Wasserloch packen wir in der Hütte die Sachen für den Tag. Wasserflasche und Sonnencreme sind auch hier elementar. Als ich meine Kameratasche aus dem Rucksack nehme, klirrt es leise. Was ist das?! Das hört sich gar nicht gut an, so als wäre irgendetwas zerbrochen. Ich ziehe die Kamera aus der Tasche und nehme vorsichtig den Objektivdeckel ab. Kleine Glassplitter fallen auf den Boden. Verdammt! Das ist mein 24-70-mm-Nikon-Objektiv mit Lichtstärke 2,8. Das brauche ich unbedingt für meine Arbeit in den nächsten Wochen! Ansonsten habe ich nur noch mein großes 80-400-mm-Teleobjektiv für die Tierfotografie auf Entfernung dabei, das gänzlich ungeeignet für Aufnahmen in der Nähe ist.

Marcus und Michael, die meine kleine persönliche Katastrophe mitbekommen haben, stehen betreten neben mir und wissen nicht so recht, was sie sagen sollen. Leichte Panik steigt in mir auf. Ich sehe mir die Linse genauer an. Wenn ich Glück habe, ist nur der extra UV-Filter, der vorne auf die Linse geschraubt wird, zersplittert. Ich entferne die Reste des Filters vom Objektiv. Michael reicht mir einen kleinen Blasebalg und einen Pinsel zur Reinigung der Objektivlinse. Wir alle atmen auf, die Linse ist tatsächlich unbeschädigt. Glück gehabt, da hätte ich sonst gleich wieder abreisen können. Gar nicht auszudenken, wenn mein Kameragehäuse einen Schaden erlitten hätte.

Etwas verspätet treffen wir uns mit den anderen Newbies am Rande des Volontärsdorfes. Wir wollen gemeinsam zur Farm laufen, wo um acht Uhr das tägliche Tree-Meeting stattfindet und die Gruppen je nach anfallender Arbeit eingeteilt werden. Der erste richtige Tag in der Kalahari hat ja erst begonnen.

Als Nächstes mache ich mich an diesem Morgen auf den Weg zum Büro. Mein Blick fällt auf das große reetgedeckte Haus für die Gäste der Station, die hierherkommen, um die Tiere zu beobachten. Zehn Monate nach meinem ersten Aufenthalt als Volontär war ich mit Lisa hier – als Gast, über die Weihnachtstage. Mit einer besseren Kameraausrüstung wollte ich alle Tiere erneut fotografieren und Lisa teilhaben lassen an diesem damals so magisch wirkenden Ort. Es war ein seltsames Gefühl, denn als Gast genießt man natürlich einen ganz anderen Luxus. Nach vier Tagen reichte es mir dann auch, ich wollte mit anpacken und etwas tun. Aber jetzt bin ich ja wieder als Volontär hier, wenn auch mit Sonderrechten und etwas anderen Aufgabengebieten.

Per E-Mail haben Alice, die Chefin, und ich bisher nur vereinbart, dass ich Bilder für die Auffangstation mache, die bei Bedarf zur Dokumentation oder in den sozialen Medien verwendet werden können.

Auf dem Weg zum Büro kommt mir ein Impalaweibchen entgegen. Ehemalige Waisenkinder finden häufig hier auf der Farm ein neues Zuhause, so wie der Springbock, der junge Esel, zwei Kälber, drei Impalas und ein junger Strauß, die man über die weitläufige Wiese flitzen sieht. Ich denke bei diesem Anblick etwas wehmütig an Derek zurück, die junge Kudu-Antilope, die mir vor zwei Jahren gerade mal bis zur Hüfte ging. Wir haben Derek mit der Milchflasche großgezogen. Wenn er die Flasche leer getrunken hatte, musste man zusehen, dass man möglichst schnell wegkam, denn er konnte nie genug bekommen. Regelmäßig sah man einen Volontär, der über die Wiese flüchtete, während ein kleiner Kudu hinter ihm herrannte und ihm den Kopf gegen den Hintern rammte. Zehn Monate später, bei meinem zweiten Besuch, war er schon so groß geworden, dass er auf mich herabschaute. Er war ein hübscher Kerl, dem gerade die erste Windung seines majestätischen Geweihs wuchs. Zwei Meter hohe Mauern konnte er überspringen – und ließ sich von mir trotzdem wie früher die Wange streicheln. Leider musste ich ein paar Wochen nach meinem Besuch lesen, dass er unerwartet gestorben war. Offenbar hatte er etwas Vergiftetes gegessen, leider kein Einzelfall.

Bei meinem neuen Arbeitsplatz angekommen, begrüßt mich Claudia, eine sehr freundlich wirkende Niederländerin, die zweimal im Jahr jeweils drei Monate für die Auffangstation arbeitet.

Claudia erklärt mir, dass sie mir rechtzeitig Bescheid geben wird, wenn besondere Ereignisse anstehen, die ich dokumentieren soll. Zuerst aber braucht sie für die Webseite neue Bilder von allen Lodges. Das gefällt mir zwar weniger, denn ich möchte in erster Linie Tiere fotografieren, aber wenn ich damit helfen kann, gerne. Ansonsten darf ich mir die Arbeit selbst einteilen und aussuchen, an welchen Aktivitäten ich über den Tag verteilt als Fotograf teilnehme. Darüber hinaus kann ich das alte Büro nebenan zur Bildsicherung und Bildbearbeitung nutzen. Ich folge Claudia über den abgesperrten Terrassenbereich zu meinem neuen Arbeitsplatz.

Drei Löffelhunde liegen vor der gläsernen Schiebetür, ihre riesigen Ohren folgen jedem Geräusch. Löffelhunde sehen einem Fuchs recht ähnlich, sind jedoch etwas kompakter, ihre Schnauzen sind kleiner und die Ohren größer – ein Grund, weshalb sie auch Großohrfuchs genannt werden. Sie leben in der afrikanischen Savanne und ernähren sich dort fast ausschließlich von Termiten. Ihre enormen Ohren dienen dazu, die Insekten unter der Erde aufzuspüren, aber auch, um überschüssige Wärme abzuleiten. Die drei sind Handaufzuchten und halbwegs zahm. Die Terrasse vor dem Büro sehen sie als ihr Gebiet an, auch wenn sie es mit Alices Hunden teilen müssen. Rechts im Büro steht ein alter ausgestopfter Löwe, nicht mein Fall, aber so wie er aussieht, stammt er noch aus einer anderen Zeit. Die Pfoten der toten Raubkatze sind mit Plastikbeuteln umwickelt, da die Hunde angefangen haben, darauf herumzukauen. Geradeaus befindet sich eine Tür, die direkt in Alices Küche führt. Im nächsten Moment kommt Alice durch besagte Küche ins Büro, begleitet von einem Rudel Hunde. Vom übergewichtigen Labrador über den ruhigen Schäferhundmischling bis zu der kleinen Alpha-Dackeldame sind mir bereits alle bekannt. Ein kurzes, intensives Hallo mit dem wilden Hunderudel, und ich bin »frisch gewaschen«. Alice erkennt mich sogleich wieder und begrüßt mich freundlich.

»Bonnie hat morgen Geburtstag, wir bräuchten ein gutes Bild von ihm. Könntest du eins machen?«, fragt sie mich sodann.

Unwillkürlich verzieht sich mein Mund zu einem breiten Lächeln. Ich freue mich natürlich riesig, den Räuber wiederzusehen!

Kapitel 20

Rooikat

Mit Eva, der Koordinatorin, laufe ich zum Farmgehege der Karakale. Es liegt gleich rechts von der Lapa, wo früher Missy Jo residiert hat. Die Raubkatzen haben offensichtlich die Reviere getauscht. Eva klärt mich darüber auf, dass Bonnie sich jetzt das Gehege mit seiner Mutter Juliette teilt. Die beiden verstehen sich also.

»Wir müssen aufpassen. Bonnie hat letzte Woche eine der Volontärinnen angegriffen und ihr ein paar Fleischwunden zugefügt«, erwähnt Eva beiläufig.

»Was?!«, entfährt es mir. »Wie ist denn das passiert?«

»Sie ist wohl mit dem Fleisch in der Hand ins Gehege gegangen und hat es ihm nicht sofort gegeben. Zur Sicherheit haben wir sein Fleisch in den letzten Tagen über den Zaun geworfen.«

Bonnie ist nun mal ein Wildtier, eine Raubkatze. Da hört die Freundschaft beim Fressen auf. Unwillkürlich muss ich an Samar denken, seinen Vater. Bei meinem zweiten Besuch erfuhr ich, dass der große Karakal, mit dem ich mich angefreundet hatte, ausgebrochen war. In den ersten Nächten verschwand die ein oder andere Hauskatze aus dem Volontärsdorf. Nach mehreren Tagen erfolgloser Suche war klar, dass er weitergezogen sein musste. Vielleicht lebt er jetzt in der Wildline, die zur Auffangstation gehört, oder noch weiter draußen in der Wildnis. Aber dort hätte er sowieso leben sollen, es gab meiner Meinung nach keinen vernünftigen Grund, weshalb der ausgewachsene, gesunde und energiegeladene Karakal noch in ein Gehege der Auffangstation eingesperrt wurde. Zu seinem Glück hat Samar sich selbst geholfen. Wenn ich etwas von ihm gelernt habe, dann, dass man einen Zustand, der nicht der richtige für einen ist, niemals hinnehmen, sondern wachsam bleiben und sich zu gegebener Zeit selbst aus diesem befreien sollte.

Wir erreichen die kleine Gittertür des Geheges. Dahinter ist das Gras recht hoch und bietet gute Versteckmöglichkeiten für einen Karakal. Eva trägt das Fleisch für die Katzen, ich meine Kamera. Wir schlüpfen durch die niedrige Tür ins Innere der Umzäunung. Eva schließt die Tür hinter uns.

Ein ausgewachsener Karakal mit wachsamem Blick taucht keine fünf Meter aus dem Gras vor uns auf. Es ist Bonnie! Ihn würde ich sofort unter zwanzig anderen Karakalen erkennen. Eva wirft ihm das erste Stück Hähnchen zu. Bonnie fängt es mit seinen Vorderpfoten in der Luft. Für die ältere Karakaldame legt sie das Fleisch auf ein aus Baumstämmen gezimmertes Podest. Ein paar Augenblicke später taucht auch Juliette aus dem Gras auf und beginnt genauso entspannt wie ihr Sohn zu fressen.

Ich kann meine Augen nicht von Bonnie lassen und grinse wie ein Honigkuchenpferd, während ich den ausgewachsenen, athletisch wirkenden Karakal beobachte. Er hat kaum noch etwas von dem kleinen, tollpatschigen Schwarzohr an sich, der mich als Kletterbaum benutzt hat. Ich gehe in die Knie. Blick durch die Kamera, Blende einstellen, ISO-Wert prüfen. Jetzt folgt Bild auf Bild. Nachdem er fertig gefressen hat, putzt er sich erst mal kurz in Katzenmanier – zweimal mit der Pfote übers Gesicht gewischt. Dann steht er auf, sieht mich einen Augenblick lang an und kommt langsam und mit halb geschlossenen Augen auf mich zugelaufen. Ich lasse die Kamera sinken.

»Steh lieber wieder auf«, sagt Eva hinter mir, aber ich bleibe in der Hocke.

Bonnie streicht einmal vollständig um mich herum, während er sich an mir reibt. Ich streichle sein kurzes dunkelgelbes Fell. Als er schließlich genug hat, macht er einen Schritt von mir weg und wendet mir den Hintern zu. Ein deutliches Zeichen in der Katzenwelt! Menschen missverstehen es häufig, wenn ihnen ihre Katze in unmittelbarer Nähe den Hintern zudreht. Aber die Geste ist in keinster Weise ablehnend gemeint, sie zeigt vielmehr Vertrauen.

Eva nickt mir zu. »Das war ein schönes Hallo.«

»Ja«, sage ich und freue mich sehr darüber, dass er mich zwei Jahre, nachdem ich mich um ihn gekümmert habe, erkannt und begrüßt hat. Bonnie ist definitiv eines der Tiere, zu denen ich die größte emotionale Bindung habe. Wenn er morgen Geburtstag hat, dann bedeutet es auch, dass ich morgen vor genau zwei Jahren zum allerersten Mal auf der Auffangstation war. Genau am Tag der Geburt von Bonnie und seiner Schwester Jessy kam ich aus Windhoek an.

Während sich Bonnie wieder ins hohe Gras begibt, merke ich, dass ich stolz auf ihn bin, denn er wirkt so selbstsicher und erwachsen.

»Er hat dich auf jeden Fall wiedererkannt«, meint Eva.

»So ist es, aber er ist jetzt erwachsen und braucht seinen Ersatz-Daddy nicht mehr, zum Glück. Weißt du, wann er ausgewildert werden soll?«, frage ich sie. Loslassen gehört zu den wichtigen Themen, wenn man mit Wildtieren arbeitet. Es geht ja nicht darum, die Tiere an sich zu binden, auch wenn sie einem noch so nah sind. Vielmehr sollte man dafür sorgen, dass sie selbstständig und in Freiheit leben können.

Eva wirkt etwas verlegen und sucht nach einer passenden Antwort. »Äh, na ja, vielleicht wenn wir genug Sendehalsbänder haben, um ihn zu überwachen. Aber die sind nun mal teuer und momentan schwer zu bekommen.«

Ihre Antwort macht mich stutzig. Es wird nicht das einzige Mal sein, dass sie mir ausweicht. Vielleicht wird Bonnie eines

Tages den gleichen Weg nehmen müssen wie sein Vater und die Freiheit der Wildnis der Sicherheit eines Geheges vorziehen.

Eva geht zurück zur Food Prep Area, und ich beschließe, Jessy einen Besuch abzustatten. Ich krame meine Kopfhörer aus dem Rucksack. Während ich »Winter Solstice« von Cold Specks lausche, überquere ich einmal vollständig die weite Wiese zur anderen Seite der Farm. Eine Erkundungsgruppe Mangusten und ein paar Leopardschildkröten in verschiedenen Größen kreuzen meinen Weg. An meinem Ziel angekommen, muss ich erst mal eine schwarze Katze ausgiebig kraulen, bevor sie mir erlaubt, in den Schatten einer Baumgruppe zu treten. Ein junger Strauß liegt dort zwischen den vielen hellen Steinhaufen. Hinter jedem dieser Steinhaufen ragt ein weißes Kreuz mit dem Namen des Tieres auf, das an dieser Stelle begraben liegt.

Mich traf es hart, als ich über soziale Medien erfuhr, dass Jessy im Alter von nur acht Monaten plötzlich gestorben war. Damit hatte ich nicht gerechnet, hatte ich doch gehofft, sie genau wie ihren Bruder eines Tages wiederzusehen. Ein ehemaliger Mitarbeiter der Auffangstation hat mir später erzählt, dass ihr Tod auf eine Infektion durch verdorbene Nahrung zurückzuführen war. Ich könnte mich in Spekulationen und Schuldzuweisungen ergehen, aber das führt zu nichts. Doch eine Sache finde ich völlig unverantwortlich. Wir befinden uns auf einer Wildtier-Auffangstation von zehntausend Hektar Größe, wo mehr als tausend Tiere leben, viele frei und einige in Gehegen, von deren Größe und Beschaffenheit europäische Zootiere nur träumen können. Neben vielen gesunden Tieren sind auch verletzte, alte, kranke und verwaiste unter ihnen. Und trotzdem gibt es hier keinen festen Tierarzt. Wann immer einer benötigt wird, muss er erst aus der eineinhalb Stunden entfernten Stadt hergebeten werden. Ein Umstand, den ich nicht nachvollziehen kann.

Ich rücke das Kreuz zurecht, auf dem der Name der Kleinen in schwarzen Buchstaben steht, ordne gedankenverloren ein paar Steine um und versuche das beklemmende Gefühl, das in mir aufsteigt, zu unterdrücken.

Die Pflege der beiden jungen *rooikats* war eine meiner Hauptaufgaben während meines ersten Aufenthalts. Durch sie und mit ihnen konnte ich einiges über mich selbst lernen. Für mich sind Bonnie und Jessy deshalb ein Stück weit mit meinem Weg zu mir selbst verknüpft. Ein Grund, weshalb ich sie mittlerweile beide als Tattoo auf meinem linken Oberarm trage. Vergessen werde ich die Zeit mit ihnen niemals.

Kapitel 21

Morning-Tour

Der nächste Morgen in der Kalahari bricht an. Das Rot der aufgehenden Sonne und das röhrende Löwengebrüll der rund zwei Kilometer entfernten Großkatzen sind wieder meine Begleiter auf dem Weg zu den Sanitäranlagen. Klare Morgenluft, der noch kühle sandige Boden, eine kleine Herde Streifengnus, die im ersten Licht des Tages zwischen den Hütten hindurchziehen ... Eindrücke, die ich wie ein Schwamm aufsaugen möchte.

Auf dem Wellblechdach der Duschen sitzt eine hübsche getigerte Katze und beobachtet missbilligend eine Szene unter ihr. Denn dort kniet eine Volontärin mit langen roten Locken und krault den staubigen Bauch des grunzenden Bacon. Es ist Josie, die sympathische Dänin, die vorgestern mit mir angekommen ist. Der Warzenschwein-Keiler und sie haben anscheinend einen Narren aneinander gefressen.

»Guten Morgen, du bist mein Lieblingspferd. Bratwurst?«, sagt sie auf Deutsch mit skandinavischem Akzent und grinst. Ich glotze sie ungläubig an und breche in schallendes Gelächter aus. Josie hat sich gestern Abend von den Schweizern ein paar »nützliche« deutsche Sätze beibringen lassen. Sie wird mich in den kommenden Wochen noch mit ganz anderen Äußerungen überraschen.

Nach dem Frühstück und dem morgendlichen Abklären im Büro, ob heute etwas Besonderes anfällt (was nicht der Fall ist), entscheide ich mich, die Morning-Tour zu begleiten. Sie war schon während meiner letzten Aufenthalte eine meiner Lieblingsaktivitäten, und ich bin neugierig, was sich seither verändert hat. Sind noch alle mir bekannten Tiere da? Wurden die Gehege ausgebaut oder mit besseren Zäunen versehen? Wie laufen die Fütterungen ab? Und wer führt die Morning-Tour jetzt überhaupt durch? Mit dem »Lied vom Scheitern« von den Ärzten in den Ohren mache ich mich auf den Weg, um es herauszufinden.

Im Carpark steht der überdachte grüne Safariwagen bereit. Josie und Gisèle, eine aus Belgien stammende Volontärin, hieven gerade die letzten Futtereimer auf den flachen Anhänger. Ein Strauß schleicht sich von hinten an und stößt mit seinem langen Hals einen der Eimer um. Im nächsten Moment stürzen sich zwei mittelgroße Warzenschweine, die sich in der Nähe aufgehalten haben, auf das im Sand liegende Fressen. Es wirkt, als hätten die drei sich abgesprochen.

Ein Brüllen ertönt, und ein bärtiges Gesicht schießt auf der anderen Seite des Anhängers in die Höhe. Louis, der Tour-Guide mit dem Rauschebart, stürmt wütend um den Anhänger herum. Die Tiere ergreifen panisch die Flucht: Die Warzenschweine rennen quiekend und mit aufgestellten dünnen Schwänzen im Zickzack davon, während der große Strauß mit jedem seiner weit ausholenden Schritte jede Menge Staub aufwirbelt. Es scheint, als hätte sein langer Hals mit dem winzigen Kopf obendrauf Mühe, die Geschwindigkeit zu halten, die seine kräftigen Vogelbeine vorgeben. Was für eine geile Szene! Ich muss aufpassen, dass ich vor Lachen nicht ersticke.

»Ja, ja, Scheisss-Strauß-Vohgel«, sagt Louis auf Deutsch mit typischem Akzent und grinst breit unter seiner verspiegelten Sonnenbrille. Ich wundere mich nicht wirklich, dass er ein paar Brocken Deutsch spricht, obwohl er zu den »Afrikaans-people« gehört, die wir in Deutschland noch am ehesten als Buren oder Kapholländer kennen. Doch Namibia war mal eine deutsche Kolonie, die deutsche Sprache wird auch heute noch in vielen Schulen unterrichtet.

Wir schieben den Teil des Futters, der sich noch vom Boden retten lässt, in den Eimer zurück, und schon geht es los. Nachdem Louis einmal um die halbe Farm herumgefahren ist, hält er bei dem kleineren Tor, hinter dem eine Brücke auf die angrenzende Wiese führt.

»Wie viele Gäste sind es denn heute?«, will ich wissen.

»Hm, sollten so fünf sein«, grummelt er.

Na, das geht ja, denke ich, dann bleibt wohl bei der Pause noch etwas Kaffee für uns übrig.

Die Morning-Tour hat eine doppelte Funktion: Zum einen werden die Tiere in den weitläufigen Gehegen von den Volontären gefüttert, und zum anderen werden den Gästen der Auffangstation die hier lebenden Tiere gezeigt. Nachdem die fünf Touristen aus Pretoria zu uns in den Wagen gestiegen sind, steuert Louis unser erstes Ziel an, ein schönes, sauberes Wasserloch von etwa drei Metern Durchmesser hinter einem Zaun. Vor zwei Jahren haben wir Volontäre dieses im Schweiße unseres Angesichts über mehrere Tage in den harten, felsigen Boden getrieben. Aber die Arbeit hat sich gelohnt. Eine Grüne Meerkatze schwimmt gerade darin und genießt offensichtlich den Natur-Pool. Ein weniger entspannter Artgenosse springt mit weit aufgerissenen Augen und gebleckten Zähnen direkt vor mir an das Gitter. Es handelt sich um ein Männchen, eindeutig zu erkennen an dem leuchtend blauen Skrotum. Sofort fordert er mich heraus, indem er, wie für seine aggressive Art üblich, den Kopf ruckartig vor- und zurückbewegt und mich dabei mit aufgerissenen Augen anstarrt.

»Sehr sympathisches Kerlchen, dieser ›blue balls‹«, sage ich.

»Wenn ich blaue Eier hätte, wäre ich auch sauer«, erwidert Louis lachend und hievt gemeinsam mit Gisèle einen Futtereimer vom Fahrzeug. Wie auf Kommando erklingt das bekannte Tuckern. Bacon kommt rund hundertfünfzig Meter vor uns um die Ecke des Zaunes gerannt. Das Gehege der

Meerkatzen befindet sich in der Nähe des Volontärsdorfes, und hier ist auch der Futterplatz für die Warzenschweine. Die Gäste und ich machen Bilder. Ein weibliches Warzenschwein mit zwei Jungen gesellt sich zu uns, es ist Ham, die Schwester von Bacon, mit ihrem Nachwuchs. Wer hat sich eigentlich diese Namen ausgedacht? Die drei bekommen von Josie noch etwas Futter aus einem Eimer, bevor wir ein gutes Stück weiter durch die Landschaft fahren und eine Herde freier Zebras und Impalas passieren. Vor drei gleich großen, lang gezogenen Gehegen halten wir. Rasch korrigiere ich die Kameraeinstellung, hier brauche ich eine möglichst schnelle Verschlusszeit.

Louis klappt den Anhänger auf und holt ein Stück Fleisch heraus. Wir öffnen die niedrige Tür zur ersten Umzäunung. Wie aus dem Nichts kommt aus der Tiefe des Geheges ein Karakal angeschossen. Er bleibt drei Meter vor uns auf der anderen Seite der offenen Tür stehen. Louis und ich treten in das Gehege der Raubkatze und knien uns hin, er hinter der Gittertür mit dem Fleisch, ich etwas weiter im Gehege mit der Kamera. Er zählt für die Gäste und mich von drei zurück bis eins und wirft dann im hohen Bogen das Fleisch über die Tür. Der Karakal springt, packt sich die Beute am höchsten Punkt des Wurfes, rund drei Meter über dem Boden, um mit ihr im Maul federleicht wieder aufzusetzen. Meine Kamera sirrt im Serienbildmodus, hoffentlich sind die Aufnahmen scharf geworden. Die Gäste und Josie, die eine solche Vorstellung bisher noch nicht gesehen haben, sind von den außergewöhnlichen Sprungkünsten der Katze tief beeindruckt.

Das Fahrzeug rollt mit Louis am Steuer langsam weiter, während wir Volontäre die paar Meter zu den benachbarten Gehegen laufen. Bei den nächsten beiden Karakalen werfen Gisèle und Josie das Fleisch über die Zäune, aber die zwei haben keine Lust zu springen und schnappen es sich erst, als es auf dem Boden landet. Die drei Karakale hier hatten Glück im Unglück, erzählt Louis. Sie rissen unabhängig voneinander

Tiere auf Farmland, wurden aber nicht wie üblich erschossen, sondern mittels Fallen gefangen und hier zur Auffangstation gebracht.

Dann heißt es wieder aufsitzen, und wir fahren weiter den sandigen Weg entlang. Um uns erstreckt sich die typische flache, trockene Landschaft mit den niedrigen Bäumen und vielen Büschen. Ein Bienenfresser mit bunt schillerndem Gefieder fliegt vor dem Fahrzeug her, und Louis fragt mich, welche Art das ist. Ich bin froh, überhaupt zu wissen, dass es sich um einen Bienenfresser handelt, von Unterarten und deren Merkmalen habe ich keine Ahnung. Louis dagegen scheint jede Vogelart umgehend zu erkennen. Ich erinnere mich daran, gelesen zu haben, dass es vielen Guides mit den »normalen« afrikanischen Tieren irgendwann zu langweilig wird und sie sich dann auf die Vogelkunde konzentrieren. Bei rund fünfhundert verschiedenen Vogelarten in Namibia und über neunhundert im südlichen Afrika gibt es wahrhaftig genug zu entdecken.

Schließlich kommen wir an eine T-Kreuzung, vor uns erkenne ich die Begrenzung eines weiteren Geheges. Gerade als wir links abbiegen, springt ein Löwe aus dem Gebüsch hinter dem Zaun. Er rennt parallel zu unserem Fahrzeug, zwei ausgewachsene Löwinnen schließen sich ihm nach wenigen Metern an. Es ist beeindruckend, das Spiel ihrer Muskelstränge zu beobachten, während die mehr als zweihundert Kilogramm schweren Katzen neben uns herlaufen. Nachdem wir um eine Ecke des Löwengeheges gefahren sind, halten wir an. Wir Volontäre und Louis steigen aus. Gisèle öffnet den Anhänger, in dem die verschiedenen Fleischteile für die Raubtiere liegen, Schulter, Rippen, Eingeweide, ganze Schädel. Das Löwenmännchen wird bei dem Geruch unruhig und scharrt aggressiv mit den riesigen Pranken Sand und Erde hinter dem Zaun weg. Wenn er das lange genug macht, kann er sich wohl darunter durchgraben, denke ich.

Von den Löwen trennt uns nur ein dünner Maschendrahtzaun, von Ästen und schmalen, nur teilweise im Boden verankerten Baumstämmen oder Eisenstangen gehalten. In Deutschland würde man das als einen schlechten bis mittelmäßigen Hühnerzaun bezeichnen. Als einzige, aber offenbar wirksame Sicherung ziehen sich ein paar unter Strom stehende Drähte am Zaun entlang. Doch ich weiß aus Erfahrung, dass die Spannung schwankt.

Louis, Gisèle und Josie teilen sich auf und machen sich bereit, die schweren Eselsrippen über den Zaun zu werfen. Josie blickt stirnrunzelnd auf das große Stück Tier in ihren Händen.

»Wie bekomme ich das denn über den Zaun?«, fragt sie leicht verzweifelt.

Ich erinnere mich daran, wie ich zwei Jahre zuvor Fleisch in das Gehege der Großkatzen werfen musste. »Am besten geht es, wenn du es mit einer Drehung aus der Hüfte heraus über den Zaun schleuderst. Kein Stress, das ist alles Übungssache«, sage ich zu ihr und stelle mich mit meiner Kamera in den richtigen Winkel.

Josie und Louis schaffen es gleich beim ersten Mal. Gisèle braucht noch zwei weitere Versuche, dann zieht sich auch der letzte Löwe mit seiner Beute in den Schatten der Büsche zurück. Noch ein paar Bilder von den Prachtexemplaren, und es geht weiter.

Nach ein paar Minuten halten wir zwischen einem Steintisch und einem großen Holzkreuz. Zwei Löwenbrüder wollen hier gefüttert werden. Vor zwei Jahren waren es drei, bei ihrer Geburt sogar noch vier. Nachdem auch diese beiden ihr Fleisch erhalten haben, machen wir erst mal Pause. Louis stellt Kaffee, Milch, Zucker, Wasser und ein paar Kekse auf den Steintisch zwei Meter vom Zaun entfernt. Der Kaffee für die Gäste ist weit besser als der, den wir im Volontärsdorf bekommen. Ein Grund mehr, sich auf die Morning-Tour zu freuen.

»Züchtet ihr eigentlich auch mit den Löwen?«, möchte einer der Gäste wissen. Louis verneint kopfschüttelnd.

»Den Weibchen werden Hormonstäbchen eingesetzt, die eine Schwangerschaft verhindern sollen. Laut namibischem Gesetz ist es verboten, Raubkatzen in Gefangenschaft zu züchten.«

Der Sinn einer Auffangstation ist es, die Tiere erst einmal vor Tod, Qualen oder Missbrauch zu bewahren und sie dann nach Möglichkeit wieder auszuwildern. Nur wenn es aus irgendwelchen Gründen nicht mehr möglich ist, ein Tier in die Wildnis zu entlassen, sollte man es in einem großzügigen Gehege sein restliches Leben verbringen lassen. Aber das primäre Ziel sollte immer die Auswilderung sein. In Gefangenschaft geborene Raubtiere, die lernen, dass das Futter vom Menschen kommt, sind kaum erfolgreich auszuwildern.

Und es gibt noch einen weiteren Grund, warum hier nicht gezüchtet wird. Louis, der wie fast jeder weiße Namibier Jäger ist, kommt jetzt auf eines seiner beiden Hassthemen zu sprechen, die sich zufällig mit meinen eigenen decken. Das eine ist die Wilderei von Nashörnern, das andere ist das sogenannte »Canned Hunting«, das mich, seit ich davon weiß, in Rage versetzt. Diese wohl perverseste Art der Trophäenjagd speist sich aus eigens für die Jagd gezüchteten Tieren. Hierzu werden im Nachbarland Südafrika in Käfigen lebende Löwen auf Farmen für die Zucht gehalten. Die Löwenbabys nimmt man der Mutter weg und vertraut sie Volontären zur weiteren Aufzucht an, denen man erzählt, dass es sich um Waisen handele und man diese später wieder auswildern möchte. Naive Touristen besuchen die Farmen ebenfalls, um sich mit den süßen Löwenbabys fotografieren zu lassen. Die Tiere wachsen also im ständigen Kontakt mit Menschen auf und verlieren dabei jede Scheu. Sind sie dann ausgewachsen – die Männchen mit voll entwickelter Mähne –, werden sie verkauft. An gut zahlende Hobbyjäger aus den USA, Europa und Russland. Der Löwe, der keine Angst mehr vor dem Menschen hat, wird in ein Gehege gesteckt, und der Jäger kann ihn entweder gleich durch den

Zaun erschießen, oder es wird eine Jagd vorgetäuscht. Dazu wird zum Beispiel im Vorfeld ein Löwe an einen bestimmten Platz gebracht und mit Medikamenten halbwegs ruhiggestellt. Ein Fährtenleser bringt den zahlenden Möchtegern-Großwildjäger dann durch unwegsames Gelände an den betäubten Löwen heran, der diesen in dem Glauben erschießt, es handle sich bei ihm um ein wildes Exemplar. Von diesen kranken »Löwen-Farmen« gibt es in Südafrika um die zweihundert. Skrupellose Menschen ohne Ethik und Gewissen verdienen damit ein Vermögen. Sie kassieren erst mit Volontären ab, die denken, sie tun etwas Gutes, dann kassieren sie bei Touristen ab, die denken, es sei toll, ein Urlaubsfoto mit Babylöwen zu haben, und zum Schluss machen sie das dickste Geschäft mit dem Jäger. Der zahlt für einen Abschuss zwischen fünftausend und fünfzigtausend Euro.

Vor zwei Jahren habe ich selbst erlebt, wie ein Hobbyjäger aus Südafrika an der Morning-Tour als Gast teilnahm. Er wendete sich im Anschluss an den Guide und meinte, dass er den Löwen Zion gerne schießen würde, wie viel das denn kosten würde. Alice schmiss ihn persönlich von der Auffangstation.

Nachdem Louis erst mal Dampf abgelassen hat, fahren wir weiter. Noch vier Löwen wollen in diesem Abschnitt gefüttert werden. Eine dicke Wolkenschicht hat sich vor die Sonne geschoben, es könnte ein Gewitter geben. Das Wetter schwenkt hier in der Regenzeit sehr schnell um. Momentan freut es vor allem die Fliegen, auffallend viele sind in der Luft und belästigen Tier wie Mensch.

Als Nächster ist Stevie an der Reihe, sein Gehege ist wie das der anderen sehr groß, weitläufig und natürlich bewachsen. Löwen wiegen normalerweise zwischen einhundertsiebzig und zweihundertdreißig Kilogramm, Stevie jedoch ist mit seinen rund zweihundertachtzig Kilo ein echter Brecher. Mit den gewohnten »*Kom, kom*«-Rufen versuchen wir ihn anzulocken, doch er hat wohl gerade keine Lust, sich zu zeigen. Ich stelle mich mit meiner Kamera direkt an den dünnen, rostig wirkenden Hühnerzaun, um hindurchzufotografieren, falls er doch noch auftauchen sollte.

Josie und Gisèle blicken suchend vom Anhänger aus auf die sich vor ihnen ausbreitende Landschaft. Louis steht rufend seitlich hinter mir. Die Minuten vergehen. War da eben eine winzige Bewegung in dem brusthohen Gras, oder war das nur wieder der Wind? Louis deutet in die Richtung, in der auch ich etwas wahrgenommen habe, und im selben Moment zerplatzt das Gras vor uns. Grassamen fliegen durch die Luft, und fast geräuschlos kommt Stevie wie eine Naturgewalt auf seinen gewaltigen Pranken herbeigestürmt. Die erste Regel bei Kontakt mit Raubtieren einhaltend, bleibe ich einfach ungerührt stehen, während der Tod mit der schwarzen Mähne auf uns zuprescht. Der Katzenkönig bremst abrupt, bleibt anderthalb Meter vor mir stehen. Ich sehe jede noch so kleine Narbe in seinem Gesicht, seine Augen wirken in dem gewaltigen Schädel regelrecht klein, der ganze Körper ist Kraft und Muskel. Der stumme Blick, mit dem er mich ansieht, sagt so viel wie: »Wenn ich wollte, hätte ich den Draht und dich einfach überrannt, um dann die Touristen aus eurem Wagen zu reißen.«

Beeindruckt trete ich langsam einen Schritt vom Zaun zurück. Louis grinst, Josie steht wie erstarrt mit weit aufgerissenen Augen auf dem Anhänger, und Gisèle wirft von dort in einem Schwung das Futter über den Zaun. Auch die Gäste wirken geschockt von der beeindruckenden Erscheinung. Schließlich reißt Louis uns aus Stevies Bann.

»Okay, bei den nächsten beiden müssen wir schnell sein. Sobald ich den Wagen anhalte, schleudert ihr das Futter umgehend über den Zaun.«

»Sind die nächsten Zion und Trust?«, frage ich ihn. Die beiden waren auch beim letzten Mal hier.

»Ja, genau, und du kennst ja sicher den Spruch – never trust Trust.«

Zwei Löwen mit dunkler Mähne brüllen sich an und klatschen sich mit ihren mächtigen Pranken gegenseitig ins Gesicht. Hieb auf Hieb, ein einziger dieser Schläge würde einen Menschen umgehend ausschalten, aber für die beiden Männchen ist das ein normaler Rangkampf. Der Wagen hält, und sogleich segeln zwei Eselsflanken über den Zaun zu den beiden blutenden Streithähnen. Zion schnappt sich das erste Stück und verzieht sich zum Fressen entspannt in den Schatten. Trust legt sich zähnefletschend zum zweiten Stück und knurrt lauthals, während er den Blick nicht von uns abwendet. Es ist ein tiefes Röhren, eine klare Warnung, er versteht keinen Spaß. Der Sound eines Löwen ist mächtig beeindruckend, das Knurren wie auch das Brüllen. Die Vibration kann ich auf sechs Meter Entfernung am eigenen Körper spüren. Die Schallwellen lassen sogar das Blech des ausgeschalteten Fahrzeugs erzittern. Reine, knochenbrechende Kraft und absolutes Gänsehaut-Feeling.

Louis stellt sich zwischen das Fahrzeug und den Zaun. »Welcher ist der dominantere Löwe, was meint ihr?«, will er wissen und zeigt auf den in Ruhe fressenden Zion und den knurrenden Trust, der uns unablässig anstarrt. Die Gäste tippen auf den lauten, angespannten und aggressiven Trust. Doch es ist genau anders herum. Zion kann entspannt seine Beute verzehren, während Trust in ständiger Sorge ist, jemand könnte ihm etwas wegnehmen.

Louis erklärt den aufmerksamen Zuhörern das Sozialverhalten der Rudeltiere, wie sie miteinander kommunizieren und jagen. Dabei kommt er auch auf die Regel zu sprechen, die jedem Volontär an seinem ersten Tag eingebläut wird: »Wenn du durch den afrikanischen Busch läufst, kannst du Glück haben oder auch nicht. Wenn du Glück im Unglück hast, dann wirst du eventuell den Sound einer Harley Davidson hören.

Diesen Sound!« Louis zeigt auf Trust, und wie abgesprochen wird das dröhnende, röhrende Knurren des Löwen lauter. »Als Nächstes solltest du am besten stehen bleiben und schauen, aus welcher Richtung genau die Warnung kommt. Wenn du dann den Löwen siehst, hast du verschiedene Möglichkeiten. Du kannst in die Hose machen, dein Gewehr, falls du denn eines hast, in Anschlag nehmen und hoffen, dass du es nicht brauchen wirst, beten oder Geräusche erzeugen, die dem Löwen fremd vorkommen, was auch immer. Aber eines solltest du niemals tun: rennen. Dann bist du sicher tot. Denn nur Essen rennt. Usain Bolt, der schnellste Mensch der Welt, schafft vierundvierzig Stundenkilometer, ein Löwe über achtzig. Du kannst nicht weglaufen. Aber durchatmen. Neunzig Prozent der Angriffe von Löwen sind Scheinangriffe, weil du dummer Mensch dich in ihre Privatzone begeben hast. Die schwere Raubkatze wird wahrscheinlich zwei bis fünf Meter vor dir stehen bleiben. Solange du nicht losrennst, wirst du höchstwahrscheinlich nicht gefressen, sondern machst dir einfach nur in die Hose.«

Die Gäste lachen etwas verkrampft. Wir Volontäre werfen uns grinsend einen Blick zu. Ja, »Only food runs« ist die wichtigste und elementare Regel beim Umgang mit Raubtieren.

Ein ganzes Stück voraus halten wir vor einem weiteren Tor. Ich steige aus, um es zur Seite zu schieben – offenbar mit etwas zu gut gemeinter Energie, das Tor gleitet aus der Führungsschiene und fällt ins Gras. Na, super, das ist mir jetzt etwas peinlich, aber nicht mehr zu ändern. Louis steigt ebenfalls aus, um mir mit dem großen Aluminiumtor zu helfen. Während wir es ächzend und mit roten Gesichtern wieder in die Schiene heben, sitzt eine Taube am Zaun nebenan und feuert uns an.

»Weißt du, was das für ein Vogel ist?«, fragt Louis und streckt mit verzerrter Miene den Rücken durch.

»Hm, sieht aus wie eine Taube«, antworte ich schulterzuckend.

»Das ist eine Kapturteltaube, ihr Ruf klingt wie ›Work harder, work harder, drink Lager‹«, klärt er mich schmunzelnd auf.

Er hat recht, ihr Ruf hört sich wirklich so an, und den Wink mit dem Zaunpfahl habe ich auch verstanden. Für die »Tor-aus-der-Angel-reiß-Aktion« werde ich ihm heute Abend ein Bier ausgeben – ein Windhoek-Lager, das seit 1920 in Namibias Hauptstadt gebraut wird, natürlich nach dem deutschen Reinheitsgebot von 1516.

Zu Fuß und mit der Kamera in der Hand folge ich dem Anhänger, der in Schrittgeschwindigkeit weiterrollt. Gisèle und Josie stehen darauf und werfen ohne Pause den Inhalt von mehreren Futtereimern über den Zaunabschnitt. »Millipap«, ein Maisbreigemisch mit Gemüse und anderen Essensresten, wird auf der Farm fast täglich in einem gigantischen Kessel gekocht, um die Warzenschweine oder, wie jetzt, die Bären- oder Tschakma-Paviane zu füttern. Ein ausgewachsenes Pavianmännchen hat die Kraft von sechs erwachsenen Männern, behaupten die Namibier. Ihre Eckzähne können länger als die eines Löwen werden, und sie sind enorm gute Kletterer.

Ich hänge noch meinen Erinnerungen an meine gemischten Pavian-Erlebnisse von vor zwei Jahren nach, als wir die nächste Station erreichen.

»Oh, wir sind schon am Doppeltor der wilden dreiundzwanzig«, stelle ich fest.

Louis sieht mich kritisch von der Seite an. »Wieso dreiundzwanzig?«

»Na ja, es sind doch dreiundzwanzig Geparden in dem Gehege, oder etwa nicht?«, antworte ich und erfahre, dass es nur noch einundzwanzig sind.

Der Wagen passt gerade so mit dem Anhänger durch das erste Tor und in den Zwischenbereich zum zweiten Tor.

»Okay, Leute«, sagt Louis, während er aussteigt. »Wir fahren jetzt gleich in das große Gehege, in dem einundzwanzig wilde Geparden leben. Bitte lasst alle die Hände und Füße im Fahrzeug. Gisèle und Josie, stellt euch wieder auf den Anhänger, sobald ich hier fertig bin.« Er öffnet den Anhänger und zählt einundzwanzig gut in der Hand liegende Muskelfleischstücke ab, die er anschließend in einen Eimer fallen lässt. Hinter dem Gitter des zweiten Tores sammelt sich inzwischen ein halbes Dutzend der langbeinigen gepunkteten Sprinter. Einigen läuft der Speichel schon aus dem Maul, ein paar zeigen fauchend und knurrend ihre Zähne. Es sind wilde Geparden, die auf Farmland mittels Fallen gefangen wurden. Hier sind sie zwar nicht ganz frei, aber sie haben ein mehrere Hektar großes natürliches Kalahari-Gebiet, in dem sie sich nach Lust und Laune bewegen können. Und das ist weit besser, als von den Farmern erschossen zu werden.

»Ladies«, wendet sich Louis an die beiden Volontärinnen. »Wenn wir das zweite Tor öffnen, wird Scarface auf den Anhänger springen und sich das erste Stück einfach nehmen. Lasst ihn, und stellt euch nicht zwischen ihn und den Eimer. Sobald er das Fleisch hat, wird er wieder runterspringen.«

Oh, das ist neu, das kenne ich noch nicht.

»Wer ist Scarface?«, will einer der Gäste wissen und kommt damit meiner Frage zuvor.

»Das ist der wohl älteste Gepard hier, man erkennt ihn an seinem fast völlig schwarzen Gesicht und den abgenutzten Zähnen«, erklärt Louis und wendet sich dann an mich. »Das erste Tor hast du wieder gut geschlossen, wie ich sehe. Kannst du das zweite gleich öffnen, oder soll ich das übernehmen?«

»Klar mach ich das, ich weiß, wie ich mich zu verhalten habe.«

»Gut«, sagt er knapp und nickt zufrieden.

Die Belgierin und die Dänin stehen auf dem grünen Anhänger und halten sich an dessen Geländer fest. Louis wirft den Motor des überdachten Safariwagens an. Die Gäste sitzen etwas angespannt auf ihren Plätzen, die Hände in die Kameras gekrallt. Ich selbst stehe jetzt vor dem Fahrzeug direkt am Schiebetor, hinter dem sich inzwischen die Hälfte der Geparden versammelt hat. Ich drücke gegen das Tor und lasse es zur Seite fahren. Erst einer, dann zwei Geparden schlüpfen durch das geöffnete Tor direkt an mir vorbei in den Schleusenbereich. Ich warte ruhig ab, bis sie an mir vorbeigehen, dann laufe ich die wenigen Schritte zum Fahrzeug. Ein dritter und vierter Gepard passieren das Tor, ich erwidere ihren Blick. Der erste senkt den seinen und bleibt stehen. Aber der zweite klatscht die Vorderpfoten nur zwei Meter vor mir auf den Boden. Sand spritzt auf, und er faucht mich drohend an. Ich reagiere, indem ich überhaupt nicht reagiere: einfach nicht beeindrucken lassen und den Blick ruhig erwidern. Kurz darauf habe ich auch schon wieder auf dem Beifahrersitz des Safariwagens Platz genommen. Scarface hat sich tatsächlich das erste Stück selbst vom Anhänger geholt.

Langsam gleitet unser Fahrzeug auf dem sandigen Weg ins Innere des Geheges. Um uns herum tauchen immer wieder die gepunkteten Felle der Geparden zwischen den Büschen auf. Sie haben das Fahrzeug umzingelt und begleiten es bis zu unserem Ziel.

Da ist es auch schon: Ein sandiger, kreisrunder Platz markiert den Mittelpunkt des Geheges. Auf der linken Seite steht eine auf vier Holzpfählen ruhende Plattform. Der kleine, zweieinhalb Meter hohe Turm ist über eine Holzleiter zu erreichen und dient der Sicherheit bei der Fütterung. Louis fährt so an den Turm heran, dass die Mädels direkt vom Anhänger auf ihn steigen können. Im Anschluss positionieren wir uns mit dem Fahrzeug genau auf der anderen Seite des Platzes. Zwischen uns und dem Turm versammeln sich nach und nach die einundzwanzig hungrigen Raubkatzen.

Auf ein Zeichen hin werfen Gisèle und Josie die abgezählten Fleischstücke in die Mitte des Platzes. Staub wirbelt auf und weht in alle Richtungen. Die Geparden fauchen, miauen, laufen und springen, bis jeder mit seinem Stück davongerannt ist. Und ja, Geparden miauen tatsächlich, sie brüllen nicht wie Leoparden oder Löwen. Wenn sie es doch tun, dann ausschließlich im Fernsehen, mithilfe einer eingeschnittenen Tonspur, die eigentlich zu einem anderen Tier gehört.

Zwanzig Minuten später stehen wir vor einem Zaun, hinter dem nichts zu sehen ist als die gewöhnliche Vegetation: dünne, knorrige Bäume, breite Büsche und hohes Gras.

»Kom, Lost, kom!«, rufen abwechselnd Gisèle, Louis und ich, aber nichts bewegt sich. Eine gurrende »Work harder, drink Lager«-Taube sitzt etwas abseits auf einem der Holzpfähle des Zaunes und beobachtet uns scheinbar belustigt. Nach ein paar Minuten entscheidet Louis, ein Stück weiterzufahren, zum angrenzenden Gehege. Ich steige nicht mit den anderen ein, denn ich möchte die paar Meter zu Fuß gehen. Louis wirft den Motor an und tuckert los. Kaum ist er an mir vorbeigefahren, macht etwas links neben mir einen Satz. Ein schlanker Leopard springt aus dem hohen Gras, nur wenige Meter vom Zaun entfernt. Lost, sie muss die ganze Zeit dort gelegen und gelauert haben. Sie macht einen weiteren Satz und ist am Zaun angelangt.

»Losti, du Süße«, begrüße ich die Kleinste der insgesamt sieben Leoparden auf der Auffangstation. Vor ungefähr acht Jahren kam die Kleine als Baby und Waisenkind hierher und hat die natürliche Scheu vor Menschen bald völlig verloren. Das Auswildern hat bei ihr leider nicht geklappt.

Jetzt reibt sie sich an einem Baumstumpf und gibt ein paar tiefe Laute von sich, um dann tänzelnd zurück ins hüfthohe Gras zu laufen. War es das schon mit der Vorstellung? Mit ihrem Verhalten hat sie mich unglaublich an meine Hauskatze Pauzi erinnert.

Nach kurzer Zeit schleicht sie wieder aus ihrer Deckung, und ich habe die Möglichkeit, ein paar Bilder von ihr zu schießen. Nach wiederholten »*Kom, kom*«-Rufen und gutem Zureden folgt sie mir parallel auf der anderen Seite des Zaunes in Richtung des vorgefahrenen Fahrzeugs. Die Kleine läuft noch immer tänzelnd, geradezu verspielt auf ihren großen Pfoten. Eine Taube fliegt im Inneren des Geheges den Zaun entlang, sie kommt Lost in etwa zweieinhalb Metern Höhe entgegen. Lost scheint gar keine Notiz von dem Vogel zu nehmen. Weit gefehlt! Wie von einer Feder abgeschossen, schnellt die kleine Leopardin in die Luft, holt dabei mit ihrer rechten Pranke aus, und die Taube verwandelt sich innerhalb eines Sekundenbruchteils in einen explodierenden Federball, der im Gras verschwindet. Lost gibt einen kurzen, nicht deutbaren Laut von sich und läuft weiter, als wäre nichts passiert. Ich stehe mit offenem Mund da. Das passierte so unfassbar schnell. Die Kleine hat mich mit ihrer Vorstellung stark beeindruckt. Leoparden sind einfach der Hammer, denke ich.

Am Fahrzeug angelangt, wirft Louis jetzt das Fleisch über den Zaun, für das Lost sich aber nicht wirklich interessiert. Ihre Aufmerksamkeit gilt ihrer Nachbarin namens Hexi, einer launischen Leopardin, die im Gegensatz zu Lost wild aufgewachsen ist. Sie wurde vor einigen Jahren von Viehfarmern gefangen, die sie anschließend hierherbrachten.

Zu diesem Zeitpunkt ahnt keiner von uns, dass Lost in ein paar Monaten wie auch immer ihren Zaun überwinden wird. Sie wird in das Gehege ihrer größeren Nachbarin Hexi eindringen und sie töten. Leoparden sind strikte Einzelgänger, die sich nur zur Paarung treffen. Bei Begegnungen mit gleichgeschlechtlichen Leoparden geht es normalerweise um Revierkämpfe, bei denen es auch Tote geben kann.

Ein paar Hundert Meter weiter ist Casu untergebracht, der nächste Leopard auf unserer Tour und noch ein Beispiel für die nicht vorhandene Geselligkeit dieser Raubkatzenart. Er hat all seine Geschwister getötet. Ganz nach dem Motto: Es kann nur einen geben.

Die Sonne steht mittlerweile fast an ihrem höchsten Punkt, die Wolkenfront ist wieder verschwunden, und wir schwitzen alle trotz des leichten Fahrtwinds bei über dreiunddreißig Grad. Auf einem geraden Abschnitt, der links und rechts durch Zäune abgetrennt ist, taucht plötzlich eine Gruppe Paviane auf. Sie rennen vor uns quer über den Weg und werden schneller, als Louis hupt und auf Afrikaans zu fluchen beginnt. Die Gäste lachen, während sich die Paviane über zwei Zaunabschnitte schwingen, um anschließend im Dickicht ihres eigentlichen Geheges zu verschwinden.

»Sag mal, hab ich das richtig gesehen?«, will ich von Louis wissen. »Hatte der eine etwas Weißes in der Hand?«

Rauschebart nickt verdrossen. »Ja, die verdammten Paviane haben wieder Straußeneier gestohlen!«

Nachdem wir eine Gruppe Pferde und einen Esel gefüttert haben, fahren wir in das Gehege der soeben bestohlenen Strauße. Ich öffne das Tor und stehe sogleich einem der riesig wirkenden Vögel gegenüber. Die langen, nackten Beine, der mit Federn bedeckte, rund wirkende Körper, aus dem der lange, fast kahle Hals ragt, an dessen Ende wiederum ein winziger Kopf mit großen Augen sitzt – all das lässt das Tier aus der Nähe etwas grotesk erscheinen.

Auch wenn Strauße die größten Vögel unseres Planeten sind, die klügsten sind sie sicherlich nicht – die ungefährlichsten aber auch nicht. Am Ende ihrer Füße haben sie jeweils eine große scharfe Kralle, die im Zusammenspiel mit den kraftvollen Beinen eine tödliche Waffe für Mensch und Tier sein kann. Zum Schutz gegen Löwen und Leoparden, die ihre natürlichen Feinde sind, schließen sie sich häufig in Gruppen zusammen.

Der Mensch hat im achtzehnten und neunzehnten Jahrhundert diesen Vogel aufgrund der Federn und der Haut in weiten Teilen seines ehemaligen Verbreitungsgebietes ausgerottet. Heute ist der Bestand in einigen Gegenden stabil, und der Strauß gilt derzeit nicht mehr als gefährdet.

Das Exemplar, das jetzt vor mir steht und mich anglotzt, ist ein Männchen, erkennbar an dem schwarzen Gefieder. Weibchen haben ein graubraunes Federkleid und sind etwas kleiner. Ich strecke einen Arm nach oben aus, womit ich etwas größer bin als mein Gegenüber, das reicht im Normalfall, dass ein Strauß aus dem Weg geht. Was er glücklicherweise auch tut. Das Fahrzeug kann passieren, und wir rollen weiter bis in die Mitte des baumreichen Geheges. Ein Dutzend Riesenvögel kommt nun aus allen Richtungen. Wir Volontäre und der Guide steigen aus und ziehen die schweren Futtereimer von dem Fahrzeug. Während die Vögel aus den Eimern sowie den Händen der Volontäre und Gäste ihr Futter picken, blicke ich mich etwas abseits im Gehege um.

Ein einzelnes Erdhörnchen huscht an mir vorbei. Eine auf dem Baum sitzende Kapturteltaube fordert mich schon wieder auf, härter zu arbeiten und mehr Bier zu trinken. Ein Pavian springt siebzig Meter vor mir auf die andere Seite des Zaunes. Neben einem Baum liegen die Reste eines aufgeschlagenen Straußeneis. Die Paviane haben es geschafft, die Schale trotz ihrer Dicke zu zerbrechen, das Eiweiß hat den Sand dunkel gefärbt. Ich nehme ein paar Bruchstücke der Schale in die Hand und bestaune sie, was vielleicht keine gute Idee ist, am Ende denken die Riesenvögel noch, ich war es. Also lasse ich die Eierschalen wieder fallen und gehe zurück. Ein Straußenweibchen kommt mir nach ein paar Metern entgegen. Da habe ich mich wohl gerade noch rechtzeitig vom Tatort entfernt.

Endlich haben wir auch die restlichen Tiere versorgt und die Gäste an der Lapa abgesetzt. Das Fahrzeug und der Anhänger werden im Carpark von den Volontären geputzt. Ich lasse währenddessen die letzten Stunden noch einmal Revue passieren. Viel hat sich nicht geändert, die Zäune sind noch immer im gleichen Zustand wie vor zwei Jahren. Es sind ein paar Tiere weniger als zuvor, mit Ausnahme der Paviane. Die Fütterungen laufen nicht mehr so gefährlich ab, aber ein beeindruckendes Erlebnis sind sie nach wie vor. Ich erinnere mich an eine Volontärin, die nach ihrer ersten Morning-Tour zu mir sagte: »Wir haben heute an einem einzigen Vormittag mehr erlebt, als viele Menschen in ihrem gesamten Leben erleben dürfen!« Ja, ich denke, damit lag sie gar nicht mal so falsch.

Kapitel 22

Orange leuchtende Augen

The Cure mit »Friday I'm in Love« trällern mir ins Ohr, und ich weiß mal wieder nicht, welchen Wochentag wir gerade haben. Ist auch irgendwie egal. Die ersten Tage und Wochen hier sind schnell verflogen, die drei Schweizer, mit denen ich angekommen bin, sind leider schon wieder abgereist, während für mich noch nicht mal Halbzeit ist.

Da es dieses Jahr viel Starkregen gibt, sind die Mücken aktiver und mehr verbreitet als üblich. Und nicht nur Mücken, sondern auch Falter, Motten, Flöhe, Zecken und andere Plagegeister. Meine Füße sind dafür das beste Beispiel. Zwischen den Steinen des Aufenthaltsgebäudes gibt es offensichtlich Sandflöhe, die meine Füße in etwas verwandelt haben, das einem juckenden roten Streuselkuchen recht nahekommt.

Ein schwankender Prozentsatz von Volontären fällt im täglichen Dienst durch Magen-Darm, Sonnenstich, Kreislaufprobleme oder andere Krankheiten aus, das ist Standard. Bis jetzt bin ich davon glücklicherweise verschont geblieben. Ein paar wenige haben exotischere Beschwerden. Bei Laura aus Salzburg zum Beispiel kann man zusehen, wie sich unter der Haut ihrer linken Fußsohle ein dünner Wurm entlangwindet. Sie geht ganz locker damit um und hat ihren Parasiten kurzerhand Günther getauft. Endgültig loswerden wird sie ihn erst wieder in ihrer Heimat. Einen ähnlichen Mitbewohner im Fuß hat auch ein Norweger, der seit Kurzem die Hütte mit mir teilt.

Zum Schutz vor Wurmparasiten in Fußsohlen à la Günther

reicht es eigentlich schon, nicht überall barfuß oder in Flip-flops herumzulaufen. Abseits der Sandwege kann man ohne festere Sohlen unter den Füßen sowieso kaum einen Schritt tun. Um ihr dürftiges Blattwerk zu verteidigen, haben die Bäume und Sträucher fast alle Stacheln und Dornen. Diese liegen gut getarnt und in großer Anzahl um die Bäume verteilt auf dem Boden – natürliche Fußangeln mit fünf Zentimeter langen Dornen, die sich auch durch weiche Schuhsohlen bohren.

Den heutigen Vormittag habe ich damit verbracht, die Gäste-häuser zum mittlerweile zweiten Mal zu fotografieren. Beim ersten Mal war es bewölkt, jetzt, bei Sonnenschein, wirken die Bilder weitaus freundlicher. Am Nachmittag folgt die Bildbear-beitung am Laptop. Tiger ist auch wieder im Büro und versucht mich aufdringlich schmusend von meiner Arbeit abzuhalten. Der getigerte Kater ist ein ausgesprochen großes Exemplar, und er fordert Aufmerksamkeit sowie Streicheleinheiten nicht etwa freundlich ein, sondern er befiehlt sie. Eine der Koordi-natorinnen läuft auf dem Weg in Alices Küche durch das Büro und sieht, wie der Kater mich belagert.

»Er kennt dich wohl noch«, meint sie grinsend.

»Ist er denn schon älter?«, frage ich und bin mir sicher, dass er das letzte Mal noch nicht da war, an den Riesen würde ich mich erinnern. Sie legt den Kopf schief und überlegt kurz.

»Er müsste etwas mehr als zwei Jahre alt sein. Seine Ge-schwister und er sahen alle gleich aus. Sie waren braun-gräu-lich getigert, wie Wildkatzen.«

Das würde ja bedeuten, er wäre bei meinem letzten Aufent-halt gerade geboren gewesen? Moment mal, mehrere getigerte Katzenjunge? Auf einmal weiß ich wieder, wer »Tiger« ist! Eine Erinnerung kommt hoch … Was war das für ein heftiger Tag.

Diese widerlichen Mangofliegen! Ihre Larven hatten die Kätzchen befallen, und ich hatte Tiger und seine Geschwister mit beißsicheren Arbeitshandschuhen festhalten müssen, während sie behandelt wurden.

Gerade so, als wüsste Tiger, dass ich an unsere gemeinsame Vergangenheit denken muss, blickt er mich wissend an, ausnahmsweise mal ohne durchgehend zu miauen.

Ich kraule ihn und bin noch immer total überrascht, dass er in den letzten beiden Jahren zu einem derart aufdringlichen Riesenkater mutiert ist.

Da es mir für heute mit dem Herumsitzen reicht, ziehe ich den Stecker der externen Festplatte und gehe an den drei schlafenden Löffelhunden vorbei ins Nachbarbüro. Tiger weicht nicht von meiner Seite.

»Ist das dein Schatten?«, fragt mich Claudia mit einem Lächeln und deutet auf Tiger.

»Ja, mein Büroschatten«, erwidere ich schmunzelnd und lege ihr die Festplatte mit den neuen Bildern auf den Tisch.

Nachdem ich meinen Laptop im abschließbaren Metallschrank verstaut habe, trete ich in die späte Nachmittagssonne. Es ist wieder halbwegs angenehm, die Sonne knallt nicht mehr so stark wie ein paar Stunden zuvor. Die braun gebrannte Clara kommt fröhlich mit dem Katzenfutter um die Ecke. Ab diesem Moment bin ich für Tiger nicht mehr interessant. Blitzschnell ist er von meiner Seite verschwunden. Mal sehen, wie Atheno so drauf ist, denke ich gut gelaunt und beschließe, den großen Geparden heute anstatt der drei Halbstarken zu besuchen, wie ich seine drei jüngsten Artgenossen auf der Station nenne.

Ein paar Graulärmvögel sitzen im Baum über mir und machen ihrem Namen alle Ehre. Ich summe mein momentanes Lieblingslied, »Mistaken for Strangers« von The National, während ich versuche, die niedrige Tür mit der dafür vorgesehenen

Kette von innen zu sichern. Bonnie beobachtet mich aus dem benachbarten Gehege, der Karakal hat sich auf einen Baumstumpf gelegt und genießt blinzelnd die Abendsonne. Nachdem die Tür gesichert ist, drehe ich mich um und lasse den Blick über den Teil des Geheges schweifen, den ich einsehen kann. Um zu Atheno zu gelangen, muss man erst durch das Gehege »der fünf«, in dem ich mich gerade befinde. Früher lebten hier drei alte Geparden. Aber Genie, die Letzte der drei, mussten wir vor mehr als einer Woche begraben, nachdem sie im Alter von sechzehn Jahren gestorben war. Jetzt wohnen in dem weitläufigen Gehege fünf jüngere Geparden. Für Atheno bedeuten die neuen Nachbarn eine große Umstellung. Es sind Geschwister, zwei Weibchen und drei Männchen. Das erste Mal, als ich sie sah, waren sie wenige Monate alt und gingen mir gerade mal bis zum Knie. Inzwischen sind sie ausgewachsen, jeder einzelne reicht mir bis zur Hüfte. Große, elegante Geparden sind aus ihnen geworden, jeder mit ganz eigenem Charakter.

Von meinem Standpunkt aus kann ich fast bis zum Ende des Geheges sehen, nur die Bäume versperren mir die Sicht. Ich laufe langsam los, es dauert ein paar Minuten, bis ich das nächste Tor erreiche. Das Gras um mich herum ist mehr als hüfthoch, nur die sandigen Wege sind frei. Jederzeit könnten die fünf aus welcher Richtung auch immer auftauchen, was eigentlich kein Problem ist. Ein Problem wird es nur sein, wenn sie mir folgen wollen, denn dann ist der Besuch bei Atheno sinnlos. Er würde bloß rastlos am Zaun auf und ab rennen, um sein Revier zu bewachen. Den Stress will ich ihm lieber ersparen.

Eigentlich ist es Volontären nicht erlaubt, allein in das Gepardengehege zu gehen. Aber Alice hat mir auch diesmal Sonderrechte gegeben. »Du warst hier lange genug Caretaker. Fühle dich frei, das zu tun, was du selbst für sicher hältst«, waren ihre Worte. Ich bin dankbar für diese Freiheit und bin mir bewusst, dass es mein eigener Fehler wäre, wenn etwas passieren sollte.

Jeden dritten Abend gehe ich allein zu Atheno und habe mich dabei noch nie unsicher gefühlt. Vor dem ersten Wiedersehen war ich etwas nervös, denn ich freute mich so auf ihn und darauf, meine Hand durch sein raues Fell gleiten zu lassen. Und ich war gespannt, wie er auf mich reagieren würde.

An diesem Abend habe ich Glück, die fünf scheinen anderweitig beschäftigt zu sein, und als ich in seinem Gehege bin und ihn rufe, lässt Atheno mich nicht lange warten.

Natürlich habe ich ihm Wasser mitgebracht. Nicht, dass er hier keines hätte. Er hat einen eigenen Teich, der täglich gecheckt wird, aber er steht nun mal auf Wasser aus Flaschen, das er aus der Hand trinken kann. Ich ziehe meine Aluminiumflasche aus dem Rucksack und drehe sie auf, während er schon beginnt, mit seiner rauen Zunge meine Unterarme abzulecken. Nachdem er alles Wasser aus meiner hohlen Hand getrunken hat, beschließt er, dass ich mal wieder nicht sauber genug bin. Wie so häufig putzt er meinen gesamten Kopf, meinen Nacken und den Hals. Schließlich legt er sich neben mich und schnurrt so laut wie ein kleines Motorboot. Ein vertrauter Moment, der mir vor meiner Zeit in Afrika undenkbar erschienen wäre. Vor mehr als zwei Jahren war er die erste Raubkatze, der ich je begegnet bin. Mit ein Grund, warum sein Porträt jetzt als Tattoo auf meiner linken Schulter prangt.

Ich weiß auch nicht, woher die plötzliche Melancholie kommt, die mich hier umfängt. Selten zuvor habe ich mich so lebendig gefühlt, so sehr zu schätzen gewusst, all dies erleben zu können. Vielleicht ist es ja so, dass Gefühle wie Traurigkeit, Niedergeschlagenheit oder eben auch Melancholie einfach Teil von uns sind und die Kunst darin besteht, sie weiterfließen zu lassen, statt sie zu verdrängen oder sich hineinzusteigern, bis sie übermächtig werden. Würde ich mehr im Moment leben statt in Sorgen um ein Gestern und Morgen, fiele mir das sicher leichter. Und wie ich Atheno so entspannt hier neben mir liegen sehe, begreife ich, dass er ganz im Augenblick lebt und sich zumindest in diesem Moment keine Gedanken um seine neuen Nachbarn macht. Zumal sie ja gerade Ruhe geben.

Mein Blick fällt auf das locker sitzende GPS-Halsband, das Atheno trägt. Das Auswildern klappt leider nicht so gut bei ihm, ich denke ehrlich gesagt, dass es längst zu spät dafür ist. Bei den Ausflügen in die Wildline hat er in der Vergangenheit zwar schon das ein oder andere Gnukalb gerissen, aber im Anschluss wollte er immer mit zurück auf die Farm. Er ist zu sehr an sein Gehege und die Leute hier gewöhnt. Das ist der Nachteil, wenn Wildtiere von Menschen großgezogen werden, vor allem bei Raubtieren. Will man sie auswildern, suchen sie häufig wieder die Nähe der Menschen, da sie gelernt haben, dass von diesen das Futter kommt. Dann streifen sie über das Farmland und töten Vieh. Der Farmer versteht die Beweggründe nicht, sieht sich in seiner Existenz bedroht und schießt die Raubtiere. So geschah es auch mit Athenos Mutter. Als er als Baby auf die Auffangstation kam, dachten alle, er sei ein Mädchen, weil er so hübsch war.

»Na, hübsch bist du immer noch, Großer«, sage ich grinsend und kraule ihn unter dem Kinn.

Wie lange bin ich jetzt eigentlich schon wieder hier?, überlege ich und stehe auf. Ich sollte wohl langsam zurückgehen, damit ich vor dem Essen noch duschen kann. Hoffentlich gibt's nicht schon wieder etwas mit Hackfleisch, denke ich, denn ich kann es nicht mehr sehen. Ich strecke mich gähnend, bevor ich mich von der großen schwarz gepunkteten Raubkatze verabschiede. Heute war Atheno ziemlich entspannt, das war er in letzter Zeit leider selten.

Die Sonne steht ein gutes Stück tiefer und wirft ihre Strahlen über die Kalahari. Ich bin noch keine zwanzig Meter von Athenos Gehege entfernt, als hinter einer Kurve die fünf auftauchen und mir in einer Reihe entgegenkommen. Ich bleibe stehen und genieße den Anblick. Fünf Paar orangene Gepardenaugen leuchten im Abendlicht. Deutlich heben sich ihre Tränenstreifen ab, zwei vertikal verlaufende schwarze Linien von den Augen bis hinab zu den Mundwinkeln. Sie dienen als natürliche Sonnenbrillen bei tief stehender Sonne, so wie es jetzt der Fall ist. Die fünf wirken noch etwas schlaksiger als Atheno, aber zwei der Männchen sind jetzt schon ein paar Zentimeter größer als er. Der erste Gepard erreicht mich schnurrend, ich gehe zu Begrüßung in die Knie und erkenne am Halsband, dass es Amber ist. Sie drückt den Kopf gegen meinen. Ich schließe die Augen und kann ihr nach Gras duftendes Fell deutlich riechen und die Vibration ihres Schnurrens spüren. Sie leckt mir über das rechte Ohr, sodass es kitzelt und ich lachen muss. Als ich die Augen wieder öffne und mich umsehe, haben sich die anderen vier um uns herum in unterschiedlichem Abstand ins trockene Gras gelegt. Jeder blickt in eine andere Richtung, es wirkt, als hätten sie einen Sicherungskreis gezogen. Aber sie alle sind entspannt, deutlich hörbar am Schnurren.

Amber hat nach ein paar Minuten Streicheleinheiten genug und legt sich ebenfalls etwas abseits in den Sand. Das ist mein Zeichen, weiterzugehen, und das muss ich jetzt auch wirklich, wenn ich noch etwas heißes Wasser zum Duschen abbekommen möchte.

Fünfundzwanzig Minuten später erreiche ich in Boxershorts und Handtuch mein Ziel. Die Duschkabinen sind gerade alle besetzt, also stelle ich mich davor in die Abendsonne und warte. Meine Bräune erkenne ich daran, wie weiß mein Oberkörper im Gegensatz zu meinen Armen und meinem Gesicht ist. Es wirkt ein wenig so, als hätte ich noch immer ein T-Shirt an, stelle ich fest und muss grinsen. NATO-Bräune haben wir das als Soldaten genannt. Der Gedanke an die Zeit bei der Bundeswehr scheint absurd, hier inmitten der Kalahari. Doch ich war so lange Soldat, dass ich mich noch längst nicht davon gelöst habe.

Ein weiblicher Strauß tänzelt wie so häufig vor einem der Waschbecken auf und ab und scheint sich selbst beeindrucken zu wollen. Jedenfalls beobachtet sie sich in einem der dort hängenden Spiegel und vollführt die immer gleiche Bewegung. Es wirkt ein wenig so, als hätte ihr Programm einen Fehler, und sie hinge in einer niemals endenden Dauerschleife fest.

Ich nehme einen tiefen Atemzug. Die Luft riecht angenehm nach Holzfeuer. Unter den Wassertanks glüht die Holzkohle des Feuers, welches das Duschwasser erhitzt. Eine schwarze Katze stolziert über das Wellblechdach hinter mir, Bacon tuckert über den Platz und wirkt irgendwie zufrieden. Zuvor wurde er lautstark von der fluchenden Gisèle aus ihrer Hütte vertrieben. Josie kommt hinter mir aus der Dusche und begrüßt mich fröhlich mit neu erlernten deutschen Ausdrücken und Beschimpfungen. Schön, dann ist ja endlich eine Dusche für mich frei. Ich schlüpfe hinein. In den Kabinen nebenan singen zwei Volontärinnen aus Bremen »Hurra die Welt geht unter« von K.I.Z., und ich bin über den schwarzen Humor so amüsiert, dass ich fast vergesse, mich darüber zu ärgern, dass schon wieder nur ein dünnes Rinnsal aus dem Duschkopf kommt. Beschwere dich nicht, Sebastian, so macht das Duschen doch Spaß, maßregele ich mich selbst. Du befindest dich in der Kalahari, Wasser ist Luxus, und hättest du dich nicht so lange bei den Geparden aufgehalten, hättest du auch noch mehr warmes Wasser abbekommen. – Jawohl, selbst schuld, antworte ich mir selbst und frage mich im nächsten Moment, ob ich heute zu lange in der Sonne war.

Abendessenszeit, ich erreiche das Gemeinschaftshaus mit dem Blick auf das Wasserloch. Was ist denn hier los? Ein paar der Buschmänner, die sonst in der Küche arbeiten, stehen an einem großen Grill, in dem ein Feuer brennt. Habe ich was verpasst, wieso ist heute »Sonderprogramm«? Egal, wenigstens gibt es nicht schon wieder Hackfleisch. Als ich mich umsehe, fällt mir auf, dass die Leute angespannt wirken. Irgendetwas passt nicht, die Atmosphäre ist geladen. Ich grüße freundlich und laufe in Richtung des Wasserlochs.

»Geh da nicht hin!«, sagen zwei der jungen Buschmänner erschrocken.

Wieso sollte ich nicht in die Richtung laufen? Zum Wasserloch selbst will ich gar nicht, ich möchte mich nur auf die Holzbank am Rand des Weges setzen. Aber das merkwürdige Verhalten des Küchenpersonals hat mich neugierig gemacht.

Das Gras um das Wasserloch herum ist nicht sonderlich hoch, doch es liegt in einer kleinen Senke, sodass ich das Wasser selbst vom Rand des Weges aus nicht sehen kann. Nur die Tiere, die davon trinken, sind im Normalfall zu erkennen. Meist sind es Zebras, Impala-, Eland- oder Oryxantilopen. Jetzt sehe ich überhaupt kein Tier. Oder doch?! Ein Umriss hebt sich ab, dicht an den Boden gedrückt. Ein Tier liegt dort am Wasserloch und trinkt. Man kann nur den Rücken sehen, aus dem die Schulterblätter deutlich hervorstehen. Es ist eindeutig ein Katzenkörper, ein großer Katzenkörper. Das ist heftig – eine wilde Raubkatze dieser Größe so nah am Volontärsdorf! Wenn es ein Löwe ist, oder wohl eher eine Löwin, haben wir ein klares Sicherheitsproblem. Aber wie ist sie überhaupt unbemerkt in den umzäunten Bereich der zehntausend Hektar großen Anlage gekommen?

Ich versuche mehr zu erkennen und gehe auf etwa achtzig Meter heran. Die Schatten der tief stehenden Sonne lassen mich nur die seitlichen Umrisse der halb verdeckten Katze erkennen. Den Kopf sehe ich gar nicht. Inzwischen bin ich mir sehr sicher, dass es kein Leopard ist, dafür wirkt der Körper zu lang. Neben mir tauchen zwei weitere männliche Volontäre auf. Natürlich entgeht das der Raubkatze nicht, sie spürt, riecht oder hört, dass jemand in der Nähe ist. Ruckartig hebt sie den Kopf und starrt uns aus großen orangefarbenen Augen an. Dann dreht sie sich halb um und läuft geduckt in die entgegengesetzte Richtung. Dabei richtet sie immer wieder den Blick prüfend auf uns. Ich bin überrascht und erleichtert zugleich. Im letzten goldenen Licht des Tages kann man die schwarzen Punkte auf dem gelben Fell erkennen, auch die Kopfform ist eindeutig. Es ist ein wilder Gepard – und was für einer, sicher größer als Atheno. Wir drei Volontäre stehen staunend im Abendlicht und beobachten das elegante Tier. Während es in die Steppe eintaucht, scheint plötzlich das gesamte Gras um es herum in Bewegung zu sein. Es läuft nach rechts Richtung Osten – gefolgt von fünf kleineren, rennenden Jungtieren. Das war überhaupt kein männlicher Gepard, das war eine Mutter mit ihrem Nachwuchs! Fünf Jungen, die sich der Größe nach zu urteilen bereits im Teenageralter befinden. Einen weiblichen Geparden dieser Größe habe ich noch nie gesehen. Und was für eine Mutter sie sein muss, wenn fünf ihrer Jungen es so weit geschafft haben.

Ich freue mich schon darauf, Rauschebart-Louis von dieser Begegnung zu berichten. Schade, dass ich meine Kamera nicht bei mir habe, das ist wieder mal typisch. Wirklich gute Fotomotive ergeben sich häufig dann, wenn man nicht damit rechnet.

Kapitel 23

Grenzerfahrungen

Regen und noch mehr Regen, für die Tiere in diesem trockenen Land ist es ein Segen. Zum Schutz meiner Kameraausrüstung werde ich draußen nicht aktiv, während es wie aus Eimern schüttet. Stattdessen sitze ich schlecht gelaunt und gelangweilt im alten Büro mit dem uralten ausgestopften Löwen. Zu den Füßen der toten Großkatze haben sich wie üblich die drei Löffelhunde zu einem Haufen zusammengefunden. Neben mir liegt Kaptein, ein schon recht alter und ruhiger Schäferhundmischling. Rechts auf dem Stuhl hat sich eine flauschige, hübsche Katze namens Stripes eingerollt, und um meinen Laptop herum marschiert maunzend Tiger, der große Kater. Soundgarden mit »Black Hole Sun« ertönt aus den Boxen meines Computers.

Eigentlich könnte ich den Duft des Regens und die Nähe der Tiere genießen, doch ich hänge meinen negativen Gedanken nach und kann nichts dagegen tun. Wenn ich an meine Zukunft denke, sehe ich nichts als Probleme. Wünsche und Träume scheinen durch Schluchten voller Zweifel unerreichbar zu sein. Aber wenn ich sie genauer betrachte, sind diese Probleme zu einem Großteil nichts als selbst erschaffene Trugbilder ... Hirngespinste, geboren aus alten negativen Gedankenmustern. Während ich versuche, mich auf meine Arbeit zu konzentrieren, und die Bilder vom Vortag auf meiner externen Festplatte sichere, kommen Claudia und Gerd, der Chef-Koordinator, aufgeregt von draußen in das Büro gelaufen. Ihre Haare und Schultern sind nass vom Regen.

»Wir haben gerade einen Anruf von einem Farmer bekommen«, beginnt Gerd, während Claudia unruhig neben ihm steht. Ich lege die Stirn in Falten und frage mich, was jetzt kommt. »Wildhunde haben in seinem privaten Reservat wertvolle Wildtiere gerissen, und er sagt, wenn wir sie nicht zeitnah einfangen können, muss er sie schießen. Wir werden auf jeden Fall unser Glück versuchen und hinfahren. Die Aktion wird über Nacht gehen. Wir nehmen also Zelte und Verpflegung mit.«

»Okay?«, antworte ich fragend.

»Wir hätten dich gern dabei, unter anderem, um das Ganze zu dokumentieren«, ergänzt er.

»Du musst unbedingt mit«, wirft Claudia ein. »Die Farm befindet sich an der Grenze zu Botswana. Das wird bestimmt spannend!«

»Alles klar. Irgendetwas Spezielles zu beachten?«

»Wir wollen in einer Stunde mit dem Truck losfahren. Nimm dir ordentliche Kleidung mit, nachts kann es kalt werden«, rät Gerd und verschwindet mit Claudia, um alles Nötige zu organisieren. Ich packe umgehend meine Ausrüstung zusammen und denke mir dabei, wie schnell sich eine Situation doch ändern kann.

Knapp eine Stunde später fällt nur noch leichter Regen. Der Himmel ist jedoch noch immer mit schweren dunklen Wolken verhangen und wirkt bedrückend. Mit gepacktem Rucksack laufe ich vom Volontärsdorf zum Carpark und sehe gerade noch, wie ein Afrikanischer Wildhund in einem Käfig auf die Ladefläche des Trucks gehoben wird. Dort befinden sich bereits einige leere Käfigfallen, zwei Zelte, Schlafsäcke, eine Kühlbox und Werkzeug. Um das Fahrzeug herum steuere ich auf Gerd zu, neben dem Josie in ihrer gelben Regenjacke steht. Sie hat einen Rucksack vor sich platziert und grinst von einem Ohr bis zum anderen, als sie mich sieht.

»Hallo, mein Lieblingspferd, wie geht es dir?«, begrüßt sie mich. Zur Antwort wiehere ich wie ein Pferd, scharre mit meinem linken Fuß im Sand und zwinkere ihr zu. Sie krümmt sich vor Lachen.

»Was hat es denn mit dem Wildhund auf sich?«, will ich wissen und deute mit dem Kopf in Richtung Ladefläche.

»Er ist unser Lockvogel«, erklärt Gerd unter der Kapuze seiner olivfarbenen Regenjacke. »Der Farmer meinte, es wären fünf Wildhunde, die es zu fangen gilt.« Er verzieht den Mund. »Das Gelände dort ist mehrere Tausend Hektar groß. Wir suchen also die Nadel im Heuhaufen. Aber Wildhunde können sich gegenseitig über große Entfernung riechen und hören. Wenn sie unseren Lockvogel also wahrnehmen, werden sie kommen, um ihn zu töten, und dann gehen sie uns hoffentlich in die Falle.« Ich nicke, das hört sich doch nach einem Plan an. »Wer ist alles dabei?«

»Nur wir drei und Angelo.« Er deutet auf einen vielleicht zwanzig Jahre alten Buschmann, der ganz in Kaki gekleidet ist und gerade den Käfig mit dem Hyänenhund auf der Ladefläche sichert.

»Na, dann sind wir ja wirklich eine sehr kleine Gruppe«, freue ich mich.

»Ja, du und Josie seid aktuell die meistgehassten Volontäre auf der Auffangstation«, gibt Gerd grinsend zurück. Ich schaue etwas irritiert, wie meint er das?

»Na, mit dem Neid der anderen Volontäre kann ich leben«, versichert Josie, und damit hat sie definitiv recht.

Wir rollen über Sand- und Schotterpisten Richtung Südosten. Die Farm ist rund hundertzwanzig Kilometer entfernt und liegt an der Grenze zum östlichen Nachbarland Botswana. Angelo hat auf der Ladefläche bei dem Wildhund und der Ausrüstung Platz genommen. Josie, Gerd und ich sitzen in der Fahrerkabine, in der die Klimaanlage mal wieder auf Anschlag steht.

Frittenbude mit »Mindestens in 1000 Jahren« erklingt aus meiner kleinen Musikbox, die ich auf das Armaturenbrett gelegt habe. Durch die unebenen Straßenverhältnisse scheppert unser verladenes Material auf der Ladefläche fast durchgehend. Links und rechts der Piste ragen vom Regen ergrünte Büsche und Bäume auf. Die Kalahari hat das Regenwasser der vergangenen Wochen durstig aufgesogen, und die Pflanzenwelt hat sich von der lang anhaltenden Dürre erholt. Gelegentlich zeigen sich ein Warzenschwein mit Nachwuchs, eine einzelne Antilope oder eine Gruppe Löffelhunde neben der Straße. Aber einem anderen Fahrzeug oder Menschen werden wir auf der gesamten Fahrt nicht begegnen.

Josie, Gerd und ich sind gut gelaunt, wir freuen uns auf das neue Abenteuer und erzählen uns während der Fahrt gegenseitig unsere verrücktesten Erlebnisse. Gerd legt los. Der groß gewachsene weiße Namibier gehört wie Louis zu den Afrikaans-people. Seine etwas längeren Haare oben auf dem Kopf hat er wie meist zu einem kleinen Pferdeschwanz zusammengebunden. Seine Geschichten drehen sich fast ausschließlich um Frauen, kein Wunder, hat er doch unter den Volontären den Ruf eines – mäßig erfolgreichen – Weiberhelden.

Als Nächstes bin ich dran. Ich erzähle von Übernachtungen in verlassenen Dörfern auf griechischen Inseln und verrückten Erlebnissen meiner Grundausbildung in den Alpen. Dann legt Josie los und bestätigt einmal mehr, wie unkonventionell und lebensfroh sie ist. Gerd steht ein bisschen auf sie, auch wenn er versucht, es zu verbergen. Aber Josie ist genau wie ich vergeben und lässt ihn auf Granit beißen.

Nach gut zwei Stunden halten wir an einem Schild, hinter dem ein rotbrauner Sandweg zu einem rund fünfzig Meter entfernten Gatter führt. Es ist grüngelb, rechteckig und leicht verwittert. In der Mitte befindet sich ein hellbrauner Kreis, in dem eine Kuh im Blumenkranz abgebildet ist.

»Hauk Simmentaler. Für Fleisch und Milch«, steht dort auf Deutsch.

»Hier sind wir richtig«, sagt Gerd zufrieden.

»Sind das deutsche Farmer?«, frage ich neugierig. Ich fände es sehr spannend, mich mit deutsch-namibischen Farmern auszutauschen und mehr über ihr Leben hier zu erfahren. Und allein ihre Wortwahl! Gelegentlich gebrauchen sie altmodische deutsche Wörter, die wir in Europa kaum mehr kennen, gerade so, als wäre die Zeit hier stehen geblieben.

»Nein, diejenigen, die uns gerufen haben, sind Afrikaans. Aber gleich nebenan ist eine Rinderfarm, die von Deutschen betrieben wird«, sagt er zu meiner Enttäuschung.

Der Weg hinter dem Gatter besteht aus tiefem rotbraunem Sand. Links und rechts ziehen sich niedrige Stacheldrahtzäune entlang, hinter denen vereinzelt wiederkäuende Kühe stehen. Nach zehn weiteren Fahrminuten erreichen wir eine Anhöhe, auf der sich zwei eingezäunte Häuser gegenüberstehen. Von beiden Grundstücken tönt das Gebell mehrerer Hunde. Wir steigen aus. Von dem linken Grundstück kommt uns ein junger weißer Mann in Flipflops und ausgewaschenem rotem Poloshirt entgegen. Er ist etwas kleiner als ich und wirkt ziemlich entspannt, ich schätze ihn auf Ende zwanzig.

Gerd geht auf ihn zu, begrüßt ihn und unterhält sich kurz mit ihm auf Afrikaans. Dann gibt er uns ein Zeichen, wir steigen alle wieder ein, wenden den Lkw und warten. Gerd erklärt uns, dass es sich bei dem Kerl um den Farmbesitzer Jules handelt; im Haus gegenüber wohnt sein Vater, von dem er die Farm übernommen hat. Gerd und Jules kennen sich, sie sind eine Zeit lang auf dieselbe Schule gegangen.

Ein Fahrzeug, das geländegängig, zweckmäßig und robust erscheint, kommt aus dem Tor gefahren. Ich reiße die Augen auf. Was ist das nur für ein abgefahrenes Teil? Eigentlich interessiere ich mich überhaupt nicht für Autos. Für mich sind sie Mittel zum Zweck, um mich von A nach B zu bringen, und nicht mehr. Aber dieses hat etwas, es wirkt leicht militärisch und auch ein wenig nach Marke Eigenbau. Irgendwie erinnert es mich an einen der Wagen aus dem australischen Actionfilm »Mad Max«.

Der Farmer und eine junge weiße Frau mit dunklen Haaren sind hinter der Windschutzscheibe des Mad-Max-Cars zu erkennen. Ein weiteres Fahrzeug vom gleichen Typ folgt zu meiner Freude dem ersten. Auf der Ladefläche befinden sich mehrere Käfigfallen und Farmarbeiter mit Macheten.

»Na, dann kann's losgehen«, sagt Gerd gut gelaunt. Ich bin gespannt, wie wir die Falle für die Wildhunde stellen werden.

Der Himmel ist noch immer wolkenverhangen, nur vereinzelt blitzen Sonnenstrahlen wie Scheinwerfer hindurch und tauchen kleine Teile der weiten Landschaft kurz in warmes Licht. Wir passieren ein weiteres Gatter, dahinter ist das Gras hoch und grün. Der Weg führt an einer einfachen Stromoberleitung auf hohen Holzpfählen entlang. Ein Stück geradeaus sind mehrere große Gebäude zu erkennen.

»Das ist die deutsche Farm«, erklärt Gerd. »Wir müssen über ihr Land, um das Wildtierreservat zu erreichen.«

Überall um die Farm herum stehen Kühe in Gruppen zusammen. Dazwischen sehe ich zwei Männer auf Pferden – afrikanische Cowboys. Die Kühe unterscheiden sich erheblich von den mageren Rindern, die man sonst hier sieht. Sie wirken kräftiger, haben eine rotbraune Fellfärbung und eine weiße Zeichnung auf dem Kopf. Vom Erscheinungsbild her könnten sie genauso gut im Allgäu auf einer Wiese stehen statt in der Kalahari.

Ein riesiges schwarzes Tor versperrt uns bald darauf den Weg. Es wirkt so untypisch für Namibia, wo Tore, Gatter und Zäune meist recht einfach, rustikal, rostig und abgenutzt sind.

Aber dieses monströse schwarze Ding ist wohl der Eingang zu dem Wildtierreservat. Zu beiden Seiten des Tors verläuft ein dicker elektrischer Zaun, der weit entfernt am Horizont verschwindet. Es scheint unwirklich, wie dieses moderne Hindernis den doch so einfachen Feldweg versperrt. Irgendwie erinnert es mich an den ersten Jurassic-Park-Film. Aber hier befinden sich keine Dinosaurier auf der anderen Seite; stattdessen steht eine Herde Weißschwanzgnus ungefähr hundertfünfzig Meter hinter dem Tor und blickt neugierig auf unseren Konvoi. Das Tor öffnet sich, die kantigen Flügel schwingen langsam auseinander, und wir können passieren. Mir steigt währenddessen wieder einmal der Soundtrack von John Williams in die Ohren.

Ein paar Kilometer weiter halten wir an. Jules führt uns zu einer Stelle, wo die Wildhunde tags zuvor mehrere Gnukälber gerissen haben. Aus Botswana kommend, hat sich das fünfköpfige Rudel vor ein paar Tagen im Osten unter dem Zaun durchgegraben und ist so in das private Reservat eingedrungen. Jetzt töten sie ihrer Natur entsprechend leichte Beute, was momentan die Kälber sind. Wir müssen dem Farmer dankbar sein, dass er uns die Chance gibt, sie zu fangen. Die allermeisten würden den einfachsten, schnellsten und für sie unkompliziertesten Weg wählen und die Wildhunde jagen und töten, obwohl sie eine vom Aussterben bedrohte Art sind. Denn wer würde das schon mitbekommen? Leider lässt der Staat die Farmer mit ihren Problemen ziemlich allein. Die wenigen privaten Wildtier-Auffangstationen, die meist durch Spenden finanziert werden, haben weder das Material, das Personal noch die Kapazität, um das zu schultern. Und die Wege in dem riesigen Land können nun mal sehr weit sein. Die hundertzwanzig Kilometer Entfernung zu unserer Wildtier-Auffangstation gelten hier schon fast als direkte Nachbarschaft. Das bedeutet auch, dass wir schnell vor Ort sein konnten. Und das ist wichtig. Jeder Tag zählt, denn jeden Tag reißen die Räuber weitere

Beute, im Normalfall sogar zweimal täglich. Innerhalb einer Woche kann die ganze Existenz eines Farmers durch derart erfolgreiche Raubtiere wie den Afrikanischen Wildhund vernichtet werden.

In der Nähe, zwischen einigen hohen Dornbüschen, scheint ein geeigneter Platz für unsere Falle zu sein. Die fünf Farmarbeiter und Angelo laden die Käfigfallen ab. Während wir uns den Ort genauer ansehen, erzählt Gerd uns, dass Jules bereits vor ein paar Monaten um die Hilfe der Auffangstation gebeten hat. Damals ging es um einen Leoparden, der auf seinem Land Wild- und Nutztiere gerissen hatte. Ein Leopard braucht zwar weitaus weniger Beute als ein Rudel der bunten Hunde, aber auf Dauer kann auch er ein ziemliches Problem werden. Die Raubkatze konnte gefangen und in einer anderen, für sie sichereren Region Namibias unmittelbar wieder ausgewildert werden. Ich nicke anerkennend. Höher kann ein Viehfarmer in meinem Ansehen kaum steigen. Denn ich weiß, dass Leoparden unter den Landbesitzern verhasst sind und meist erschossen werden. Selbst dann, wenn sie ein deutlich sichtbares Sendehalsband tragen, das jede ihrer Bewegungen aufzeichnet und dem Farmer signalisiert, dass Auffangstationen das Tier umgehend wieder einfangen würden, um es in ein anderes Gebiet zu bringen.

Unser Lockvogel wird vorsichtig vom Truck abgeladen. Der Wildhund macht einen recht ruhigen Eindruck dafür, dass er gerade eine ungewöhnliche und holprige Reise hinter sich hat. Als die Farmarbeiter den Käfig an uns vorbeitragen, steigt uns der typische beißende Gestank in die Nase.

»Aus welchem Rudel habt ihr ihn eigentlich genommen?«, will ich von Gerd wissen.

»Der ist aus einer Zweiergruppe, Jabu heißt er.«

»Was? Jabu, der verdammte Drecksack!«, entfährt es mir auf Deutsch. Josie und Gerd blicken mich verdutzt an. »Sorry, aber ich kenne Jabu«, sage ich auf Englisch und ziehe mir nachdenklich das Käppi ins Genick. »Er und Tom wollten mich mal töten.«

Die zwei machen große Augen und wollen wissen, was damals passiert ist. Eigentlich war es gar nicht sonderlich spektakulär, der Angriff der beiden kam einfach nur völlig unerwartet. Doch er lehrte mich, die Wildhunde niemals zu unterschätzen, vor allem nicht bei Regen.

Und jetzt ist Jabu hier, als Lockvogel irgendwo an der Grenze zu Botswana. Die Farmarbeiter stellen den grünen Metallkäfig, in dem er sich befindet, unter einen Baum, damit er Schatten hat. Jabu nimmt es gelassen und widmet sich dem Fressnapf. Sternförmig werden die anderen Käfigfallen mit etwas Abstand um ihn herum aufgebaut. Die Lücken zwischen den Fallen werden mit großen Mengen von dornigen Büschen gestopft, welche die Farmarbeiter zuvor mit Macheten zurechtgeschlagen haben. Das Ergebnis ist ein Kreis, in dessen Zentrum sich der Lockvogel befindet. In dieses Zentrum gelangt man nur durch die Käfigfallen, die in dem Moment, wo ein Tier sie betritt, zuschnappen. Mit diesem System gelang es bereits zuvor, Wildhundrudel zu fangen. Wir werden sehen, ob es auch diesmal klappt. Geplant ist, dass wir am späten Nachmittag zur ersten Kontrolle wieder hierherfahren. Wenn die Falle zuschnappt, dann aber höchstwahrscheinlich erst in der Nacht.

Jules, seine Freundin Nala und Gerd stehen rauchend zusammen und unterhalten sich angeregt auf Afrikaans. Josie und ich gehen zurück zu den Fahrzeugen. Wir greifen uns aus der Kühlbox, die mittlerweile nach Wildhund stinkt, zwei Coladosen mit aufgedruckten Weihnachtsmännern. Ich kann den Blick kaum von den Mad-Max-Cars abwenden. Also bitte ich Josie, ein Bild von einem der Fahrzeuge und mir zu machen.

Als wir wenig später losfahren wollen, stellen wir fest, dass sich unser Truck im Sand festgefahren hat. Nach ein paar fehlgeschlagenen Anläufen schaffen wir es mithilfe der beiden Mad-Max-Cars, das schwere Fahrzeug zu befreien.

»Das passiert halt, das ist eben Namibia«, lautet Gerds einziger Kommentar dazu.

Während wir darauf warten, dass die Wildhunde in die Falle gehen, sind wir zu Kaffee und Chips auf der Veranda des Farmhauses eingeladen. Das Haus selbst ist groß, einstöckig und aus Stein gebaut. Die Mauersäulen der leicht bogenförmigen Veranda sind weiß, die Hauswand in einem warmen Gelb gestrichen. Überall blühen verschiedenfarbige Blumen und Bäume. Es hat etwas Mediterranes und erinnert mich ein wenig an Korfu. Aber dieses Flair ist ausschließlich auf den Garten vor dem Haus beschränkt. Hinter dem Zaun erstreckt sich die Kalahari – Sand, Büsche und niedrige Bäume, so weit das Auge reicht.

Ich freue mich, endlich meine Wanderstiefel ausziehen zu können und einen halbwegs ordentlichen Kaffee trinken zu dürfen. Gerd, Josie und ich setzen uns mit Nala und Jules an einen runden Tisch und werden von drei aufgeregten, schwanzwedelnden Staffordshire-Bullterriern sowie einem großen Schäferhund-Husky-Mischling belagert. Alle vier Hunde wollen natürlich gleich viel Aufmerksamkeit, und das von jedem von uns. Fremde so sehr willkommen heißen können wirklich nur Hunde. Als jedoch einer der dunkelhäutigen Farmarbeiter mit einer Frage am Zaun erscheint, verwandeln sich die freundlichen, zu groß geratenen Schoßhunde in aggressive und bedrohliche Wachhunde. Sie beruhigen sich erst, als der Mann außer Sichtweite ist. Ich fühle mich sofort an Goofy, den Jagdhund von der Nashorn-Auffangstation, erinnert.

Wir beginnen unsere Unterhaltung mit Small Talk und erfahren bald einiges darüber, wie sich das Leben hier auf der

Farm gestaltet. Für Infrastruktur-verwöhnte Mittel- und Nordeuropäer wie Josie und mich klingt das, was wir zu hören bekommen, ziemlich fremd, aber hochinteressant. Viele Menschen träumen davon, auszuwandern, ein Stück Wildnis zu erleben und sich abseits der lärmenden Zivilisation ein neues Leben aufzubauen. Was dies im alltäglichen Leben hier bedeutet, erzählt uns Nala. Der Supermarkt liegt in der nächsten Stadt, und die ist nun mal zwei Autostunden pro Wegstrecke entfernt, weswegen sie nur einmal im Monat einkaufen fährt. Die Straße, die dorthin führt, besteht überwiegend aus Schotter und Sandpisten, auf denen so gut wie nie jemand unterwegs ist. Die gesammelte Post holt sie ebenfalls dort ab, denn einen Postboten gibt es hier nicht. Im Supermarkt kauft sie hauptsächlich Dinge, die lange haltbar sind. Frisches Gemüse oder Obst würden auf der langen Fahrt in der Hitze nur verderben. Mit Fleisch versorgen sich die Rinderfarmer zum größten Teil selbst. Und Fleisch spielt im trockenen Namibia bei so gut wie allen eine ganz große Rolle in der Ernährung.

Nala nimmt Josie und mich mit auf einen Rundgang durch das eingezäunte Gelände des Wohnhauses. Begleitet werden wir von den drei noch immer schwanzwedelnden Bullterriern. Sie zeigt uns die vier Tiefkühltruhen, zwei davon sind randvoll mit Fleisch gefüllt. Gelegentlich auftretende Stromausfälle werden wie fast überall mit einem Dieselaggregat aufgefangen. Die Toilette befindet sich außerhalb in einem kleinen Extragebäude.

In einem Gehege neben dem Wohnhaus steht ein kleiner Oryxantilopenbulle. Er ist Waise und wird von Nala mit der Flasche aufgezogen. Die Antilopenart mit den langen, spitzen Hörnern ist überall in Namibia anzutreffen, selbst im Wüstengebiet, wo sonst kaum ein anderes Säugetier überlebt. Kein Wunder, dass der Oryx das Nationaltier Namibias ist. Nala erzählt uns schmunzelnd, dass der Kleine ein ausgesprochener

Sturkopf ist, was sie neben dem Ernst für eine typisch deutsche Eigenschaft hält.

»Deshalb habe ich ihn Bismarck getauft«, erklärt sie lachend. Ich beiße mir auf die Zunge und versuche, möglichst ernst zu schauen, aber Josie knufft mich mit dem Ellenbogen kichernd in die Seite. Da muss auch ich lachen – der ernste, sture Deutsche, auch hier ein herrschendes Klischee.

Als wir nach der kleinen Führung wieder am Tisch sitzen, erkundige ich mich offen, wie es denn hier mit der Sicherheit bestellt ist – ein Thema, von dessen Dringlichkeit man als Volontär oder Tourist nicht unbedingt etwas mitbekommt. Doch nicht umsonst schützen sich die Hausbesitzer in den Städten wie auch auf dem Land mit hohen Mauern, Zäunen, Alarmanlagen und Wachhunden. Die Zustände in Namibia sind zum Glück bei Weitem nicht so drastisch wie in Südafrika, wo brutale Überfälle auf Farmen in den letzten Jahren dramatisch zugenommen haben und im Durchschnitt fünfzig Morde pro Tag begangen werden. Namibia und das Nachbarland Botswana sind sogar die einzigen afrikanischen Länder, die nach europäischen Maßstäben als sichere Reiseländer gelten. Aber ich weiß aus den einheimischen Zeitungen, die ich regelmäßig lese, dass nicht nur in den Städten Raubüberfälle begangen werden, sondern dass auch kriminelle Banden immer wieder weiße Farmer überfallen. Doch zeigt die Kriminalität hier weder die Ausmaße noch den begleitenden Hass, der in Südafrika durch das fürchterliche Apartheidregime geschürt wurde und noch längst nicht aufgearbeitet ist. Im Gegenteil. Längst bedienen sich beide Seiten des Rassismus und bringen die Menschen immer mehr gegeneinander auf.

Jules und seine Freundin erzählen uns, dass sie froh sind, nicht in Südafrika zu leben. Rassismus aber gibt es ganz klar auch hier, doch er ist weniger hasserfüllt. Namibia besteht aus immerhin zwölf verschiedenen Ethnien. Interessanterweise pflegen sie alle ihre eigenen Vorurteile gegenüber den anderen. Die Ovambo können die Nama nicht leiden, die Nama sagen, die Herero seien arrogant, die Herero empfinden die Ovambo als machthungrig und sind überzeugt, den Damara dürfe man nicht trauen. Und bei den Kavango, Himba, Caprivianern und Rehobother Baster ist es auch nicht anders. Was sie vereint, ist, dass sie fast alle auf die San herabsehen, die Buschmänner und eigentlichen Ureinwohners Namibias. All diese Volksgruppen bleiben am liebsten unter sich, auch die Weißen. Aber der allgemein vorhandene Rassismus bedeutet nicht, dass sie sich gegenseitig die Köpfe einschlagen. Glücklicherweise sehen sich alle als Namibier und kommen letzten Endes miteinander aus.

Ich selbst mag Rassismus nicht. Was einen Menschen ausmacht, sind sein Charakter und sein Verhalten anderen gegenüber und nicht seine Hautfarbe, seine Religion oder seine Nationalität. Aber Menschen instrumentalisieren die Andersartigkeit der verschiedenen Ethnien und Weltanschauungen immer wieder, um ihre eigenen Machtansprüche auszubauen, indem sie sagen: »Wir sind besser als die anderen« oder »Unsere Religion ist die richtige«. Solange wir Menschen das nicht endlich geschlossen ablegen, werden wir nie unser volles Potenzial ausschöpfen können und stattdessen nur von einem Konflikt in den nächsten stolpern.

Es ist Nachmittag geworden, der Mad-Max-Car wartet auf uns. Gerd und Jules steigen vorne ein, Josie und ich klettern hinten auf die Ladefläche. Sie ist recht niedrig, doch man kann sich an dem hohen Geländer gut im Stehen festhalten. Über die flache Landschaft ziehen niedrige Wolkenfronten. Es sieht wieder nach Regen aus. An unserer Falle angekommen, stellen wir fest, dass sie noch nicht zugeschnappt ist. Jabu liegt in seinem Käfig und gähnt. Gerd befüllt durch das Gitter hindurch seinen Wassernapf, und wir fahren weiter durch das riesige private Wildtierreservat. Stundenlang suchen wir nach Spuren des Rudels. Jules setzt sich zeitweise auf die Motorhaube, um während der Fahrt die Abdrücke im Sand besser lesen zu können. Wir finden Antilopen-, Giraffen-, Wildkatzen- und sogar ein paar frische Nashornspuren, jedoch keine von den Wildhunden. Regen kommt und geht während unserer langen Fahrt durch das Gelände. Barfuß und in Regenjacken stehen Josie und ich auf der Ladefläche und bewundern ein halbes Dutzend großer Regenbögen, die sich über die Kalahari spannen.

Nach erfolgloser Suche schauen wir wieder bei Jabu vorbei. Es ist alles unverändert, wir müssen auf die Nacht hoffen. Die orangefarbene Sonne versinkt bereits am Horizont, als wir müde und durchnässt zurück zur Farm fahren.

Wir haben Glück und müssen die Nacht doch nicht in unseren mitgebrachten Zelten verbringen. Das junge Farmerpärchen lädt uns ein, in ihren Gästezimmern zu übernachten. Zuvor wird jedoch gegrillt, *braai* heißt das auf Afrikaans und ist für die Namibier fast schon ein heiliger Akt. *Braai* wird immer von den Männern des Hauses durchgeführt, und jeder hat seine eigene Art, wie er das Fleisch zubereitet. Ein Gasgrill oder fertige Grillkohle sind ein absolutes No-Go. Die Holzkohle muss durch ein zuvor entfachtes Feuer entstehen. Das Fleisch, das schließlich auf den Grillrost kommt, ist meistens Lamm oder Wild. Fast immer gehört auch *boerewors* dazu, eine Art stark gewürzte Bratwurst, die zur Schnecke gerollt wird und aus verschiedensten Fleischarten bestehen kann, wie Rind und Lamm, aber auch Wild, wie Springbock, Impala und Zebra.

Während das Feuer noch brennt und wir darauf warten, dass sich das Holz vom Kameldornbaum zu Kohle verwandelt, sitzen Josie, Nala und ich drinnen auf der Couch, da es draußen schon wieder einen Platzregen gab. Jules und Gerd bewachen derweil die Flammen auf der Veranda. Ich genieße es, in trockener Kleidung ein wenig entspannen zu können. Müdigkeit macht sich bemerkbar, der Tag war ereignisreich und lang.

Weit nach Sonnenuntergang sitzen wir auf Barhockern in der Küche, essen *boerewors* mit selbst gemachtem Kartoffelsalat und trinken kühles Windhoek-Bier aus Flaschen. Meine Konzentration lässt immer mehr nach, und meine Gähnattacken werden häufiger. Das ändert sich schlagartig, als Jules Folgendes sagt: »Wir versuchen gerade von der Rinderzucht wegzukommen. Wir möchten eigentlich möglichst bald in dem Reservat, in dem wir heute mit euch waren, organisierte Trophäenjagd anbieten.« Ich höre mitten im Essen auf zu kauen. Das kann jetzt nicht wahr sein, denke ich entsetzt. Gerd sieht Josie und mich unsicher an, man kann fühlen, wie die Temperatur sinkt. Trophäenjagd, ein heiß diskutiertes Thema. Ich selbst habe keine eigene Erfahrung damit und kenne die Hintergründe nur unzureichend, stehe dem Ganzen jedoch äußerst kritisch gegenüber. Gleichzeitig haben mich Afrika und das Leben gelehrt, Dinge nicht vorschnell zu verurteilen. Ich versuche, Schwarz-Weiß-Denken zu vermeiden, damit macht man es sich immer viel zu leicht. Auch wenn es mir bei Themen wie diesem schwerfällt. Jules und Nala sprechen sehr unkompliziert über ihre Pläne, sie kommen gar nicht auf die Idee, dass wir sie falsch finden könnten. Gerd wiederum weiß das sehr wohl, und er versucht uns Europäern die namibische Sichtweise näherzubringen.

Der Wildtierreichtum in dem Land ist enorm, viel größer als in Europa. Mit der Trophäenjagd kann man viel mehr verdienen als mit einfacher Viehzucht oder Safari-Tourismus. Gejagt werden nur ausgewählte Tiere und natürlich nur solche, von denen viele oder sogar zu viele vorhanden sind. Und dennoch ... Es ist ein Thema, das man unmöglich an einem Abend ergründen kann. Mir ist klar, dass die Jagd an sich ein

Teil Namibias ist. Mir ist auch klar, dass Jules und Nala gute Menschen sind. Im Gegensatz zu vielen anderen Farmbetreibern versuchen sie die gefährdeten Raubtiere, die ihr Vieh und ihre Wildtiere reißen, zu fangen, statt sie einfach zu erschießen. Ich stelle fest, dass es mir lieber ist, wenn rücksichtsvolle Leute eine Jagdfarm betreiben, als wenn es die Rücksichtlosen tun. Denn Jagdfarmen gibt es so oder so, der Bedarf ist definitiv vorhanden, ob es mir nun gefällt oder nicht. Glücklicherweise wechseln wir bald wieder das Thema, und die Stimmung entspannt sich.

Müde stolpere ich in Richtung unseres Gästezimmers. Gerd hat einen eigenen Raum für sich, Josie und ich teilen uns den daneben. Wir betreten das Zimmer, machen das Deckenlicht an und bekommen beide gleichzeitig einen Lachanfall. Der Raum ist komplett rosa gestrichen. Links neben der Tür steht ein verschnörkeltes weißes Doppelbett, auf dem sich weiße und rosafarbene Rüschenkissen stapeln. Das Prinzessinnenzimmer ist einfach zu viel, wir brauchen eine gefühlte Ewigkeit, bis wir nicht mehr lachen, kichern oder glucksen müssen. Zum Glück sind wir wie Kumpels befreundet, sonst könnte es in dem nicht allzu breiten Bett etwas peinlich werden. Wenig später liegen wir in dem rosa Mädchentraum und lassen den ereignisreichen Tag Revue passieren, bis wir irgendwann beide übermüdet einschlafen.

Am nächsten Morgen fühle ich mich wie überfahren. Die Nacht war kurz, der Schlaf unruhig, die Träume wirr. Mein linkes Ohr schmerzt etwas, wohl ein Insektenbiss.

Smashing Pumpkins mit »1979« laufen auf meinem Smartphone, während ich schlaftrunken durch das Haus nach draußen gehe. Das erste Morgenlicht taucht den Hof mit all seinen Blumen in ein stimmungsvolles Rot, das von unzähligen zwitschernden und rufenden Vögeln akustisch untermalt wird. Ich mache den ersten Schritt in diese Urlaubspostkarten-Idylle, und sofort kommen alle vier Hunde voller Freude auf mich zugestürmt. Nach der überschwänglichen Begrüßung der Wachhunde gibt es Kaffee und Cornflakes in der Küche. Danach fühle ich mich zumindest wieder halbwegs wie ein Mensch.

Später fahren wir alle gemeinsam mit dem Mad-Max-Car zu unserer Wildhundfalle in der Wildnis. Als wir ankommen, können wir nirgends neue Spuren entdecken, auch alle Käfigfallen sind noch leer. In der Mitte schläft unbeeindruckt der übel riechende Jabu in seinem privaten Käfig. Mist! Das Rudel ist heute Nacht weder in die Falle gegangen, noch war es überhaupt hier in der Nähe.

Jules und Gerd beschließen, die Falle eine weitere Nacht aktiv zu lassen. Allerdings werden wir leider keinen weiteren Tag hier verbringen können. Gerd hat am Morgen einen Anruf von Claudia erhalten, dass er auf der Auffangstation gebraucht wird.

Wir packen unsere Sachen und beladen den Truck. Die Käfigfallen und Jabu lassen wir hier, der Farmer wird sich um ihn kümmern, bis zwei Tage später alles wieder abgeholt wird.

Unsere Falle wird diesmal nicht erfolgreich sein. Spuren, die der Farmer und seine Arbeiter später finden werden, zeigen, dass das Rudel das private Tierreservat an einer anderen Stelle verlassen hat. Ich hoffe, sie sind zurück nach Botswana gezogen und wildern nicht auf einem Nachbargrundstück, denn dort würden sie vermutlich nicht so viel Rücksicht erfahren wie hier.

Wir verabschieden uns von dem locker wirkenden Jules und der freundlichen Nala, bedanken uns für ihre großzügige Gastfreundschaft und wünschen ihnen alles Gute.

Als wir mit dem Truck aus dem Hof fahren, kommt Angelo um die Ecke des Zaunes gelaufen und springt auf die Ladefläche.

»Wo hat er eigentlich übernachtet?«, frage ich, an Gerd gewandt. Ich habe den Buschmann nicht mehr gesehen, seit wir die Falle aufgestellt hatten.

»Er hat bei den Farmarbeitern im Dorf geschlafen«, sagt Gerd knapp.

Ich nicke nachdenklich. Ja, hier bleibt jeder lieber unter sich.

Kapitel 24

Fieber

Zurück von dem Farmausflug, beschließe ich, als Erstes die drei Halbstarken zu besuchen. Ihr Gehege liegt direkt neben dem »Hier-gibt's-Strom-Raum«. Die Tür lässt sich durch eine Feder nur schwer aufziehen. Ich betrete das überschaubare Areal. Sesa steht gleich auf und kommt auf mich zugelaufen. Sein Bruder Sesadi liegt auf dem Holzkonstrukt und blickt mich offen mit seinem Bärchengesicht an. Der größere Koema sitzt im Schatten neben dem Wasserloch, kaut auf einem Spielzeug herum und lässt sich durch mich nicht im Geringsten davon ablenken.

Die drei Halbstarken sind die jüngsten Geparden auf der Auffangstation. Sesa und Sesadi sind etwa ein halbes Jahr alt. Sesa hat durch einen Angriff von Mangusten mehr als die Hälfte seines Schwanzes verloren, was ihn bei seiner derzeitigen Größe ein bisschen wie einen Luchs wirken lässt. Später wird er wohl niemals selbstständig jagen können. Der Schwanz ist bei Geparden enorm wichtig, um bei der Jagd mit hoher Geschwindigkeit schnell die Richtung ändern zu können.

Sesadi heißt übersetzt so viel wie »Mädchen«, der Grund für diesen eigenwilligen Namen ist das hübsche, feminin wirkende Teddybären-Gesicht des zweiten Geparden. Koema, der die Rolle des großen Bruders eingenommen hat, ist etwas älter als die beiden. Er wurde von einem Farmer in einem winzigen Loch gefangen gehalten, bis er durch Mitglieder der Auffangstation befreit wurde.

Sesa schnuppert an mir, leckt kurz zur Begrüßung über

meine Waden. Ich fahre über sein raues Fell und suche dabei das Gehege nach dem Ball ab. Nachdem ich ihn im Wasser gesichtet habe, hole ich ihn mir und kicke ihn vor mir her. Sesa ist gleich dabei, Sesadi schließt sich uns ebenfalls an, nur Koema braucht mal wieder eine Extra-Einladung. Nach ein paar Minuten spiele ich mit den drei Geparden wie fast jeden Tag »Fußball«. Eigentlich bin ich kein Fußballfan und kicke auch nicht in meiner Freizeit, aber mit Geparden ist es doch etwas anderes.

Eine besondere Erfahrung ist es auch, bei ihnen im Gehege zu übernachten, auf einer Isomatte unter dem faszinierenden afrikanischen Sternenhimmel. Viel Schlaf ist da meist nicht angesagt, da die drei schnurrend auf mir liegen. Das Geräusch hat wenig zu tun mit einem Hauskatzenschnurren, da vibriert der eigene Körper gleich mit. Spätestens bei Sonnenaufgang werde ich dann sowieso geweckt, weil mir eine oder gleich mehrere raue Katzenzungen unentwegt übers Gesicht fahren.

Als die Halbstarken erst mal genug vom Ballspielen haben, mache ich mich auf den Weg zu Missy Jo, die in das ehemalige Gehege von Samar und Juliette eingezogen ist. Die anmutige Leopardin mit dem Schlafzimmerblick liegt ausgestreckt auf einem großen Ast des hintersten Baumes. Ich trete ganz nah an das feinmaschige Gitter und sehe sie an. Sie erwidert meinen Blick und zwinkert kurz.

Ich schnalze mit der Zunge, so wie ich es früher jeden Morgen getan habe, um sie zu begrüßen. Mit ruhiger Stimme füge ich hinzu: »Guten Tag, Missy Jo, hübscheste aller Leoparden.«

Sie zwinkert erneut, streckt sich gähnend, um dabei ihr beeindruckendes Gebiss zu präsentieren, und macht einen blitzschnellen Satz vom Ast auf den grasbedeckten Boden. Auf ihren verhältnismäßig kurzen, muskulösen Beinen läuft sie dicht am Zaun entlang und hält dabei den Kopf gesenkt. Ich drücke die Handflächen gegen das Gitter, und sie streicht lautstark brummend mit ihrer Flanke daran entlang. Zwischen Tür und Gitter gibt es einen schmalen Spalt, wie beim alten Gehege. Ich blicke mich um, gerade ist niemand in der Nähe. Also zwänge ich die rechte Hand auf Höhe ihres Halses durch den Spalt. Missy Jo setzt sich direkt vor mich und lehnt sich ans Gitter. Ich kraule sie mit meiner Rechten unter dem Kinn. Sie streckt den Hals nach Katzenart möglichst lang und drückt sich dabei gegen meine Hand. Ihr Schnurren wird nun so laut, dass ich die Vibration bis in den Oberkörper spüren kann.

Die hübsche Leopardin hat mich schon das letzte Mal gemocht, und daran hat sich offensichtlich nichts geändert. Doch ich passe genau auf, denn ich weiß: Auch sie ist in ihrem Innern ein Raubtier geblieben.

Während ich mir anschließend neben der nach Eselsfleisch riechenden Food Prep Area die Hände wasche, fällt mein Blick auf das Leoparden-Tattoo auf der Innenseite meines linken Unterarms. Die Vorlage dafür war ein Bild von Missy Jo, dem Leoparden, dem ich so nahe wie keinem anderen kommen durfte.

Mit meinem Rucksack über der Schulter durchquere ich wenig später den Platz bei der Mechanikerhalle Richtung Carpark.

Zwei Volontäre scheuchen die Truthähne durch das äußere Tor zurück auf die Farm. Vorneweg schreitet ein gerade mal halb so großes Perlhuhn, das lustigerweise die Rolle des Anführers der Vogelschar eingenommen hat. Am Beginn des Pfades suhlen sich zwei Warzenschweine grunzend in den Pfützen des letzten Regens, flüchten aber auf die offene Fläche, als ich mich ihnen nähere. In der Ferne zieht eine Herde Streifengnus vorbei, eine Gruppe Geier kreist in der Luft, und ein einzelner Springbock beobachtet mich kauend zwischen zwei Büschen hindurch. Auf halber Strecke zum Volontärsdorf sitzen drei Grüne Meerkatzen auf einem hohen Baum direkt neben dem Weg. Ich beachte die »blue balls« nicht weiter, sondern bewundere die Spuren vor mir im Sand. Wellenförmige Abdrücke in dem weichen Boden verraten, dass hier eine Schlange den Weg gekreuzt hat. Laut meinem Spurenleser-Buch könnte es eine Puffotter gewesen sein. Eindeutig kann ich es nicht bestimmen, dafür kenne ich mich im Spurenlesen noch zu wenig aus. Schlangen in der Wildnis sind mir bis jetzt in Namibia nur wenige begegnet, und ich lege auch keinen besonderen Wert darauf, dass es mehr werden.

Unter den Wassertanks der Duschen brennt bereits das Feuer. Die Straußendame vollführt wie gewohnt ihren nicht enden wollenden Tanz vor dem kleinen Spiegel, und eine Schar Perlhühner rennt vor mir im Zickzack von einem Gebüsch ins nächste. Ich gehe den schmalen Pfad weiter, um zu meiner etwas abgelegenen Hütte zu kommen. Im Moment teile ich sie mir wieder mit drei anderen Kerlen. Allem Anschein nach bin ich der Erste, der heute zurückkommt. In einem weiten Kreis um die Hütte herum hat sich eine Elandherde eingefunden. Ein gutes Dutzend der großen Tiere zupft entspannt im warmen Abendlicht die grünen Blätter von den Bäumen und Büschen, die unsere Hütte einrahmen. Elands sind mit bis zu einer Tonne Gewicht die größte Antilopenart. Die Hornträger mit dem kurzen bräunlichen Fell haben in etwa die Größe einer ausgewachsenen Kuh, wirken aber weitaus sportlicher und sind auch viel schneller unterwegs.

Als sie mich bemerken, weichen sie ohne große Eile zurück – alle bis auf ein Eland, das stehen bleibt und mich mit schräg gelegtem Kopf kauend ansieht. Es handelt sich um einen jungen Bullen im Alter von etwa eineinhalb Jahren. Ich bleibe drei Meter vor ihm stehen und sehe ihn ebenfalls mit schräg gelegtem Kopf an.

»Hey, Moose, wie geht's?«

Er zieht eine Ranke wie eine Spaghetti in sein Maul und kommt ruhig auf mich zu. Ich tätschle seine Wange, während er weiterkaut; sein Gesicht ist auf gleicher Höhe wie meines. Näher als auf Armeslänge muss er nicht an mich herankommen. Der junge Bulle versucht mich nämlich gern mit seinen Hörnern spielerisch zu schubsen. Ich kenne ihn noch von meinem zweiten Besuch auf der Auffangstation. Damals lebte er als Findelkind zusammen mit dem Kudu Derek auf dem Farmgelände. Als der Kudu mysteriöserweise an einer Vergiftung starb, integrierte man Moose erfolgreich in die hier lebende Elandherde. Seitdem durchstreift er mit seinen Artgenossen das Volontärsdorf oder lässt sich mit ihnen am Wasserloch vor unserer Gemeinschaftsunterkunft beobachten. Mir gefallen die stattlichen Antilopen mit ihren hübschen gedrehten Hörnern und der ruhigen Ausstrahlung. Ich gehe an Moose vorbei, schließe die Hütte auf und muss aufpassen, dass er mir nicht ins Innere folgt, was er tatsächlich versucht. Eine fast ausgewachsene Elandantilope in der Unterkunft brauche ich nicht wirklich. Es reichen schon die gefühlten drei Dutzend Motten, die bei Dunkelheit unsere Hütte zu ihrer Partyzone machen.

Es ist mitten in der Nacht, kein Zeitgefühl, nur Dunkelheit. Ich bin komplett nassgeschwitzt, glühe wie ein Ofen und fühle mich völlig gerädert. Meine Glieder sind schwer wie Blei, und ich muss raus, ich brauche dringend Luft. Benommen schäle ich mich aus dem Moskitonetz, stehe torkelnd auf, reiße die Tür auf und spüre die frische, kühle Luft auf meinem glühenden Körper. Fieber, verdammt, ich habe Fieber, registriere ich langsam. Wie ich das hier in Afrika gebrauchen kann.

Ganz automatisch habe ich meine Taschenlampe mitgenommen. Ich knipse sie an, und im selben Moment leuchten drei Dutzend Augenpaare vor mir auf. Eine Herde Streifengnus glotzt mich an, sie waren wohl gerade dabei, die Hütte zu passieren. Völlig ungeschützt, komplett nackt und schwankend stehe ich den Tieren gegenüber, im Sand unter dem afrikanischen Sternenhimmel, mit meiner Stirntaschenlampe in der Hand. Wahrscheinlich nimmt mich die Herde gerade nur als plötzlich auftauchendes grelles Licht wahr. Eines der Tiere, das keine acht Meter von mir entfernt zum Stehen gekommen ist, schnaubt kurz, dann trotten alle langsam weiter. In der Ferne höre ich aggressives Männergebrüll und hysterische Frauen, träume ich das alles? Nein, so mies kann man sich in einem Traum nicht fühlen. Ich schwanke zurück in die Hütte. Meine beiden Mitbewohner sind noch nicht zurückgekehrt, meine Uhr finde ich nicht, und wahrscheinlich wäre ich gerade auch nicht in der Lage, sie zu lesen. Ich trinke meine Wasserflasche in einem Zug leer und falle wie ein Sack in mein Bett zurück.

Der Wecker klingelt, ich bin nicht in der Lage aufzustehen, zu kaputt fühle ich mich. Völlig geschwächt bitte ich Thorsten, meinen derzeitigen Mitbewohner, Claudia Bescheid zu geben, dass ich für heute ausfalle.

Jetzt hat es mich doch erwischt, ärgere ich mich und falle kurz darauf wieder in einen unruhigen Dämmerzustand. Vielleicht eine halbe Stunde später taucht Thorsten auf, stellt mir eine Tasse Tee und einen Apfel neben das Bett.

Das Fieber kommt in den nächsten Stunden in Wellen. Ich halluziniere, nehme meine immer wieder aufflammenden Schmerzen in unterschiedlichen Farben wahr. In meinem völlig verwirrten Zustand gebe ich den Schmerzphasen sogar Nationalitäten. China und Frankreich sind die schlimmsten. Wieso, weiß ich nicht, habe ich doch überhaupt keine schlechten Erfahrungen mit Frankreich gemacht.

Vierundzwanzig Stunden später fühle ich mich mithilfe meiner Reiseapotheke wieder etwas besser. Keine Halluzinationen, kein hohes Fieber mehr. Ich bin immerhin so stabil, dass ich sogar vom Volontärsdorf zur Farm laufen kann.

Die nächsten Tage verlaufen verhältnismäßig unspektakulär. Das Fieber will einfach nicht vollständig verschwinden. Es kommt und geht völlig unregelmäßig in unterschiedlicher Intensität. Das zehrt an meinen Kräften und auch an den Nerven, was sich unwillkürlich auf meine Stimmung schlägt. Josie und ein paar andere versuchen mich immer wieder aufzumuntern, aber das gelingt ihnen nur bedingt. Krank sein ist einfach das Letzte, was man gebrauchen kann, wenn man reist.

Ich nutze die Zeit und die halbwegs funktionierende WLAN-Verbindung, um mit Lisa zu telefonieren. Sie erzählt mir, dass in Deutschland langsam der Frühling Einzug hält und dass es Königin Pauzi und Herrn Dachboden gut geht. Ich berichte so kompakt wie möglich von meinen Erlebnissen auf der Farm an der Grenze zu Botswana und merke dabei, dass es eigentlich viel zu viel ist, um es am Telefon weiterzugeben. Spontan kommt mir die Idee, dass ich meinen Aufenthalt auf der Auffangstation doch um zwei Wochen verkürzen könnte. Stattdessen könnte Lisa nach Namibia fliegen, und wir würden zum zweiten Mal selbstständig durch das Land reisen. Lisa gefällt die Vorstellung, und wir beginnen zu planen.

Was ich nicht vermutet hätte: Plötzlich drängt es mich fort von diesem Ort, der mir doch so viel bedeutet. Es beginnt mit einer regelrechten Invasion auf der Auffangstation. Die Besitzerin hat doch tatsächlich zugestimmt, das Gelände für Aufnahmen einer billigen Reality-TV-Show zur Verfügung zu stellen, in der chinesische Models Volontäre spielen. Und das ausgerechnet für einen chinesischen Sender. Ich will auf keinen Fall verallgemeinern, doch das Wissen, dass der Schwarzmarkt aus gewildertem Elfenbein und Nashorn-Horn zum größten Teil nur deshalb besteht, weil Menschen aus diesem Land Unsummen dafür zahlen, macht es nicht leicht für mich. Mir kommt es so vor, als hätten Alice und der Manager die Seele der Auffangstation verscherbelt.

Plötzlich fallen mir noch andere Dinge auf. Wieder frage ich mich, warum so wenig ausgewildert wird. Ich denke an Bonnie und Koema. Ob sie irgendwann in Freiheit leben dürfen? Ich weiß nicht, ob das Fieber mich erschöpft oder klarer sehen lässt, was um mich herum geschieht. Und so wird der Gedanke, der Station den Rücken zu kehren und stattdessen mit Lisa zu reisen und zu fotografieren, immer verlockender ...

Bis dann doch wieder alles anders kommt.

Kapitel 25

Von Fabelwesen, sprechenden Bäumen und Abschiednehmen

Sobald die Fernsehhorden abgereist sind, ist die Stimmung unter den Volontären wieder gelöster – auch wenn Josie inzwischen leider abgereist ist. Die nächsten Tage verlaufen recht gut. Ich mache einige Bilder, unter anderem eines von Hellboy, dem größten der Leoparden, das ihn sehr aggressiv und in seiner ganzen Pracht zeigt. Je gefährlicher seine Drohgebärden sind, umso beeindruckender wirken sie auf den Bildern.

Ansonsten unterhalte ich mich bei jeder Gelegenheit mit Louis, der mir genauso wie Gerd wiederholt dazu rät, mich zum Field Guide ausbilden zu lassen. Ich werde genauer darüber nachdenken, wenn ich wieder zu Hause bin. Momentan wüsste ich nämlich nicht, wie ich die zwanzigtausend US-Dollar teure Ausbildung bezahlen sollte und ob der Beruf wirklich das Richtige für mich ist.

Dann hat Gumbi, das Fabelwesen, Geburtstag, und ich möchte zu diesem Anlass ein ordentliches Bild von ihm machen. Gumbi ist nicht wirklich ein Fabelwesen, ich nenne ihn nur so, weil sein Erscheinungsbild ziemlich ungewöhnlich ist. Der massive Schädel ist von kurzem, glattem Fell bedeckt, der Körper hingegen von langem Zottelhaar. Seine Vorderbeine sind länger als die Hinterbeine, was seinem Körper eine seltsame Statik verleiht, für seine Art aber völlig normal ist. Er ist eine Schabrackenhyäne, auch Braune Hyäne genannt, und zählt damit zur zweitgrößten Hyänenart.

Wie alle seiner Verwandten ist auch Gumbi nachtaktiv. Zum Schutz vor der Hitze verbringt er die Sonnenstunden meist in seiner Erdhöhle. Eine der wenigen Möglichkeiten, den Aasfresser mit der enormen Beißkraft zu fotografieren, ergibt sich immer dann, wenn er am späten Nachmittag oder frühen Abend gefüttert wird.

Nach vorheriger Absprache betrete ich sein Gehege gegenüber der Mechanikerhalle und der Food Prep Area, hocke mich mit meiner Kamera in der Hand am inneren Rand des Zaunes auf den Boden und warte. Gisèle schiebt von außen einen dicken Fleischbrocken, an dem noch ein Stück Oberschenkelknochen hängt, durch die Fütterungsklappe. Für die Kiefer von Hyänen sind Knochen kein Problem, die werden mitgefressen. Beim Betätigen der Klappe kommt Gumbi aus seiner Höhle herausgewackelt. Er ist stolze achtzehn Jahre alt und deshalb auch nicht mehr der Schnellste. Er gibt meckernde, jammernde Hyänengeräusche von sich, während er in das Nachmittagslicht tritt und sein staubiges Zottelfell schüttelt. Ich fotografiere ihn, wie er sich seine Beute holt und sie anschließend im hohen Gras frisst. Während Gumbi laut schmatzt und auf dem Knochen herumkaut, fällt mir auf, dass irgendetwas mit meiner Kamera nicht stimmt. Es kommt mir so vor, als würde sie nach dem Auslösen kurz hängen bleiben.

Als Gumbi fertig gefressen hat, legt er sich entspannt in den Sand vor die Erdhöhle. Ich setze mich direkt vor das Fabelwesen, blicke wiederholt durch den Sucher und drücke den Auslöser. Beim ersten Mal ist alles normal, beim zweiten Auslösen ertönt jedoch ein ziemlich ungutes Geräusch. Meine Kamera funktioniert nicht mehr. Ich sitze dem satten Raubtier direkt vor der Nase und prüfe in aufkommender Panik alle möglichen Funktionen meiner Spiegelreflexkamera. Es hat keinen Zweck, ich verabschiede mich von Gumbi und verlasse das Gehege, um draußen mein Objektiv vom Gehäuse abzunehmen. Da sehe ich den Fehler: Die Lamellen des Verschlusses, die hinter dem

Spiegel liegen, haben sich ineinander verhakt und sind sogar eingerissen. Das ist ein Totalschaden.

Nach etwas Recherche finde ich heraus, dass bei diesem Kameramodell ein Fabrikationsfehler des Verschlusses vorliegt. Es gab sogar eine Rückrufaktion, von der ich aber nichts mitbekommen habe. Bei meinem Händler zu Hause habe ich einen kostenlosen Reparaturanspruch – aber nicht hier, nicht in Afrika. Ich bin verzweifelt, schließlich bin ich doch hergekommen, um Wildtiere zu fotografieren. Ich fluche auf Englisch, Deutsch und Afrikaans. Aber das hilft auch nichts, ich muss eine Entscheidung treffen.

Mitten in der Nacht wache ich auf. Wieder bin ich schweißgebadet, das Fieber ist zurückgekehrt. Ich schnappe mir die Taschenlampe und wanke aus der Unterkunft. Grillen zirpen, der Mond leuchtet, und ich laufe in der angenehm kühlen Nachtluft in Richtung der Sanitäranlagen. Am Waschbecken klatsche ich mir kaltes Wasser in das glühende Gesicht und auf den verschwitzten Oberkörper. Das tut gut, und ich merke, wie ich ins Hier und Jetzt zurückkehre. Plötzlich ertönt hinter mir ein Grunzen. Ich drehe mich um und sehe Bacon, der schnarchend in einer der rustikalen Duschkabinen liegt.

Langsam mache ich mich auf den Rückweg zur Hütte. Tiger sitzt am Rand des Weges zu meiner Unterkunft, es wirkt, als würde er auf mich warten. Ich beuge mich zu ihm hinunter und kraule ihn. Währenddessen lasse ich den Lichtkegel meiner Taschenlampe einmal im Kreis um mich herum wandern. Mitten in der Bewegung erstarre ich. Direkt neben einer der Hütten steht jemand völlig bewegungslos und starrt mich an. Von einem Moment auf den anderen habe ich Gänsehaut am ganzen Körper. Das schwarz-weiß gemusterte Gesicht und die überlangen, spitzen Hörner lassen das Tier in der Dunkelheit wie einen mittelalterlichen Dämon erscheinen. Doch es ist nur eine Oryxantilope, die mich in der Dunkelheit anglotzt. Ich reiße mich von dem unheimlichen Anblick los. Die Katze begleitet mich tatsächlich zu meiner Hütte. Als ich mich hinlege, wird mir klar, dass es Zeit wird, wieder nach Hause zu fahren. Dort kann ich der Ursache meines Fiebers auf den Grund gehen und meine Kamera reparieren lassen. Die Entscheidung ist getroffen.

Der Flug zurück nach Deutschland ist gebucht, und somit habe ich nur noch wenige Tage hier in der Kalahari. Meine Kamera ist und bleibt unbrauchbar. Also montiere ich meine GoPro an einem billigen, wenig vertrauenerweckenden Selfie-Stick und komme mir damit vor wie ein Klischeetourist.

Rauschebart Louis, eine Handvoll neuer Volontäre und ich fahren durch die Wildline. Es geht tief hinein in die Buschlandschaft, Äste kratzen an dem Fahrzeug entlang. Ich mache den Fehler und halte die kleine Actionkamera an dem langen Stab aus dem Fenster. Sie bleibt in einem massiven gelblichen Spinnennetz hängen und katapultiert das Netz inklusive Erbauer in den Fußraum des Wagens.

»Äh, Louis«, sage ich möglichst gelassen, obwohl ich viel lieber schreiend aus dem fahrenden Auto springen würde.

»Mh, was los?«, murmelt er in seinen Rauschebart.

»Da ist eine ziemlich große, giftig aussehende Spinne bei meinen Füßen.« Er sieht mich an, dann folgt er meinem Blick in den Fußraum. Einen Wimpernschlag später geht er voll in die Eisen, die Volontäre auf der Ladefläche werden durcheinandergewirbelt.

»Was ist los?«, will eine Studentin aus Ulm wissen.

»Spinne«, antworte ich kurz, das reicht, dass alle verstummen. Louis steigt aus, öffnet die Beifahrertür, und wir schaffen das Tier hinaus. Ich brauche noch lange, um mich von all den klebrigen Fäden zu befreien.

Etwas später halten wir erneut und steigen ab. Louis führt uns zu einer Schirmakazie, pflückt ganz behutsam ein paar Blätter und verteilt sie unter uns Volontären.

»Gut, und jetzt kaut sie, nicht schlucken, nur kauen.« Die meisten von uns folgen seiner Aufforderung, wir schmecken jedoch nichts Besonderes. Was wir dem Namibier auch sagen. Louis nickt und nimmt einen auf dem Boden liegenden Ast, um damit auf das Astwerk der Schirmakazie einzuschlagen. Danach rupft er wieder eine Handvoll Blätter ab und verteilt sie an uns.

»Kauen«, sagt er knapp und grinst schelmisch. Wir tun, wie uns geheißen, und stellen schnell fest, dass die neuen Blätter sehr bitter schmecken, obwohl sie vom selben Baum wie zuvor stammen. Louis klärt uns auf, wie es dazu kommt. Der Baum entwickelt Bitterstoffe, sobald er merkt, dass jemand seine Blätter frisst – zum Beispiel eine Giraffe, der wegen des bitteren Geschmacks dann schnell die Lust vergeht, woraufhin sie weiterzieht. Die angegriffene Schirmakazie schützt aber nicht nur sich allein, sondern produziert ein Gas, das durch den Wind an andere Schirmakazien weitergesandt wird, die daraufhin ebenfalls Bitterstoffe produzieren. Ein Grund, weshalb Giraffen immer die Akazien anknabbern, die gegen die Windrichtung stehen. Absolut faszinierend!, denke ich, denn es zeigt auf beeindruckende Weise, dass auch Bäume untereinander kommunizieren.

Tags darauf freue ich mich ebenso sehr wie Eva, die Koordinatorin, auf das erste »Research« seit Jahren. Dabei geht es darum, die ausgewilderten Geparden in der Wildline mittels Sender zu finden, um dann ihre Bewegungen im Gelände und ihr Verhalten zu dokumentieren. Bei meinem ersten Aufenthalt lebten drei der schnellen, langbeinigen Katzen hier, die Brüder Max und Moritz sowie die erfahrene Pride. Alle drei waren an Menschen gewöhnt, und man konnte sich ihnen wie

Atheno oder den fünf nähern, obwohl sie in völliger Freiheit lebten. Die beiden Brüder waren gute Jäger. Häufig fanden wir sie mit vollen, runden Bäuchen am Wegesrand liegend, wo sie ihre Beute verdauten. Letztes Jahr jedoch wurde Max getötet und Moritz schwer verletzt. Höchstwahrscheinlich war der Angreifer ein Leopard, die Logik und die Art der Verletzungen lassen darauf schließen. Die kleinere, aber viel stärkere Raubkatze ist vermutlich zuvor in ihr Revier eingedrungen und hat es als ihres beansprucht. Moritz muss sich seitdem regelmäßigen Operationen in einer Tierklinik in Windhoek unterziehen. Er sieht recht mitgenommen aus und hat bleibende Schäden davongetragen. Untergebracht ist er jetzt in einem Gehege hinter Alices Garten. Zum Glück kann er wieder laufen und fressen, in der Wildnis wird er jedoch nicht mehr selbstständig leben können.

Die Gefahr, dass ein ausgewildertes Tier in freier Wildbahn getötet wird, besteht immer. Aber das ist die Natur, zumindest, solange kein Mensch für das Töten verantwortlich ist. Und trotzdem gehören Wildtiere immer in die Wildnis. Wir sollten dafür sorgen, dass die Zukunft der verbleibenden Wildtiere nicht der Zoo, sondern ihre natürliche, freie Umgebung ist.

Eine Staubwolke hinter sich herziehend, wackelt unser Geländefahrzeug über den rotbraunen Sandweg Richtung Damhaus, einem teilweise eingezäunten Gebäude mitten in der Wildline, welches sich in der Nähe eines Wasserlochs befindet. Das Piepsen des Suchgeräts mit der eingestellten Frequenz für Pride wird lauter, je näher wir dem großen, runden Gebäude kommen.

Eva und ich fahren aus dem stark bewachsenen Gebiet auf die offene Fläche, die das Wasserloch umgibt. Das ockerfarbene Gebäude taucht vor uns auf. Drei lang gezogene, fast auf den Boden reichende Fenster bieten die Möglichkeit, heraus-

oder hineinzusehen. Ein lebensgroßer Gepardenkopf blickt uns aus dem ersten entgegen.

»Das ist ja lustig, wer hat denn das Bild ins Fenster gehängt?«, sage ich an Eva gewandt und deute auf das Fenster. Das Fahrzeug wird langsamer, Eva blickt erst ungläubig und beginnt dann zu lachen. Auch ich sehe jetzt, dass der Kopf sich bewegt und uns hechelnd die Zunge herausstreckt. Das ist eines von Prides Kindern, das dort durch das Fenster sieht! Wir halten an und brauchen ein paar Minuten, um den Geparden aus dem Gebäude herauszubekommen. Vermutlich wurde die Tür während des letzten Gewitters durch den starken Wind aufgedrückt, sodass es nicht länger versperrt war. Als der Hausbesetzer wieder draußen ist, kommt auch schon Pride um die Ecke. Sie schnurrt wie ein Motor und leckt uns zur Begrüßung ab – ganz anders als ihr mittlerweile ausgewachsener Nachwuchs, der menschenscheu ist und Abstand zu uns hält. Die Raubkatzenmutter aber ist geradezu tiefenentspannt, legt sich seitlich in den Schatten zwischen uns und gähnt ausgiebig. Dabei entblößt sie ihr Gebiss. Deutlich kann ich die Lücke sehen, dort, wo der obere rechte Fangzahn fehlt. Durch den bei der Jagd verlorenen Zahn wirkt ihr Mund im geschlossenen Zustand immer etwas schräg. Aber sie ist auch so eine enorm gute Jägerin.

Jetzt, wo ich weiß, dass ich nicht mehr lange hier sein werde, nehme ich die Dinge bewusster wahr als in den Wochen zuvor: die ständige Geräuschkulisse der Kalahari, den durch das Volontärsdorf tuckernden Bacon, die lauten Graulärmvögel, die »Work harder, drink Lager« rufenden Kapurteltauben, die vielen gelben Webervögel, die zwitschernd ihre kunstvollen Nester in die großen Bäume der Farm bauen, das Löwengebrüll bei Sonnenauf- und -untergang, die Mistkäfer, die alle Wege mit ihren aus Dung gebauten Kugeln kreuzen – aber auch die Schlangen, deren Aktivität in den letzten Wochen zugenommen hat. Habe ich zuvor nur selten ihre Spuren im Sand entdeckt, häufen sich jetzt die tatsächlichen Begegnungen. Manche sind ganz harmlos, wie etwa die dicke Puffotter, die in einem Abstand von einigen Metern meinen Weg kreuzt. Weniger harmlos ist, dass einer der Hunde von einer Kobra gebissen wurde. Auch wurde ein Kobranest mit bereits geschlüpften Jungen direkt unter einer der neuen Hütten im Volontärsdorf entdeckt. Viel Glück hatte eine Volontärin, die aus Versehen in der Damentoilette des Restaurants auf eine Boomslang trat. Die hochgiftige Schlange biss nämlich nicht zu. Der herbeigerufene Louis konnte das verirrte Tier einfangen und später in der Wildnis abseits der Farm wieder freilassen. Die Frau hatte berechtigterweise den Schock ihres Lebens.

Der vorletzte Tag auf der Auffangstation bricht für mich an. Es ist ein Wechselbad der Gefühle, weil mir inzwischen klar geworden ist, dass ich kein weiteres Mal als Volontär hierher zurückkehren werde. Die Auffangstation in der Kalahari war für mich ein bedeutsamer Ort, an dem ich nicht nur viel über die Wildtiere Afrikas, sondern auch über mich selbst gelernt habe. Aber ich spüre einfach, dass dieser Abschnitt nun zu Ende ist. Ich weiß nicht recht, wie ich es beschreiben soll, aber ich habe das Verlangen, weiterzugehen, tiefer in die Materie einzusteigen, nachhaltige Arbeit nach meinen Möglichkeiten zu leisten und damit etwas zu bewirken. Ich möchte die Zusammenhänge der Probleme zwischen Mensch und Wildtier ergründen. Und dafür muss ich mehr Orte und Menschen kennenlernen und vielleicht auch dorthin gehen, wo es wehtut. Ich will mehr sehen, mehr fotografieren. Einen Weg finden, mehr zum Artenschutz beizutragen. Doch einen genauen Plan habe ich nicht, ich weiß überhaupt nicht, wie mein nächster Schritt aussehen wird. Ich weiß nur, dass meine Zeit in Afrika noch nicht vorbei ist, hier auf der Auffangstation jedoch schon.

Lea Porcelain mit »Remember« ist meine Abschlusshymne. Ich verabschiede mich mehrmals bei den für mich persönlich so wichtigen Tieren. Atheno, der Gepard, putzt mich wie gewohnt mit seiner rauen Zunge. Bonnie, den frechen Karakal, beobachte ich lange durch den Zaun hindurch und hoffe, dass er bald ausgewildert wird. Missy Jo, die brummende Leopardin, deren Fell sich anfühlt wie das eines Labradors, kraule ich ausgiebig unter dem Kinn. Glücklicherweise versucht sie mich diesmal nicht zu markieren. Pride, die ausgewilderte Gepardin, treffe ich nach langer Suche an meinem letzten Nachmittag in einem unübersichtlichen Abschnitt der Wildline. Wie werde ich es vermissen, in die faszinierenden tief orangefarbenen Augen der Geparden zu blicken.

TEIL 4
AUF SAFARI IN NAMIBIA

Als Tourist und Fotograf unterwegs
zwischen Namib-Wüste und Kalahari

Kapitel 26

Erste Welt

Würzburg–Windhoek, April 2017

Eine Dusche, aus der immer trinkbares Wasser kommt, und das auch noch in Wunschtemperatur. Ein abschließbares Badezimmer ganz für sich allein, in das sich keine giftige Schlange verirrt. Ein Supermarkt um die Ecke, in dem man von Fertiggerichten bis zu frischem Gemüse und Obst alles bekommt, was man möchte. Städte, in denen Hausbewohner keine Stacheldrahtzäune, Kameraüberwachungsanlagen und private Sicherheitsleute brauchen. Ein funktionierendes, wenn auch verbesserungswürdiges Sozial- und Gesundheitssystem. Eine sehr gut ausgebaute Infrastruktur, durch die nahezu alle Ortschaften mit einem nicht geländegängigen Fahrzeug und öffentlichen Verkehrsmitteln erreicht werden können ... Wenn man einige Zeit in der Dritten Welt verbracht hat, weiß man die Vorzüge eines reichen Industrielandes wie Deutschland wieder zu schätzen. Zumindest geht es mir so. Schon meine erste Afrikareise als Volontär zeigte mir deutlich, auf welch hohem Niveau man sich hier eigentlich über alles beschwert. Aber auch ich gewöhne mich leider immer wieder viel zu schnell an den alltäglichen Luxus. Kurz nach meiner Ankunft aus Namibia jedoch wird mir wieder bewusst, wie gut es uns eigentlich geht. Ich sehe mein Land und meine Stadt mit ganz anderen Augen.

Es ist ein ganz normaler Morgen unter der Woche, die Osterferien beginnen gerade. Die genaue Uhrzeit weiß ich nicht, da ich schon in Namibia beschlossen habe, keine Armbanduhr mehr zu tragen. Statt des namibischen Spätsommers mit sechsunddreißig Grad hält hier der deutsche Frühling mit angenehmen fünfzehn Grad Einzug.

Mit den Songs des Schweizer Künstlers Faber im Ohr verlasse ich gut gelaunt das Schwimmbad, das sich in direkter Innenstadtnähe befindet. Das Schwimmen im südafrikanischen Fluss hat mich auf den Geschmack gebracht. Wie es Lee und den anderen von der Nashorn-Auffangstation wohl geht?

Ich überquere die Straße, schlendere an dem nach Frühlingsblüten riechenden Stadtpark vorbei. Die ersten hellgrünen Blätter zeigen sich bereits an den Bäumen der Parkanlage, die sich ringförmig um die Altstadt zieht, dort, wo sich einmal die Stadtmauer Würzburgs befand.

Den Straßenbahnschienen folgend, laufe ich durch meine persönliche Lieblingsstraße und lasse den Blick schweifen.

Studenten in engen schwarzen Hosen, die etwas zu kurz sind, sodass die Knöchel frei liegen, dazu weiße Sneakers und T-Shirts mit »Levi's«-Aufdruck. Die Kerle mit Käppi, die Mädels mit Nasenpiercing. Dazwischen verbissen wirkende, voll geschminkte Joggerinnen. Auf der anderen Straßenseite ein Café mit grüner Oma-Retro-Tapete. Ein Stück weiter ein neu eröffneter Laden – »Unverpackt« heißt er, der Name ist Programm. Hier kann man jede Art von Lebensmitteln aus der Region ohne Plastikverpackung kaufen. Tolles Konzept, es sollte mehr davon geben.

Ich lasse die Straße hinter mir und laufe durch den Kern der noch fast leeren Altstadt. Obwohl Würzburg kurz vor Kriegsende durch einen Bombenangriff zu neunzig Prozent zerstört wurde, hat die Stadt es irgendwie geschafft, sich ein romantisches Flair zu bewahren. Mir gefällt es, morgens hier unterwegs zu sein. Sosehr ich den wilden, menschenleeren afrikanischen Busch mag, sosehr mag ich es auch, durch meine Heimatstadt zu laufen und ihre Bewohner zu beobachten. Die

Gefunden! Das sehr seltene Pangolin.

Auf Karstens Farm in der Namib-Wüste.

Gegensätze

Impala im Morgenlicht

Bergzebras

Gegensätze sind einfach gewaltig, sie üben eine faszinierende Anziehungskraft auf mich aus.

Eine Straßenbahn voller stummer, ausdrucksloser Gesichter kreuzt klingelnd meinen Weg. Eine mit sich selbst sprechende, verärgert wirkende Frau weicht ihr nur knapp aus. Ein freundlich lächelnder Obdachloser sitzt in der Morgensonne vor den Schaufenstern einer Bank und beschallt den Straßenabschnitt mit einem batteriebetriebenen Radio. Aus diesem dringen jede halbe Stunde negative Nachrichten in die Gehörgänge all derer, die sich in Reichweite befinden. Ein orangefarbener Müllwagen überholt mich, einzelne Männer in Anzügen hasten mit ihrem Coffee to go an mir vorbei. Eine südeuropäische Schönheit mit wehendem schwarzem Haar stolziert mir entgegen und würdigt weder mich noch sonst jemanden eines Blickes. Ein Rauhaardackel kackt neben eine Straßenlaterne, seine Trachtenjacke tragende Besitzerin lobt ihn und hebt die Hinterlassenschaften mit einer Plastiktüte auf.

Vor meiner ersten Afrikareise empfand ich die Stadt als unsagbar langweilig. Inzwischen hat sich meine Perspektive geändert, ich gehe mit offeneren Augen durch die Straßen, mit mehr Sinn für Humor, was die alltäglichen Dinge, den Hauch Spießigkeit betrifft.

Wenig später sitze ich vor einem meiner Stammcafés und genieße einen hervorragenden Cappuccino, etwas, das ich in Afrika wirklich vermisst habe. Während ich in meiner Tasse rühre, beobachte ich nebenbei, wie ein Porsche-Geländewagen versucht, sich zwischen zwei parkende Lieferwagen zu quetschen. Wieso man solch ein Fahrzeug in Deutschland und dann auch noch in der Innenstadt fährt, erschließt sich mir nicht ganz. Der Fahrer ist auf jeden Fall schon weit über sechzig und wirkt noch schlechter gelaunt als die geschminkten Joggerinnen.

Ich nehme einen großen Schluck von meinem Cappuccino und muss aufpassen, dass ich mich nicht verschlucke. Denn am Nebentisch beschwert sich soeben ein grauhaariger Mann lautstark darüber, dass er zu wenig Marmelade zu seinem zweiten Croissant erhalten habe.

»Dort, wo ich herkomme, nennt man so etwas Geiz!«, poltert er mit angeschwollener Halsschlagader und vor Wut spuckend den dünnen Barista an. Ja, warum denn freundlich sein, wenn man bei Nichtigkeiten auch gleich überreagieren kann? Hallo, Deutschland, denke ich, ich bin wieder daheim.

Kaum bin ich zu Hause, erhalte ich zwei persönliche Mitteilungen, die mich erschüttern. Die erste stammt von Lee. Sie ist wieder in den USA und fragt mich, ob ich von dem Überfall auf eine Nashorn-Auffangstation gehört habe. Zwei Nashorn-Kinder im Alter von achtzehn Monaten wurden getötet und ein Volontär angeblich von den Wilderern vergewaltigt. Ich bin entsetzt, davon hatte ich in Namibia nichts mitbekommen. Gedanken an Sibeva, Leo, Fee, Rob und die ganzen anderen Nashorn-Waisen schießen mir durch den Kopf. Was ich weiß, ist, dass vor einem Monat ein Nashorn in einem französischen Zoo getötet wurde, was ich schon erschreckend genug fand.

Nach kurzer Suche im Internet stoße ich auf die passende Meldung. Der Vorfall ereignete sich, kurz nachdem ich Südafrika Richtung Namibia verlassen hatte. Bei der Auffangstation, die überfallen wurde, handelte es sich um eine kleinere weiter im Süden. Ich kann mir auch nicht vorstellen, wie Wilderer an den vielen ehemaligen Elitesoldaten und den Sicherungsanlagen auf »meiner« Station vorbeikommen sollten. Um dort bis zu den Nashörnern vordringen zu können, bräuchte man schon Panzer. Die kleinere Auffangstation hatte leider weit weniger Sicherheitsvorkehrungen und wurde so zum Ziel in dem perversen Krieg um die letzten Nashörner.

Die zweite Mitteilung wird mir gleich von verschiedenen Personen übermittelt. Volontäre, die sich noch auf der Auffangstation in der Kalahari befinden, schreiben mir genauso wie Josie aus Kopenhagen. In der vergangenen Nacht sind zwei Löwen ausgebrochen, sie haben sich unter dem Zaun durchgegraben und sind jagen gegangen. Ein Gnu, ein Springbock und Bacon, der zahme Warzenschwein-Keiler, sollen ihnen zum Opfer gefallen sein. Die Raubkatzen wurden am nächsten Morgen wieder in ihr weitläufiges Gehege getrieben. Das mit Bacon tut mir leid. Er war zwar immer ein Unruhestifter, aber er war auch die Seele des Volontärsdorfes. Besonders erschreckend an dem Vorfall finde ich, dass der Keiler in seinem Revier gerissen wurde, dem Volontärsdorf.

Am liebsten würde ich in den nächsten Flieger steigen und mich selbst überzeugen, ob mit den übrigen Tieren alles in Ordnung ist und die Sicherheitsvorkehrungen auf der Station in der Kalahari verbessert werden. Doch noch immer ist die Ursache meiner Fieberschübe nicht geklärt. Zumindest weiß ich inzwischen, dass es keine Malaria ist.

»Nasennebenhöhlenentzündung, beidseitig.« Der leicht gelangweilt wirkende, aber freundliche HNO-Arzt zieht das lange, dünne Untersuchungsinstrument aus meiner Nase. »Ich verschreibe Ihnen ein Antibiotikum. Nehmen Sie es zehn Tage ein, danach sollte alles wieder in Ordnung sein.«

Eine Nasennebenhöhlenentzündung? Das soll also der Grund für mein ständig wiederkehrendes Fieber in den letzten Wochen gewesen sein!? Wirklich?

Vor zwei Jahren war es der Dorn eines Busches, den ich aus Afrika mitgebracht hatte und der so tief in meiner rechten Hand steckte, dass ich ihn ambulant herausschneiden lassen musste. Mal sehen, was es das nächste Mal ist, denke ich. Denn eine weitere Reise steht kurz bevor: In vier Wochen geht es zurück nach Namibia, mit Lisa als »normale Touristen« auf Safari.

Die reparierte Spiegelreflexkamera erreicht mich ein paar Tage vor Abflug. Das notwendige Ersatzteil wurde extra bei Nikon in Japan bestellt. Sicherheitshalber habe ich mir ein zweites, etwas günstigeres Gehäuse gekauft. Ganz nach dem Motto »Aus Fehlern lernt man« werde ich ab jetzt nicht mehr ohne Ersatzgehäuse verreisen.

Und schon wieder ist alles gepackt und vorbereitet. Der Abschied von den beiden blauäugigen, weichen Schneekugeln Königin Pauzi und Herrn Dachboden fällt mir wieder besonders schwer, obwohl ich weiß, dass wir ja nur ein paar Wochen weg sein und die Katzen währenddessen gut versorgt werden. Sie miaut mich vorwurfsvoll an, er döst mit halb geschlossenen Augen in seiner Hängematte. Das Gepäck steht bereits unten, ich schnappe mir noch den dicken Briefumschlag vom Schuhschrank, und Lisa zieht hinter mir die Tür zu. Sie ist viel aufgeregter als ich, aber das ist immer so, wenn wir verreisen.

Am Bahnhof Würzburg werfe ich den Brief in den Postkasten. Die Formulare darin richtig auszufüllen war gar nicht so einfach, ich musste ein paarmal telefonische Rücksprache mit meinem Berater des Berufsförderungsdienstes der Bundeswehr halten. Weil ich zwölf Jahre Soldat war, habe ich die Möglichkeit, bis zu drei Jahre nach meinem Dienstzeitende Anträge zur Förderung von Bildungsmaßnahmen zu stellen. Und genau das habe ich jetzt getan. Ich möchte mich zum professionellen Field Guide ausbilden lassen. Das Budget ist natürlich beschränkt und würde nicht für die gesamte einjährige Ausbildung reichen. Aber die ersten beiden wichtigsten Teile könnte ich damit finanzieren. Es wäre das erste Mal, dass ich eine durch die Bundeswehr finanzierte zivile Ausbildung absolvieren könnte, die ich nicht aufgrund meines jeweiligen Dienstpostens gezwungen wäre zu machen, sondern die ich selbst gewählt habe. Das wäre doch mal eine neue Erfahrung – eine geförderte Maßnahme, die mir Spaß machen würde.

Wenn ich ehrlich bin, habe ich nicht viel Hoffnung, dass

es klappt. Der zuständige Mitarbeiter hat schon am Telefon seine Skepsis deutlich gemacht und gewirkt, als hätte ich den Wunsch geäußert, an einer internationalen Marsmission teilzunehmen. Standard ist mein Wunsch nicht. Und dennoch ... Versuchen, ich will es versuchen und aktiv sein. Passivität ist der stärkste Verbündete meiner Depression, das habe ich inzwischen eindeutig festgestellt.

Kapitel 27

Die Wüstenstadt am Ozean

Trockene Luft, atemberaubende weite Landschaft, blauer Himmel, Namibia hat mich wieder. Mit unserem Mietwagen fahren wir über die gut ausgebaute Straße vom Landesinneren an die Atlantikküste. Rund fünf Stunden braucht man für die Strecke vom Flughafen Windhoek zu der kleinen, außergewöhnlichen Stadt Swakopmund. An den Linksverkehr und das Automatikgetriebe gewöhne ich mich schnell, zumal wir die Strecke schon vor zwei Jahren zurückgelegt haben.

Von Windhoek geht es zunächst nach Okahandja. Nach wenigen Kilometern endet die ausgebaute Autobahn, und die normale Nationalstraße führt weiter gen Westen. Alle zehn Minuten kommt uns ein Fahrzeug entgegen. Alle zwanzig bis dreißig Minuten überholen wir einen Lkw. Wir sind aber auch schon abgelegenere Strecken gefahren, nach Norden durch das Damaraland und an der Skelettküste entlang, wo es nichts Ungewöhnliches ist, den ganzen Tag über niemandem zu begegnen. Gelegentlich sehen Lisa und ich ein Warzenschwein mit Jungen oder eine Gruppe Paviane am Straßenrand. Während der Fahrt bewundern wir, wie die Landschaft sich langsam verändert. Noch ist sie mit ein wenig Grün durchzogen, während sich die weit entfernten Hügel und Berge am Horizont ganz langsam nähern. Hinter Okahandja geht es weiter Richtung Westen nach Karibib. Die Umgebung wandelt sich, rotbraune Felsen stapeln sich zu Hügeln und Bergen, auf denen Büsche und knorrige Bäume wachsen. Die alte deutsche Eisenbahnlinie zieht sich parallel zur Straße durch die Landschaft.

In Karibib wird getankt. Noch wichtiger als der volle Tank ist es, ausreichend Wasser mitzunehmen. Denn wenn man in einem der menschenleeren Gebiete eine Panne haben sollte, ist die größte Gefahr in der heißen und trockenen Umgebung das Dehydrieren. Das wird von Touristen häufig unterschätzt.

Nach Karibib wird die Landschaft noch karger. Die Vegetation nimmt immer mehr ab, je näher wir der Küste kommen, bis sich schließlich nichts als unfruchtbares Ödland um uns erstreckt, toter Boden und schwarze Hügel. Es wirkt wie eine Mischung aus Mondlandschaft, Salzwüste und Mordor. Ich werde immer müder, und Lisa ist damit beschäftigt, mich bei Laune und vor allem wach zu halten.

»Es ist wirklich wie in Deutschland, das müssen Sie sich unbedingt mal ansehen!« Das war das Erste, was ich persönlich über Swakopmund gehört hatte, aus dem Munde eines älteren deutschen Paares, mit dem ich mir bei meiner allerersten Reise in die Kalahari ein Taxi nach Windhoek geteilt hatte. Damals fragte ich mich, warum man den langen Flug nach Namibia und weitere fünf Stunden Autofahrt auf sich nehmen sollte, um am Ende in einem Ort zu landen, der »wirklich wie in Deutschland« ist. Als ich vor über zwei Jahren mit Lisa in das kleine Städtchen kam, war ich überrascht, und das nicht mal negativ.

Die gerade mal fünfundvierzigtausend Einwohner zählende Stadt wirkt eher so, wie ich mir eine Kleinstadt in Nevada oder Mexiko vorstelle – breite Straßen und gedrungene Häuser mit Flachdächern. Aber je näher man dem Kern des Ortes kommt, umso mehr Spuren der deutschen Kolonialzeit findet man.

Wenn man sich auf einer der Kreuzungen im alten Swakopmund dreht, sieht man alles, was diese Stadt ausmacht. In südlicher Richtung folgt der Blick einer Straße, an der links und rechts am Bordstein Miniatur-Sanddünen aufragen. Zwischen halbwegs modernen und unscheinbar wirkenden Flachdachhäusern stehen Jugendstilbauten aus der Jahrhundertwende des letzten Jahrtausends. Am Ende der Straße erheben sich die wirklichen Dünen, die über der Stadt thronen: groß, geschwungen, wie aus dem Bilderbuch und zum Greifen nah. Die Sanddünen der Namib-Wüste, der ältesten Wüste der Welt.

Der Blick nach Westen die Straße hinunter ist ein anderer. Immer wieder sieht man Gebäude mit wilhelminischen Giebeln und Jugendstilfassaden – und das in Afrika! Und am Ende der Straße leuchtet nicht die Wüste, sondern das glitzernde Meer, der kalte Atlantische Ozean.

Unsere Unterkunft ist herrlich, ein Bungalow in einem hellen, sauberen Innenhof. Die Außenwände des kleinen Hauses sind rot, die Fenster wie auch der Gartenzaun weiß gestrichen.

»Sie sind Südafrikaner, nicht wahr?«, spricht uns die dunkelhäutige Hotelmitarbeiterin mit lockiger Haarpracht an.

»Nein, nicht ganz.« Als wir erzählen, dass wir Deutsche sind, entschuldigt sie sich vielmals, als wäre es schlimm, das nicht gleich zu erkennen.

»Das nächste Mal ziehe ich weiße Tennissocken an, dann wissen Sie Bescheid«, sage ich zwinkernd, und sie fügt laut lachend hinzu:

»Aber nicht die Sandalen dazu vergessen!«

Okay, dieses Klischee hat wohl auch Afrika erreicht, denke ich belustigt und schiele unauffällig auf meine Birkenstock, die offenbar als »südafrikanisch« durchgehen.

Nach einer kurzen, erfrischenden Dusche und einem Begrüßungs-Cappuccino verlassen wir unsere Unterkunft durch eine Tür in der von Stacheldraht gekrönten Mauer und treten von dem üppig bewachsenen Garten auf die wenig befahrene, von dicken Palmen gesäumte Straße. Feiner Sandstaub liegt über dem Gehweg, vom Meer weht ein kühler, salziger und leicht fischiger Geruch herüber. Links von uns an der Kreuzung steht die »Namib High School«. Neben dem modernen englischen Schild entdecken wir ein älteres mit der deutschen Aufschrift »Erbaut im Jahre 1913«. Gleich gegenüber befindet sich die helle Evangelisch-Lutherische Kirche im neobarocken Stil, geweiht im Jahr 1912. Ein Schild neben ihrem Eingang weist darauf hin, dass hier regelmäßig Gottesdienste in deutscher Sprache stattfinden. Nirgends in Namibia habe ich so viel Deutsch gelesen und gehört wie hier.

Wirklich wie in Deutschland? Nein, absolut nicht, aber dies ist tatsächlich die Stadt in Namibia, in der man die kurze deutsche Kolonialzeit (1884–1915) wohl noch am deutlichsten sieht. Und das ist gar nicht mal so schlecht, denn dieses außergewöhnliche Erscheinungsbild macht Swakopmund zu dem beliebtesten Urlaubsort in Namibia, auch für die Namibier selbst.

Wir laufen Richtung Uferpromenade. Gegenüber vom rotweiß gestreiften Leuchtturm von 1902 liegt das bekannte »Café Anton«, das wohl einzige Café in Afrika, in dem man echte Schwarzwälder Kirschtorte essen kann, und das auch noch mit Blick auf den Atlantik. Es erscheint mir völlig surreal.

Vor der Uferpromenade und hinter einem deutschen Kriegerdenkmal ist ein kleiner Basar, in dem hauptsächlich Holzprodukte von Händlern angeboten werden. Daneben und vor dem sehenswerten »Swakopmund Museum« sitzen mehrere barbusige Himba-Frauen mit ihren Kindern. Wer Fotos von ihnen machen möchte, muss dafür zahlen. Die Himba, das letzte Nomadenvolk Namibias, unterscheiden sich deutlich von den anderen Volksgruppen durch ihre auffälligen Frisuren und die ungewöhnliche Hautfarbe. Diese kommt von einer täglich verwendeten, streng riechenden Creme, die zum Schutz vor Sonne und Trockenheit dient und färbende Bestandteile enthält, welche die Haut rötlich wirken lassen.

Touristen werden hier an der Promenade von den »Nüsschenmännern« belagert, so nennen Lisa und ich die Typen, die einem ständig verzierte Nüsse verkaufen wollen. In die braune Außenhaut der sehr harten Makalani-Nuss schnitzen sie kleine Kunstwerke wie Wildtiere und Landschaften. Gerne fragen sie einen nach dem Namen, um ihn schnell in die Nuss zu schnitzen und einem diese dann meist völlig überteuert anzudrehen. Es ist ein seltsames Gefühl, Namibia von dieser touristischen Seite zu erleben, wo ich doch fast ausschließlich die Wildheit des Landes kenne.

Und dann, nach ausreichend Schlaf, beginnt auch schon der nächste Morgen. Sehr früh aufstehen und den Sonnenaufgang bei einer Tasse Tee auf der Bank vor unserem schönen Häuschen genießen. Danach durch das Zentrum schlendern und Cappuccino trinken in der Kaffeerösterei »Slowtown«. Später Bier und Steak im Brauhaus. Dieses Restaurant ist eine Nummer für sich. Da stehe ich bei über dreißig Grad im April in der afrikanischen Sonne, habe den salzigen Duft des Atlantiks und zugleich den Staub der Namib-Wüste in der Nase und lese über mir an der Wand: »Hopfen und Malz, Gott erhalt's.«

Innen ist die Decke mit allen möglichen Fahnen der Welt, vor allem aber Deutschlands, geschmückt. Ich entdecke sogar die Flaggen von Franken und Unterfranken. Am besten ins Gespräch mit den Einheimischen kommt man hier, wenn man sich an die Bar setzt. Angeboten werden typisch deutsche Gerichte, zu denen hauptsächlich Bier getrunken wird, vorzugsweise in zwei Liter fassenden Gläsern in Stiefelform, was als »typisch deutsch« angepriesen wird. Sorry, Jungs, aber bei uns gibt's maximal eine Maß Bier.

Fachbücher über die Pflanzen- und Tierwelt des südlichen Afrikas sowie alles über die Geschichte des Landes findet man in der ältesten Buchhandlung Namibias. Hier lese ich auch, dass Swakopmund während der deutschen Kolonialzeit ein bedeutsamer Ort war. Alle Versorgungsgüter der Kolonie, die damals »Deutsch-Südwestafrika« hieß, wurden nämlich per Schiff angeliefert. Der Landungssteg, eine dreihundert Meter in den Ozean hineinragende Konstruktion, wird heute »Jetty« genannt. Verladen wird hier nichts mehr, aber am äußersten Ende finden Lisa und ich ein Fischrestaurant mit außergewöhnlichem Ausblick.

Ganz in der Nähe des einstigen Ankerplatzes liegt die ehemalige Kaiser-Wilhelm-Straße, die heute Sam Nujoma Avenue heißt und an deren Ende der Atlantik in der warmen Nachmittagssonne heranbrandet. Ein kreativ gestaltetes Schild ragt von der Hauswand über den Gehsteig: »SMALLWORLD Lederhandwerk und Halbedelsteinschmuck.« Ein Laden ganz nach meinem Geschma k. Hier kann man individuelle, tragbare und einmalige kleine Kunstwerke entdecken, die es in dieser Art sonst nirgends auf der Welt gibt.

Lisa und ich treten in den Laden, die Luft ist etwas stickig, doch je tiefer wir ins Innere gelangen, umso kühler wird es. Es riecht angenehm nach altem Holz. Überall an den Wänden hängt handgefertigter Schmuck aus kreativ eingefassten Halbedelsteinen aus der Namib-Wüste oder dem nordöstlich gelegenen Brandbergmassiv. Jedes Stück ist ein Unikat und von dem Künstler, der gerade gedankenversunken an seinem Arbeitsplatz sitzt, selbst gefertigt.

»Hallo, Karsten«, sagen wir im Chor. Er sieht auf, erst erstaunt, dann mit einem Lächeln.

»Oh, ihr seid es. Schön, dass ihr wieder da seid.« Langsam steht er auf und kommt auf uns zu. Karsten ist in den Fünfzigern, eine drahtige Statur, die Haut von der Sonne gebräunt. Die Haare reichen ihm bis zur Schulter und sind vom Salzwasser und der Sonne ausgebleicht. Auf der Nase trägt er noch immer seine kleine, rechteckige Brille. Zwei Jahre zuvor, bei unserer ersten gemeinsamen Namibia-Tour, haben wir ihn das letzte Mal gesehen. Und so unterhalten wir uns erst einmal angeregt, was es Neues gibt. Währenddessen kann ich nicht widerstehen, gleich zwei Armbänder zu kaufen, eines mit ungeschliffenem grünem Demantoid und eines mit gelbem Citrin.

Schließlich lädt Karsten uns für den nächsten Abend zu sich nach Hause ein, auf seine kleine und spektakuläre Farm in der Wüste.

Die weitläufige Farm ist schwer zu beschreiben. Die Gebäude sind zum Teil ineinander verschachtelt und haben mit ihren zahlreichen Flachdächern und Terrassen etwas von einem griechischen Inseldorf, aber gleichzeitig auch das Flair des Wilden Westens. Man sieht einfach, dass hier jemand mit großem Einfallsreichtum und handwerklichem Geschick lange gearbeitet hat. Viel Naturstein, Treibholz und sogar am Strand gefundene Walknochen sind in die Architektur integriert. Fernseher gibt es hier keinen, genauso wenig wie einen elektrischen Kühlschrank. Eine uralte Eisentruhe beherbergt zwei große Eisbrocken, mit ihnen wird alles gekühlt, was eben gekühlt werden muss. In den Räumen hängen alte Landkarten und ausgeblichene Bilder. Viele zeigen Karstens inzwischen erwachsene Kinder oder ihn selbst, beim Surfen. Früher hat er schwere Zeiten durchgemacht, erzählt er uns. Heute hat er, wie er sagt, zu Gott gefunden und ist damit viel glücklicher.

Coco, der rotbraune Staffordshire-Bullterrier, erinnert sich wohl noch an uns und freut sich wie verrückt, uns wiederzusehen. Nur als wir auch Spiffy, den schwarz-weißen Kater, kraulen, wird Coco eifersüchtig und versucht ihn mit der Schnauze wegzuschieben.

Nachdem Karsten uns den neuesten Bauabschnitt gezeigt hat, führt er uns nach draußen.

»Die Terrasse ist noch nicht ganz fertig, ein bisschen hier und ein bisschen dort ...«, sagt er und deutet dabei auf die Konstruktion des noch nicht abgedeckten Sonnendaches.

Links vor uns, an einen kleinen Felsen geschmiegt, sehe ich die Halfpipe. Karsten hat sie vor Jahren für seinen Sohn gebaut, genauso wie den Skate-Pool in einer kleinen Scheune auf der anderen Seite der Farm.

Als Karsten uns das erste Mal zu sich einlud, konnten wir live eine Gruppe internationaler Profi-Skater dabei beobachten, wie sie ihr Können präsentierten. Sie kamen aus den USA, Kanada, Indien, Großbritannien und auch Deutschland. Klar, so eine außergewöhnliche Kulisse muss man erlebt haben. Eine Halfpipe mitten in der afrikanischen Namib-Wüste. Einmalig und völlig abgefahren!

Wir setzen uns in die Ecke der Terrasse auf eine urige Bank und genießen bei gutem Kaffee die beeindruckende Umgebung. Die tief stehende Sonne lässt die Wüste erst honiggelb und dann immer röter erstrahlen, während die Schatten länger und tiefer werden.

Auch wenn die Wüste im ersten Moment wie tot wirkt, lebt sie. Über die Jahrtausende haben sich Tiere ihren Bedingungen angepasst. So kann man in diesem Teil zum Beispiel den Namibgecko, die Zwergpuffotter, das Namaqua-Chamäleon, Wüstenspinnen und Skorpione entdecken. Aber auch größere Säugetiere wie die Oryxantilope haben sich den lebensfeindlichen Bedingungen der Wüste angepasst.

Als die Sonne untergeht, setzen wir uns in Karstens rustikales Wohnzimmer voller hölzerner Möbel. Ein Globus hängt von der Decke, ein Bücherregal biegt sich unter seiner Last. Die einzige Lichtquelle ist jetzt eine schwache Glühbirne über dem kleinen Tisch, an dem wir Platz genommen haben. Es riecht auch hier nach Wüste und Trockenheit. Karsten schwärmt von dem Geruch frischen Regens und wie sehr er sich manchmal wünscht, ihn zu riechen. »Warum kann man diesen Geruch nicht in der Dose kaufen?«, fragt er schmunzelnd. »Hier kann es passieren, dass man den ganzen Regen eines Jahres verschläft. Man wacht auf und stellt fest, dass es in der Nacht geregnet hat. Dann darf man mehrere Monate oder sogar ein Jahr warten, bis es wieder passiert.«

Faszinierend. Jedes Mal, wenn im Sommer in Deutschland frischer Regen auf die heiße Erde fällt und der typische Geruch mir in die Nase steigt, muss ich an Karsten denken. Wie er in dem staubdurchfluteten Haus in der Namib-Wüste sitzt und vom Geruch des Regens schwärmt.

Als wir uns in tiefer Dunkelheit verabschieden, weist Karsten uns darauf hin, dass die Polizei in der Nacht auf der Straße vor Swakopmund sehr häufig kontrolliert. Natürlich habe ich unsere Reisepässe, Führerscheine und alle anderen Unterlagen in unserer Unterkunft vergessen. Lisa wird nervös, doch Karsten beruhigt uns.

»Kein Problem, ich kenne einen sicheren Schleichweg.« Er fährt mit seinem alten Golf voraus und wir ihm durch die Wüste hinterher. Nachdem wir die Polizei erfolgreich umkurvt haben, fallen wir eine Dreiviertelstunde später in unser Bett – müde, aber tief beeindruckt von den vielen Erlebnissen dieses langen Tages.

Kapitel 28

»Call the breakdown service!«

Die ersten zarten Lichtstreifen am Horizont kündigen den Beginn der heutigen Dämmerung an. Es ist wirklich noch sehr früh am Morgen, als wir synchron gähnend die Wüstenstadt am Ozean hinter uns lassen. Wir wollen einen kurzen Abstecher nach Norden machen, uns die Zeit nehmen, um uns etwas anzusehen, auf das wir letztes Mal nur zufällig einen Blick im Küstennebel geworfen haben. Damals sträubten sich mir tatsächlich die Nackenhaare.

Wir fuhren wie jetzt auch die Küstenstraße von Swakopmund aus Richtung Skelettküste, links von uns die Brandung des Atlantischen Ozeans, rechts nichts als Ödland. Die Küste war düster und nebelverhangen. Die Landschaft wirkte durch die fehlende Sonne grau, leblos, geradezu feindselig.

Urplötzlich ragte wie aus einem postapokalyptischen Albtraum ein Schiffswrack aus dem dunklen Meer. Eingerahmt von Gischt, Nebel und dem dunkelgrauen Himmel, wirkte es unglaublich bedrohlich.

Ich hätte anhalten und diese Horrorszene fotografieren sollen, aber ich war schlichtweg zu entsetzt.

Jetzt will ich das nachholen. Lisa ist aufgeregt und rutscht auf dem Beifahrersitz hin und her. Auch ich bin nervös. Wird das Wrack den gleichen Eindruck machen wie das letzte Mal, werde ich es finden, ist es überhaupt noch dort? Der eingestellte Radiosender ist deutschsprachig, und so trällert uns doch tatsächlich Udo Jürgens »Aber bitte mit Sahne« entgegen, während wir die Küste Namibias bei Sonnenaufgang entlangfahren. Wir lachen und sind uns wieder mal einig darüber, wie angenehm verrückt dieses Land doch manchmal ist.

Nach ungefähr einer halben Stunde erreichen wir tatsächlich die Stelle. Mittlerweile weist sogar ein kleines Schild an der Straße auf das Schiff hin. »Zeila« steht darauf, es ist der Name des hier gestrandeten angolanischen Kutters. Heute herrscht jedoch kein Nebel, im Gegenteil, alles strahlt im ersten warmen Morgenlicht. Der Himmel ist blau, auf dem Schiffswrack sitzen friedlich mehrere Dutzend Kormorane, der Wellengang ist normal. Es wirkt überhaupt nicht mehr so bedrohlich, wie ich es in Erinnerung habe. Das Sonnenlicht verändert die gesamte Atmosphäre.

Wenig später sind wir wieder unterwegs. Zunächst kommen wir gewohnt gut voran, doch dann fahren zwei riesige Muldenkipper, wie sie im Tagebau eingesetzt werden, langsam vor uns auf der Straße. Die Transporter sind so breit, dass sie beide Fahrspuren benötigen. Der Gegenverkehr muss an den Rand fahren und warten, bis die monströsen Nutzfahrzeuge ihn passiert haben. Noch schlechter haben es die erwischt, die hinter diesen mobilen Straßensperren herfahren müssen, so wie wir. Denn überholen ist nicht möglich. Zum einen lässt das die eskortierende Polizei gar nicht zu, zum anderen ist kein Platz vorhanden. So tuckern wir eine gefühlte Ewigkeit mit rund vierzig Stundenkilometern in Kolonne hinter den Muldenkippern her. Irgendwann fahren sie unerwartet links ran. Die Straße ist wieder frei, und wir können endlich an den beiden Kolossen vorbeiziehen.

Nachdem wir Usakos hinter uns gelassen haben, biegen wir bei Karibib Richtung Omaruru ab. Unser Ziel, das größte private Wildschutzgebiet Namibias, liegt von der Stadt aus ungefähr achtzig Kilometer Sandstraße entfernt. Rauschebart Louis sowie zwei andere Tour Guides, die ich von meinen Volontär-Aufenthalten auf der Wildtier-Auffangstation in der Kalahari kenne, haben dort gearbeitet und von der Landschaft sowie dem Tierreichtum geschwärmt. Ich bin sehr gespannt und hoffe, in der nächsten Woche möglichst alle Tiere zu sehen, die ich in freier Wildbahn so gerne erleben und fotografieren möchte: allen voran Spitzmaulnashorn und Pangolin, aber auch Leopard, Tüpfelhyäne und Honigdachs.

Auf den Straßen ist jetzt wieder gewohnt wenig Verkehr, bis wir nach Omaruru hineinfahren. Irgendwie habe ich das Gefühl, die richtige Abzweigung verpasst zu haben. Da sehe ich rechts ein Hinweisschild, das direkt in ein breites, offenbar trockenes Flussbett führt. Dahinter, auf der anderen Uferseite, zeigt ein noch größeres Schild links in Richtung Wildschutzgebiet. Der ausgetrocknete Fluss heißt wie die Ortschaft Omaruru, und wir beobachten, wie vor uns zwei Geländefahrzeuge ihn gemütlich durchkreuzen.

»Na, wenn die das können, kann ich das auch«, sage ich überzeugt, und Lisa fügt leise ein »Fahr aber vorsichtig« hinzu.

Ich gebe etwas Gas, wir rollen von der leichten Erhöhung in das Flussbett durch die erste Pfütze und – bleiben stecken. Kein Vorwärts, kein Rückwärts ist möglich, weder mit wenig noch mit viel Gas. Meine Versuche machen es nur noch schlimmer. Ganz toll, ich Held bin in einem afrikanischen Flussbett stecken geblieben wie ein typischer europäischer Touristenidiot.

»O mein Gott, was machen wir jetzt, Sebastian?!« Lisa sieht mich mit ihren großen braunen Rehaugen entsetzt an. »Wen soll ich anrufen?«

Na ja, erst mal niemanden, denke ich, öffne die Fahrertür und steige aus. Ich versinke augenblicklich knöcheltief im nassen, vom Wasser unterspülten Sand. So viel zu »trockenes Flussbett«.

Binnen Kurzem hat sich eine kleine Gruppe einheimischer Kinder um uns versammelt und beobachtet neugierig, was wohl als Nächstes passiert. Mit zehn Metern Abstand durchfährt ein großer Geländewagen neben uns das Flussbett. Der

Fahrer lässt das Fenster runter, lehnt den Ellenbogen aus dem Fenster und brüllt »*Call the breakdown service!*« zu uns herüber. Na, vielen Dank auch für den geistreichen Tipp. Nicht, dass er uns mit seinem Fahrzeug nicht auch selbst hätte rausziehen können.

Bevor wir den Entschluss fassen können, wen wir am besten zur Hilfe rufen, fährt auch schon rückwärts ein Pick-up-Truck heran. Ein großer dunkelhäutiger Mann Mitte dreißig steigt aus, zieht, ohne Zeit zu verlieren, sein Abschleppseil von der Ladefläche und befestigt es an seiner Anhängerkupplung. Zwei Jungs stehen plötzlich neben uns, der eine etwa drei, der andere sechs Jahre alt. Ich lächle ihnen zu. Sie sind wie die anderen Kinder, die um unser Auto herumstehen, dunkelhäutig. Aber als sie anfangen zu sprechen, bin ich erstaunt. Der Ältere erklärt in perfektem Hochdeutsch, dass ihr Papa gerade das Abschleppseil bereit macht, um mich herauszuziehen. Da kommt der Vater auch schon selbst auf mich zu, reicht mir die Hand und bespricht mit mir auf Deutsch mit leichtem Akzent, was zu tun ist. Lisa ist immer noch ganz nervös und versucht zu erklären, wie das passieren konnte.

Unser Helfer winkt ab und sagt: »No worries. Ihr seid hier in Namibia, da ist so etwas ganz normal.« Dann setzt er sich ans Steuer seines Pick-ups, während ich in unser immer mehr im Treibsand versinkendes Mietauto klettere. Erster Versuch: Das Seil hält nicht, der Knoten löst sich. Also noch mal. Beim zweiten Versuch gibt es einen lauten Knall, und das Abschleppseil reißt. Verdammter Mist!

Wir steigen aus und betrachten die im nassen Sand liegenden Seilenden. Unser Helfer klopft mir auf die Schulter und sagt, dass er schnell zur nächsten Tankstelle fahren wolle. Dort kennt er jemanden, der ordentliche Abschleppseile hat.

Lisa und ich bleiben mit allen Kindern am feststeckenden Auto. Wir beginnen die Räder mit unseren bloßen Händen freizuschaufeln. Alle machen mit und haben sichtlich Spaß dabei. Jetzt erfahren wir auch, wieso die beiden Söhne unseres Helfers so perfekt Deutsch sprechen. Ihre Mutter stammt aus Deutschland und arbeitet hier in der Nähe auf einer Farm.

Nach zwanzig Minuten ist der Vater auch schon wieder da. Das neue Seil wirkt stabil, ist gut befestigt, die Räder sind halbwegs freigeschaufelt. An der Motorhaube sammeln sich die Kinder um Lisa herum. Als der Pick-up hinten zu ziehen beginnt, schieben sie mich alle zusammen von vorne unterstützend an. Ich sitze am Lenkrad und muss vor Erleichterung lachen, als ein Ruck das Fahrzeug befreit. Ich sehe, wie vor der Windschutzscheibe die Kinder zusammen mit Lisa jubeln.

Zum Dank für ihre Hilfe schenken wir den begeisterten Kindern alle Chips und Süßigkeiten, die wir zuvor in Swakopmund gekauft haben. Unser Helfer erklärt uns noch, dass ich vor der letzten Brücke einfach rechts hätte abbiegen müssen. Wir bedanken uns vielmals, um dann gut gelaunt unser Fahrzeug zu wenden.

Auf der anderen Flussseite passieren wir den rustikalen »Franketurm«, vor dem eine Krupp-Kanone aus dem Jahre 1874 steht. Über dieses Wehrdenkmal habe ich bereits gelesen. Es ist dem Entsatz des belagerten Omaruru gewidmet. Im Jahre 1904 belagerten dreitausend Hereros die deutsche Siedlung, bis Viktor Franke die Einkreisung nach einem Gewaltritt von knapp vierhundert Kilometern in nur viereinhalb Tagen mit einhundert Soldaten und zwei Kanonen sprengte.

Diese Belagerung war Teil des Herero-Aufstandes gegen die deutsche Kolonialmacht, die später in der völligen Niederlage des ehemaligen Hirtenvolkes mit der Schlacht am Waterberg endete. Die Überlebenden wurden danach in die Wüste getrieben oder kamen in Internierungslager, wo viele von ihnen starben. Noch heute ist dieser Völkermord Thema und wurde 2015 das erste Mal überhaupt durch das deutsche Auswärtige Amt offiziell als solcher bezeichnet. In Namibia sind jedoch, wie ich mitbekomme, nicht alle der Meinung, dass es wirklich ein Völkermord war. Es ist auf jeden Fall ein schwieriges Thema. Doch jetzt fahren wir am Franketurm vorbei. Durch die Muldenkipper aus dem Tagebau und das Steckenbleiben im Flussbett haben wir schon zu viel Zeit verloren. Wir sollten unser Ziel noch vor Sonnenuntergang erreichen. Das nächste Mal, nehme ich mir vor, werde ich auch hier anhalten und mir den Ort genauer ansehen.

Tenacious D mit »Tribute« strömt aus den Lautsprechern, während wir beschwingt auf die Sandstraße Richtung privates Wildschutzgebiet fahren. Meterhohe Termitenhügel ragen in unregelmäßigen Abständen neben der Straße auf. Gelegentlich steht ein Steinböckchen oder eine Duiker-Antilope im hohen Gras. Wir sind gut drauf, glücklich über die Hilfsbereitschaft in Omaruru und das Überwinden unseres Abenteuers im Flussbett. Laut Navi sollten wir innerhalb der nächsten zwei Stunden die Lodge erreichen. Nur immer dieser einen Sandstraße folgen, und wir werden automatisch an unser Ziel gelangen. Das sollte ja ganz entspannt werden, denken wir.

Es kommt anders, die Straße wird immer wieder von trockenen Fluss- oder Bachbetten durchschnitten. Darin sammelt sich meist hoher, lockerer Sand, in dem unser Fahrzeug unruhig entlangschlittert. Ich habe keine Lust, wieder stecken zu bleiben, und gebe an solchen Stellen mehr Gas als nötig. Immer wenn wir durch eine sandige Vertiefung schießen, krallt sich Lisa an dem Haltegriff an der Decke fest, während ich verbissen das Lenkrad umklammere. Zusätzlich häufen sich Abschnitte mit dicken Steinbrocken oder losem Geröll auf dem Weg. Vor allem in Verbindung mit steileren Abschnitten ist das immer wieder spannend.

Von allen Straßen, die ich bei meinen Aufenthalten in Namibia bis jetzt befahren habe, ist diese hier die anspruchsvollste und anstrengendste. Wir sind beide völlig verschwitzt und mit den Nerven am Ende, als wir nach mehr als eineinhalb Stunden Action-Fahrt endlich das Tor zu dem siebzigtausend Hektar großen Wildschutzgebiet erreichen.

Ein uniformierter Wächter mit schwarzem Sturmgewehr vom Typ AK-47 tritt lächelnd an unser Auto heran. Im Hintergrund lehnt rauchend ein zweiter Wächter am Wachhaus, der sein Bruder sein könnte.

»Hello, how are you?«, fragt er freundlich und lässt die weißen Zähne aufblitzen. Ich weiß nicht so recht, was ich antworten soll, *»Fucked up«* wäre wohl die ehrlichste Antwort. Er vergleicht unsere Namen mit seiner Liste und notiert sich unser Kennzeichen. Bevor er das Tor öffnet und uns passieren lässt, gibt er uns noch den Tipp, das nächste Mal den Weg von Osten her zu nehmen, dort sei die Straße bis zum Wildschutzgebiet viel besser ausgebaut. Ich nicke; ja, die soeben hinter uns gebrachte Piste werde ich freiwillig so schnell kein zweites Mal befahren.

Der Weg vom Tor durch das Wildschutzgebiet bis zur Safari Lodge zieht sich noch eine weitere knappe Stunde dahin. Streckenweise belagern große, krabbelnde Insektenschwärme den Weg. Diese Schwärme bestehen jeweils aus mehreren Hundert bis Tausend großen Käfern, die aussehen wie muskulöse, gepanzerte Heuschrecken. Passenderweise heißen sie auch Panzergrillen, sie gelten während der Regenzeit als Plage in Namibia. Es knackt unappetitlich, wenn wir über sie fahren, Lisa verzieht dabei jedes Mal das Gesicht. Aber es geht nicht anders, ausweichen ist bei der Masse einfach nicht möglich.

An einem steinigen Abschnitt schiebt sich wenig später eine einzelne mittelgroße Pantherschildkröte über die Piste, entspannt und ganz ohne Eile. Wir warten, bis sie vollständig wieder im Gras verschwunden ist, bevor wir langsam weiterfahren. Immer wieder sind vereinzelte Giraffen und Impala-Gruppen in Sichtweite. Umgestürzte Bäume und entsprechend große Dunghaufen zeigen eindeutig, dass häufig Elefanten hier entlangkommen. Die Landschaft ist beeindruckend. Wir passieren eine Stelle, von der wir zwischen zwei felsigen Hügeln hinab auf eine weite Ebene blicken können. Weit hinten, am Horizont, ragen rotbraune sowie grüne Hügel und Berge auf, beleuchtet durch das angenehme Licht der Nachmittagssonne.

Endlich sind wir angekommen, geduscht und frisch umgezogen. Wir betreten die große Lodge durch ein dunkles Holztor. Gerade eben waren wir noch müde, hungrig, verspannt und verschwitzt von der langen, abenteuerlichen Fahrt. Jetzt sind wir nur noch hungrig und auf der Suche nach Essbarem. Und genau danach riecht es hier, mir läuft das Wasser im Mund zusammen. Aber beim Blick nach draußen vergesse ich augenblicklich meinen Hunger. Ich nehme Lisa an der Hand und ziehe sie mit mir auf die überdachte Aussichtsplattform des großen reetgedeckten Gebäudes. Der Anblick, der sich uns im goldenen Abendlicht bietet, ist in diesem ersten Moment so atemberaubend, dass wir einfach gar nichts sagen, sondern uns nur gegenseitig die Hände drücken. Vor uns erstreckt sich ein riesiges Wasserloch. In diesem zähle ich sieben Nilpferde, die ihre typischen Laute ausstoßen und langsam durch das Wasser ziehen. Zwei der schweren Tiere, vermutlich Mutter und Kind, verlassen soeben das Wasserloch auf ihren kurzen, stämmigen Beinen. Sofort muss ich an Emma und Molly von der Nashorn-Auffangstation denken. Überall verteilt liegt mindestens ein Dutzend Krokodile regungslos am Ufer und auf einer kleinen Insel in der Mitte des Wasserlochs. Dahinter stehen fünf Giraffen mit gespreizten Beinen und trinken mit tief gesenkten Köpfen. Eine kleine Herde Zebras zieht sich in den Schutz des Busches zurück. Zwei stattliche Elefantenbullen laufen sich im seichten Wasser entgegen. Alle weichen ihnen aus. Als sie sich erreichen, begrüßen sie sich mit ihren

Rüsseln. Ein riesiger Vogelschwarm zieht wie eine tanzende Wolke von einer Baumgruppe zu nächsten. Damit habe ich nicht gerechnet. Was für eine beeindruckende Safari-Idylle! Die anstrengende Anfahrt hat sich tatsächlich gelohnt.

Kapitel 29

Safari, Safari, Safari

Wie jeden Morgen klingelt um zehn vor sechs der Wecker, dann heißt es anziehen und Kameraausrüstung packen. Lisa und ich laufen zur Lodge mit Blick auf das gewaltige Wasserloch, an dem immer eine andere Tierart ihren Durst zu stillen scheint. Mal ist es ein Rudel Afrikanischer Wildhunde, dann eine Gruppe Kudus, im nächsten Morgengrauen eine Herde Giraffen, und heute sehen wir eine eindrucksvolle Herde von vierzehn mächtigen Elefanten.

Spätestens um sechs Uhr dreißig müssen wir dann auf einem offenen dunkelgrünen Land Rover aufsitzen. Zuvor werden Guides und Gäste von einer sehr schmalen brünetten jungen Frau eingeteilt. Ich kenne sie bereits, es ist Didi, Louis' Freundin. Ihr verdanken Lisa und ich, dass wir immer mir Jerry, einem der besten Guides dieses Reservats, unterwegs sind.

Pro Fahrzeug sind zwischen zwei und neun Teilnehmer unterwegs, die sich jetzt an diesem noch bitterkalten Morgen in Decken hüllen. Jerry, der auch unser Fahrer ist, stellt sich kurz vor und fragt, ob wir Gäste besondere Wünsche haben. Nicht, dass er sie immer erfüllen kann. Das ist unmöglich, immerhin sind wir in der Wildnis und nicht im Zoo. Wer einmal Wildtiere in ihrer natürlichen Umgebung beobachten durfte, dem beschert ein Zoobesuch nur noch beklemmende Gefühle. Frei lebende Tiere aber zeigen sich oder eben nicht, man hat Glück oder Pech. Auch der beste Safari-Guide findet nicht immer das »Wunschtier«, das der Gast gerne sehen möchte. Und wenn er so spezielle Wünsche hat wie ich, dann ist es umso schwerer.

Die meisten Safari-Gäste möchten während ihres Afrikaurlaubs möglichst viele Tierarten der »Big Five« sehen: Elefant, Nashorn (Breitmaul- oder Spitzmaulnashorn), Kaffernbüffel, Löwe und Leopard. Alles eindrucksvolle, mächtige Tiere, keine Frage, sogar zwei meiner Lieblingstiere sind darunter. Aber die Liste stammt aus einer Zeit, als die Großwildjagd noch viel stärker betrieben wurde und diese fünf Tiere am schwierigsten und gefährlichsten zu jagen galten. Es gibt weit mehr Arten zu entdecken, wie Giraffen, Geparden oder Nilpferde, aber auch unpopulärere wie Pangoline, Erdferkel, Honigdachse, Karakale und viele mehr, wie Reptilien und unterschiedlichste Vogelarten. Nicht zu vergessen die »Ugly Five«. Zu den »Hässlichen Fünf« zählen das Warzenschwein – wegen seines bei Flucht steil aufgestellten dünnen Schwanzes, der an eine Antenne erinnert, auch »Radio Afrika« genannt –, der kahlköpfige Marabu, der den Spitznamen »Buschanwalt« trägt, der Geier sowie das Gnu und die Hyäne.

Lisa und ich nehmen alles so, wie es kommt. Am besten, man hört dem Guide gut zu, was er über ein gerade entdecktes Tier zu sagen hat, auch wenn es nicht zu den Big Five zählt. Es könnte nämlich sein, dass dieses unscheinbare Lebewesen äußerst selten und die Wahrscheinlichkeit, es zu sehen, so gering ist wie ein Sechser im Lotto.

Die Sonne hat sich erst knapp über den Horizont geschoben und wirft ihre goldenen Strahlen über die Savanne. Über holprige Pfade geht es tief ins Buschland. Wir sehen einen flüchtenden Oryx, eine Gruppe entspannter Giraffen, eine dahinhuschende Manguste und dann – die Spuren eines Nashorns!

»Is it a black or a white rhino track?«, will ich aufgeregt wissen.

»Looks like a black rhino.«

Ja! Mein Puls steigt. Genau deshalb bin ich hier: um Spitzmaulnashörner in der Wildnis zu sehen! In Südafrika habe ich fast ausschließlich mit Breitmaulnashörnern gearbeitet.

Während die massigen Tiere meist als recht entspannt gelten, sind die kleineren, sportlicher wirkenden Spitzmaulnashörner mit der markanten, spitz zulaufenden Oberlippe viel unberechenbarer, bis zu fünfundfünfzig Stundenkilometer schnell, deutlich aggressiver und weitaus gefährlicher. Sie zählen sogar zu den gefährlichsten Säugetieren Afrikas, neben dem männlichen Elefanten in der Musth, dem weiblichen Elefanten mit Nachwuchs, dem Löwen als größtem Raubtier des Kontinents, dem völlig unterschätzten Kaffernbüffel und ganz an der Spitze dem überhaupt nicht trägen Nilpferd. Ein vernünftiger Guide wird bei einer Begegnung mit dem Nashorn dieses niemals aus den Augen lassen und den Fuß kurz über dem Gaspedal halten, um jederzeit flüchten zu können.

Unwillkürlich fällt mir eine Geschichte ein, die mir Louis erzählt hat. Bevor er für die Wildtier-Auffangstation arbeitete, auf der ich ihn kennenlernte, war er fast drei Jahre hier als Guide. An einem Tag war sein Safariwagen voll mit wohlhabenden arabischen Touristen. Sie hatten Glück und trafen auf einen gemütlich blätterkauenden Spitzmaulnashorn-Bullen. Zunächst war alles recht entspannt. Die Touristen zückten ihre kleinen Kameras oder ihre diamantenbesetzten Smartphones, und Louis zählte die interessanten Eigenschaften des »Black rhinos« auf. Doch da ging das Nashorn von null auf hundert in den Angriff über. Nur durch schnelle Reaktion und mit wilden Ausweichmanövern gelang es Louis, dem tonnenschweren Bullen zu entkommen. Währenddessen schrien seine Gäste teils vor Angst, teils johlten sie vor Freude. Nachdem sie dem beeindruckenden Tier gerade so entwischt waren, fragten tatsächlich einige, ob man das Ganze nicht wiederholen könnte. Als wäre es eine Achterbahnfahrt auf einem Jahrmarkt gewesen.

Mir würde es vollkommen reichen, jetzt ein einziges Spitz-maulnashorn zu sehen und zu fotografieren, gerne auch, ohne dass es uns angreift. Aber so viel Glück habe ich nicht. Mehr als Spuren werden wir leider nicht finden. Nachdem es dieses Jahr mehr und länger geregnet hat als die Jahre zuvor, steht auch jetzt noch das Gras sehr hoch, die Büsche und Bäume sind voller Blätter, und überall haben sich kleinere Wasser-löcher gebildet. Sehr gut für die Tiere, schlecht für den Sa-farigast, da zum einen die Sicht durch die reiche Vegetation eingeschränkt ist und zum anderen die Tiere nicht mehr auf die großen, einsehbaren Wasserlöcher angewiesen sind. Zu-sätzlich wird während unseres Aufenthalts leider ein immer wiederkehrender, starker Wind aufkommen. Spitzmaulnas-hörner bleiben wie viele andere Tiere in diesen Fall gern tief im windgeschützten, nicht einsehbaren Buschland und mei-den die offenen Flächen.

Nichtsdestotrotz fahren Lisa und ich jeden Tag auf Safari, zum Teil sogar morgens und abends, immer in der Hoffnung, doch noch ein »Black rhino« zu finden. Dazwischen schlafen wir entweder in unserer Unterkunft oder chillen bei der Lodge mit dem faszinierenden Blick auf das Wasserloch, idealerweise mit einem »Rock Shandy« in der Hand, Musik im Ohr, einem Buch auf dem Schoß und der Spiegelreflex griffbereit.

Die Mittagssonne knallt vom Himmel, ein einzelner Elefant suhlt sich hundert Meter von uns entfernt im Schlamm, und eine Schabrackenhyäne rennt kurz und ziemlich eilig von rechts nach links, mit etwas Undefinierbarem im Maul. Zu-rückgelehnt sitze ich in einem bequemen Holzsessel und lese »The Guide's Guide to Guiding« von Garth Thompson. Dieses englischsprachige Buch bietet einen sehr interessanten und lustigen Einblick, was man richtig und was man so alles falsch machen kann als Safari-Guide. Dazu höre ich, wie klischeehaft, Toto mit ihrem Song »Africa« von 1982.

Wir kommen mit einem deutschen Pärchen um die fünfzig ins Gespräch. Sie ist klein und blond, mit leichtem russischem Akzent, er hingegen groß, mit wenig Haaren und markanter Nase. Irgendwann sprechen wir über die verdammte Nashornwilderei.

»Einer der Ranger in dem südafrikanischen Wildschutzgebiet, das wir vorige Woche besucht haben, hat ganz offen gesagt, dass es bei ihnen im Rhino War keine Gefangenen gibt«, sagt die Frau nachdenklich, und er ergänzt:

»Ja, er meinte, sie vergraben die erschossenen Wilderer tatsächlich einfach mitten in der Wildnis.«

Lisa sieht erst ihn, dann mich schockiert an. Ich nicke bestätigend, das höre ich nicht zum ersten Mal.

»Wenn sie die geschnappten Wilderer der korrupten südafrikanischen Polizei übergeben würden, wären sie bald auf freiem Fuß. Dann würden sie es wieder tun, mit mehr Erfahrung diesmal. Die Wilderer töten vom Aussterben bedrohte Tiere und die Menschen, die diese schützen wollen. In den Augen der Reservat- und Landbesitzer haben sie damit ihr Leben verwirkt«, erklärt der Mann. »Angeblich fragt nie jemand nach den verschwundenen Wilderern. Die Hintermänner wissen jedoch, wenn ihre Leute nicht zurückkommen, dann müssen dort ernst zu nehmende Kräfte aktiv sein. Sie werden es sich wohl ganz genau überlegen, ob sie an dem Ort noch weitere Aktionen planen oder nicht.«

Selbstjustiz ist in dem überforderten Südafrika leider gang und gäbe. Hier in Namibia funktioniert das Rechtssystem zum Glück noch. So wurden zwei Nashorn-Wilderer, die vor einem Jahr genau hier in diesem Wildschutzgebiet ein seltenes Spitzmaulnashorn getötet hatten, geschnappt und sitzen nun langjährige Haftstrafen ab. Louis erzählte mir die Geschichte mit vor Wut knallrotem Kopf, als wir auf der Auffangstation zusammensaßen. Er war damals selbst dabei. Schwer bewaffnet jagte er zusammen mit einem weiteren Guide und einem Buschmann als Fährtenleser die Wilderer quer durch das Wildschutzgebiet. Sie erwischten die Verbrecher nicht selbst, aber trieben sie mit ihrer Beute direkt in die Arme der alarmierten Polizei.

Am nächsten Nachmittag ist nicht Jerry unser Guide, sondern ein Weißer aus Großbritannien, der etwas von einem Alleinunterhalter an sich hat und nicht wirklich bei der Sache ist. Mitten auf der Fahrt entdecke ich die Umrisse eines Leopardenkopfes im hohen Gras. Er blitzt nur minimal aus der vom goldenen Licht beschienenen Landschaft.

»Leopard!«, sage ich laut, »Stopp!« Der Guide fährt ungerührt weiter und blickt von links nach rechts. Ich bin total aufgeregt und sage wieder: »*Please stop, there is a leopard in the high grass!*«

Erst jetzt wird der Guide zögernd langsamer. Viel zu spät, die Großkatze dreht sich um und rennt ins Unterholz. Die lange Schwanzspitze ragt noch einmal kurz wie ein Periskop über dem Gras auf. Es ist ein Männchen gewesen, das habe ich an dem großen, kantigen Kopf erkannt, welch ein schönes Tier. Dasselbe passiert wenig später mit einer Afrikanischen Wildkatze, kaum zu unterscheiden von einem Stubentiger, und dann mit einem wunderschönen, perfekt im Licht stehenden Steinböckchen. Ich hätte über dieses Pech einfach lachen sollen, aber in diesem Moment bin ich zu enttäuscht und merke, wie meine Wut auf diesen unfähigen Guide wächst.

Tags darauf sitzen wir zum Glück wieder mit Jerry im offenen Geländewagen. Es ist Nachmittag, und wir hoffen auf gute Tiersichtungen. Meine Kamera mit dem 80–400-mm-Objektiv liegt wie immer auf meinem Schoß, während wir durch die Landschaft holpern. Ich habe die Hoffnung auf ein Spitzmaulnashorn noch nicht aufgegeben. Auch Tüpfelhyäne, Bergzebra, Honigdachs, Breitmaulnashorn oder ein nicht gleich verschwindender Leopard wären super! Giraffen, Elefanten, Löwen sowie unterschiedlichsten Antilopenarten begegnen wir fast täglich, aber es ist jedes Mal aufs Neue beeindruckend. In einem Abschnitt mit besonders viel Vegetation haben wir das Glück, eine Herde Elefanten mit einem Neugeborenen zu sehen. Das Junge ist keine zwei Wochen alt und versteckt sich zwischen den Beinen seiner Familie. Plötzlich streichen mehrere Löwen so unbekümmert nah am Fahrzeug entlang, dass man sie mit nach unten ausgestrecktem Arm berühren könnte. Wobei das eine ganz dumme Idee wäre ...

Staub aufwirbelnd fahren wir über die trockene Piste, als schräg vor uns plötzlich ein Elefant mit aufgestellten Ohren hinter einer großen Buschreihe hervortritt. Es ist ein absolutes Prachtexemplar: massig, mehr als dreieinhalb Meter Schulterhöhe und die Stoßzähne nach vorne gebogen!

Die Elefanten, die man in Europa in Zoos sieht, sind meist die kleineren Asiatischen Elefanten, die zwischen zwei und fünf Tonnen wiegen. Ihre größeren afrikanischen Verwandten wie dieser Bulle hier können mehr als acht Tonnen schwer werden. Sie sind damit die größten Landtiere unseres Planeten. Aber auch ihr Bestand ist zunehmend gefährdet. Der Mensch beansprucht immer mehr Fläche für sich; an manchen Orten wird der Elefant dann eine Bedrohung für die Ernte und somit für die Existenz der Bauern. Aber auch die Wilderei gegenüber diesem Tier hat dramatisch zugenommen. Noch immer ist es die Gier nach Elfenbein, die in Ländern wie China wächst. Das hat dramatische Folgen. Mehr als zwanzigtausend Elefanten werden jedes Jahr wegen ihrer Stoßzähne allein in Afrika gewildert, obwohl der Handel mit Elfenbein verboten ist. Ich spüre Wut, Ärger und Unverständnis, dass von staatlicher Seite nicht entschiedener dagegen vorgegangen wird.

Der vor uns aufgetauchte Elefantenbulle zeigt durch sein Auftreten eindeutig, dass er heute keinen Spaß versteht. Jerry bremst und haut den Rückwärtsgang rein, um einen Sicherheitsabstand zu dem Giganten zu gewinnen. In dem kurzen Moment zwischen Bremsen und Rückwärtsfahren gelingt es mir, schnell ein paar Fotos von ihm zu machen. Der Riese stapft weiter bedrohlich und mit aufgestellten Ohren auf uns zu. Als er die Piste betritt, schwenkt er leicht um und überquert diese schließlich. Dabei lässt er einen Dunghaufen fallen und pinkelt einmal komplett die Straße mit seinem halb ausgefahrenen, riesigen Genital voll.

»He is so on musth!«, sagt unser Guide, und einer der Gäste aus Kapstadt, den ich wegen seines übermäßigen Interesses an Vögeln insgeheim den »Birdman« nenne, ergänzt: »Yes, I hope he'll find a girlfriend soon!« Wir lachen zustimmend. Jetzt, in der Seitenansicht, kann man sehr deutlich sehen, dass der Koloss tatsächlich in der Musth ist. An seiner Schläfe läuft Flüssigkeit aus einer Drüse, ausgelöst durch einen Testosteron-Schub. Das passiert bei Bullen einmal im Jahr und kann unterschiedlich lang anhalten. Die Tiere sind in dieser Phase weitaus aggressiver und gefährlicher. Ausreichend Sicherheitsabstand ist überlebenswichtig. Es gibt immer wieder Situationen, wo Elefantenbullen in der Musth Autos oder andere Tiere, wie zum Beispiel Nashörner, die nicht vor ihnen zurückweichen, angreifen und sogar töten.

Der Nachmittag verläuft erfolgreich: Warzenschweine auf der Piste, je eine Gnu- und Zebraherde auf der Ebene, Elefanten im Dickicht, eine Gruppe dösender Löwenmännchen an einem Wasserloch und für Birdman ein Schwarzbrust-Schlangenadler sowie zahlreiche kleinere bunte Vögel. Bei Sonnenuntergang halten wir in der Nähe eines Wasserlochs und steigen zum Sundowner aus. Schnell stellt der Guide einen Klapptisch hinter dem Fahrzeug auf, und kurze Zeit später ist die Bar auch schon geöffnet. Kekse und Chips zu Bier, Wein, Gin, Whisky, Limo oder was immer wir eben trinken wollen. Während wir mit unseren Edelstahlbechern zusammenstehen und plaudern, verabschiedet sich die Sonne für heute vollständig, akustisch begleitet von fernem Löwengebrüll. Nur einige rosafarbene Schlieren ziehen sich über den immer dunkler werdenden Horizont. Dann heißt es auch schon wieder aufsitzen und zurückfahren Richtung Lodge.

Sosehr ich die Gelegenheiten zu fotografieren genieße: Es fühlt sich vollkommen anders an, nur Gast zu sein, statt richtig und intensiv mitzuarbeiten. Als Tourist kratzt man eben nur an der Oberfläche. In das Land eindringen, ungefilterte Eindrücke gewinnen, eine Vorstellung davon bekommen, wie es funktioniert, wie die Leute denken – dafür muss man hier arbeiten, mit Einheimischen privat unterwegs sein. Als Tourist in Namibia verweilt man meist kurz an einem Ort, bevor es weiter zur nächsten Lodge oder Farm geht. Man bekommt so in der Regel nur das Schöne mit, der Urlaub gestaltet sich wie eine Reise durch ein Land voller Postkartenmotive. Man sieht viel Licht, aber wenig Schatten. Auch Abenteuer kann man hier als Tourist erleben, keine Frage. Aber an die Intensität, die man erfährt, wenn man wochen- oder monatelang auf einer Auffangstation arbeitet, kommt man bei Weitem nicht heran. Und sie ist es, die mir trotz all der faszinierenden Tierbegegnungen hier fehlt.

Ohne wärmende Sonne wird es schnell kalt, die Sicht ist eingeschränkt, nur das erkennbar, was durch das Scheinwerferlicht beleuchtet wird. Jerry fährt und bedient gleichzeitig das Spotlight, einen Handscheinwerfer, um die Umgebung punktuell sichtbar zu machen, in der Hoffnung, weitere Wildtiere zu entdecken. Vor uns flitzen vier großohrige Löffelhunde über den Weg. Völlig überraschend ertönt ein ohrenbetäubender Lärm von rechts, ein Elefant tritt trompetend aus dem Dunkel. Wir zucken vor Schreck zusammen. Der Elefant bleibt stehen, und wir verschwinden schnell hinter der nächsten Kurve.

Bevor wir auf das umzäunte Gelände der Lodge gelangen, machen wir noch einen Abstecher an ein weiteres Wasserloch. Jerry stellt den Motor aus, wir lassen die sternenklare Nacht auf uns wirken. Aus der Dunkelheit dringen Geräusche, Rascheln von Gras, Kichern und leises Lachen, dazu ein sich immer wiederholender Ruf, der sich wie ein »Wuuuup« anhört. Unser Guide wirft das Spotlight an und lässt es über das hohe Gras wandern. Jetzt können wir die Verursacher der Geräusche sehen – Tüpfelhyänen, ein ganzes Rudel. Sie mögen das künstliche Licht nicht und rennen sofort zurück in die Finsternis. Da erfasst der Scheinwerfer auch schon wieder etwas anderes. Völlig bewegungslos, mit rot reflektierenden Augen, steht ein Nilpferd dreißig Meter vor uns im Gras und sieht uns direkt an. Ein geradezu unheimliches Bild! Es ist auch nicht das einzige Nilpferd, wie wir feststellen: Rund ein halbes Dutzend der schweren Tiere ist um uns herum mit seiner nächtlichen Nahrungsaufnahme beschäftigt. Ein normales Verhalten: Wenn die brennende Sonne nicht mehr am Himmel steht, verlassen die Tiere im Dunkeln das schützende Wasser und fressen bis zu vierzig Kilogramm Gras in einer Nacht.

Bei Rotwein sitzen wir eine Stunde später in der Lodge und lassen den ereignisreichen Nachmittag auf uns wirken. Neben mir liegt meine Kamera, auf deren Speicherkarte sich bereits über eintausend Bilder befinden. Eigentlich könnte ich glücklich sein, in diesem Moment. Ich bin es aber nicht, denn meine Gedanken drehen sich mal wieder um die Zukunft, und ich schaffe es nicht, sie zu kontrollieren. Vor vier Jahren hatte ich die Idee, Afrika zu bereisen, und jetzt tue ich es, wiederholt! Aber wo führt mich mein Weg überhaupt hin? Wo gehöre ich hin, wie kann ich meine Begeisterung, mein Wissen und meine Stärken für meine Zukunft einsetzen? Beruflich glücklich werden? Ich habe keine Ahnung.

Lisa sagt, ich soll mir nicht so den Kopf zerbrechen, was das angeht, und dem Leben mehr vertrauen. Es wird sich etwas ergeben, wenn es so sein soll, davon ist sie überzeugt. Dieses Vertrauen in das Leben – damit tue ich mich noch immer so schwer. Gläubigen Menschen fällt das wesentlich leichter, ich beneide sie darum.

Kapitel 30

Der Ameisenbärendrache

Es ist so verdammt windig, ich muss meinen Hut festhalten, damit er mir nicht vom Kopf gerissen wird. Birdman, der Lisa und mich auf diese Fahrt eingeladen hat, steht mit dem Land Rover auf einer Anhöhe neben einem Hügel aus rotbraunen Felsen, auf deren Spitze unser Guide mit einer Antenne hantiert. Es ist nicht Jerry, denn dieser Spezialausflug fällt in die Zuständigkeit von Ray, einem anderen Guide. Ray ist mir schon zuvor aufgefallen, er trägt meist ein geknotetes rotes Halstuch und im Gegensatz zu den anderen immer eine Pistole am Gürtel.

»So, Zeit auszusteigen«, lässt er uns wissen, zieht sein Käppi zurecht und nimmt das großkalibrige Jagdgewehr vom Beifahrersitz. Ich hänge mir meine beiden Kameras um und steige aus.

Zu dritt stehen wir vor dem großen grünen Fahrzeug, der Guide vor uns. Grasebene, wohin man sieht, vereinzelte Baumgruppen und aufragende Termitenhügel.

»Ihr braucht keine Angst zu haben, aber die nächsten Regeln sind wichtig. Bitte hört gut zu«, sagt Ray gelassen, während er eine dicke Patrone nach der anderen in sein Gewehr einführt. »Wir bleiben dicht zusammen und laufen in einer Reihe. Ich ganz vorne, ihr dahinter. So werden wir von anderen Tieren als eine Einheit wahrgenommen.« Die letzte Patrone verschwindet in der Kammer, und er führt den schweren Verschluss des Gewehrs nach vorne. »Wer läuft als Letzter in der Reihe?«, fragt er. Pfeilschnell geht mein Arm nach oben.

»Hier! Das mach ich«, sage ich in einem etwas zu militä-rischen Ton. Ray zuckt kurz zusammen, nickt dann aber und verzieht den Mund zu einem Grinsen.

»Gut! Sieh bitte in unregelmäßigen Abständen immer wie-der mal nach hinten. Wenn du irgendetwas entdeckst, dann lass mich das sofort wissen. Das gilt auch für alle anderen.«

»Was sollen wir denn entdecken?«, fragt Lisa nervös.

»Na ja, es ist zwar sehr unwahrscheinlich, aber die größte Gefahr hier könnte von einem Löwen ausgehen, den wir über-sehen und der uns, warum auch immer, angreift. In solch ei-nem Fall werde ich laut ›Down!‹ rufen. Dann hockt ihr euch bitte alle sofort hin, damit ich freies Schussfeld habe.«

In Anbetracht des kleinen Abenteuers zu Fuß durch die Wildnis wandern meine Mundwinkel immer weiter nach oben, und meine Laune hebt sich wie schon lange nicht mehr. Bei Lisa ist es anders, das Blut weicht ihr aus dem Gesicht, und ihre Augen werden hinter der Sonnenbrille immer größer. Birdman wiederum lässt sich nichts anmerken, er zwinkert nur ein paar Mal mit zerknautschtem Gesicht in die Sonne und fummelt geistesabwesend an seiner Kamera herum.

»Und noch etwas«, sagt Ray. »Egal was passiert, rennt nie-mals weg. Vor einem Raubtier wegrennen ist das Schlimmste, was man machen kann.«

»Only food runs«, sage ich, die Regel habe ich verinnerlicht. Ray nickt mir zu, und Lisa zerquetscht mir fast die Hand, wäh-rend ich vor Begeisterung mit der Sonne um die Wette strahle.

Wir laufen los, querfeldein. Die Frequenz des Suchgerätes ist auf das Sendehalsband eines ausgewilderten Geparden ein-gestellt. Der Wind pfeift uns um die Ohren, und wir entfernen uns immer weiter vom Fahrzeug, bis wir es schließlich nicht mehr sehen. In unregelmäßigen Abständen blicke ich nach hinten. Auch Lisa, die vor mir läuft, sieht sich immer wieder nervös zu mir um. So, als müsste sie sichergehen, dass ich noch da bin. Ich hoffe, sie vergisst vor Nervosität nicht zu atmen.

Unser Guide bleibt stehen, diesmal reckt er nicht die Antenne in die Luft, sondern zeigt auf etwas links vor uns. Ich konzentriere mich auf eine markante Baumgruppe in der angegebenen Richtung und kann nichts erkennen. Doch dann sehe ich keine fünfzig Meter vor uns, an einen Termitenhügel gelehnt, den Geparden. Der schnelle gepunktete Jäger gähnt und streckt sich. Kurz blickt er zu uns, dreht sich dann auf den Rücken und bleibt so mit angewinkelten Beinen liegen. Im Hintergrund der Szene ragt ein grüner Berg auf, der aussieht wie der riesige Bruder des Termitenhügels. Birdman und ich beginnen gleichzeitig zu fotografieren und nähern uns dem Geparden ein Stück weit. Nachdem ich die dösende Raubkatze auf ihrem von der Sonne aufgewärmten Termitenhügelbett aus verschiedensten Winkeln fotografiert habe, stelle ich mich zu Lisa und unserem Guide. Lisa ist jetzt wieder viel entspannter und freut sich, dass wir den Geparden gefunden haben. Ihre langen braunen Haare glänzen in der Sonne, und sie trägt ein zufriedenes Lächeln unter ihrer Piloten-Sonnenbrille. Unser mit Gewehr und Pistole bewaffneter Guide strahlt eine angenehme Ruhe aus, die ansteckend wirkt. Er erzählt, dass das Tier von einer namibischen Auffangstation stammt, die sich hauptsächlich um die Erforschung und den Schutz von Geparden kümmert. Für einen Moment schweifen meine Gedanken zu Atheno und Pride, und ich hoffe, dass sie ein gutes Raubkatzenleben führen können. Mit Blick auf den Termitenhügel unterhalten wir uns angeregt, und so erfahre ich, dass Ray unter anderem ein Freund von Rauschebart Louis ist. Mit ihm und dem Fährtenleser hat er damals die Wilderer des Spitzmaulnashorns quer durch das Wildschutzgebiet in die Arme der Polizei getrieben. Als er von meiner Militärvergangenheit erfährt, ist er begeistert und will genau wissen, welche Waffen mit welchem Kaliber ich geschossen habe. Scheint ganz so, als würde sich da jemand sehr für Waffen interessieren, denke ich belustigt.

Wir kommen darauf zu sprechen, dass ich bisher kein Spitzmaulnashorn entdeckt habe. Er bestätigt, dass es momentan Glückssache ist, und will wissen, ob ich denn ersatzweise ein anderes Tier besonders gerne sehen würde.

»Klar, einen Pangolin!«, sage ich grinsend »Aber ich weiß, dass das noch um ein Vielfaches unwahrscheinlicher ist.«

Er nickt schmunzelnd. »Ich habe schon davon gehört, dass du mit einem der Guides gewettet hast, dass du, wenn er einen Pangolin für dich findet, dir einen tätowieren lässt. Stimmt's?«

Ich muss lachen, denn ich hätte nicht gedacht, dass die kleine Wette unter den Guides die Runde macht.

»Morgen ist, soweit ich weiß, Terry wieder zurück. Er ist unser Pangolin-Experte. Ich bin sicher, wenn du mit Didi sprichst, könnte es klappen, dass ihr zusammen ein Pangolin-Tracking macht. Einen Versuch ist es jedenfalls wert.«

Die Augen fallen mir fast aus den Höhlen. Auf jeden Fall will ich das versuchen. Der Gedanke, einen Pangolin in freier Wildbahn zu sehen, übertrifft für mich in diesem Moment alles!

Der nächste Tag. Die Sonne steht weit im Westen und bereits so tief, dass mir die Krempe meines Hutes kaum mehr Schutz bietet. Es ist immer noch windig, die Vegetation ist und bleibt dicht, und wir suchen die Nadel im Heuhaufen.

Ein Pangolin ist gerade mal sechzig bis hundertzwanzig Zentimeter lang und mit seinen Schuppen gut getarnt. Unsere einzige Chance auf diesem riesigen Gebiet ist es, ihn mithilfe des kleinen Peilsenders zu finden, den er bei sich trägt. Aber der hat nur eine geringe Reichweite.

Der Pangolin ist eines der seltensten Säugetiere, das man im südlichen Afrika suchen kann, eines der unerforschtesten, eines der gefährdetsten, der faszinierendsten und skurrilsten.

Wenn ich ihn kurz beschreiben sollte, würde ich sagen, aufgrund seiner Körperform und der auffälligen Schuppen ist er eine Mischung aus einem kleinen Ameisenbären und einem Drachen – ein Ameisenbärendrache. Die Panzerschuppen machen allein die Hälfte seines Gewichts aus. Im Deutschen wird er auch »Schuppentier« oder »Tannenzapfentier« genannt, nicht zu verwechseln mit dem Gürteltier, das nur in Amerika vorkommt. Vom Pangolin, dem einzigen Säugetier mit Schuppen, gibt es insgesamt acht unterschiedliche Arten, vier in Asien und vier in Afrika. Hier in Namibia lebt der sogenannte *ground pangolin*, das Steppenschuppentier.

Ein Pangolin ernährt sich von Ameisen und Termiten, und zwar einer Menge davon! Mit den großen, scharfkantigen Krallen an den Vorderfüßen knackt er problemlos die harten Termitenhügel. Zähne hat das gepanzerte Tier überhaupt keine, dafür aber eine bis zu siebzig Zentimeter lange klebrige Zunge. Pro Streifzug in der Nacht fängt er damit bis zu dreihunderttausend Ameisen. Das entspricht einem Gesamtgewicht von etwa einem Kilo, und das bei einem Eigengewicht von vier bis zwanzig Kilogramm.

Gerade mal zu dritt sitzen wir in einem großen olivfarbenen Land Rover. Irgendwie erinnern mich diese Schiffe von Geländefahrzeugen immer wieder an den ein oder anderen Radpanzer meiner Militärzeit. Wir sind erst am späten Nachmittag losgefahren, da Pangoline nacht- beziehungsweise dämmerungsaktiv sind. Der wortkarge, glatzköpfige Terry am Steuer ist der Pangolin-Spezialist, von dem Ray uns berichtet hat. Keiner hat hier so viele Schuppentiere gesichtet wie er. Es gibt ein regelrechtes Ranking unter den Guides, wer wie viele Pangoline in seinem Leben aufgespürt hat. Die Tiere sind einfach so selten, dass es genug Safari-Guides gibt, die auch nach Jahren noch kein einziges Exemplar gefunden haben.

Wir fahren seit einer halben Stunde durch Buschland auf

den höchsten noch zu befahrenden Berg, den »Officehill«. Der Ausblick ist atemberaubend – Buschland bis an den Horizont, gelegentlich durchbrochen von kleinen Hügelketten oder massiven Bergen in weiter Ferne. Terry steigt aus, baut die Antenne für den Peilsender zusammen und klettert noch etwas höher den Berg hinauf.

Bis er zurückkommt, nutze ich die Zeit, um ein paar Bilder zu machen. Kurz darauf sehe ich Terry, er schüttelt nur den Kopf. Kein Signal. Wir müssen es woanders probieren. Er verrät uns, dass die letzten vier Versuche, den Pangolin zu finden, leider erfolglos waren. Doch wir geben nicht auf und fahren den abenteuerlichen »Officehill« wieder hinunter, um es nach zwanzig Minuten Fahrt bei einer anderen Felsformation erneut zu probieren.

Diesmal empfängt Terry ein schwaches Signal in nördlicher Richtung. Zwar schwach, aber ein Signal!

Leider heißt das nicht automatisch, dass wir den Pangolin auch finden werden. Er könnte sich in völlig unwegsamem und unerreichbarem Gelände aufhalten, sich in eine Höhle zurückgezogen haben, oder der Sender ist an ein Raubtier verloren gegangen, das versucht hat, den Pangolin zu knacken.

Raubkatzen wie Löwen oder Leoparden, Wildhunde und Greifvögel haben keine Chance, die Rüstung aus sich überlappenden, scharfkantigen Panzerschuppen zu brechen, wenn der Pangolin sich zu einer Kugel eingerollt hat. Nur Hyänen, die zu den Tieren mit der stärksten Beißkraft zählen, könnten es unter Umständen schaffen.

Wir machen den nächsten Halt, erneute Signalprüfung. Da ist es, das stetige Piepen. Ein deutliches Signal Richtung Norden, doch dahin führt kein Pfad mehr. Also fahren wir querfeldein durchs Buschland. Das Piepen wird lauter, und die Abstände zwischen den Tönen werden wieder geringer. Wir halten häufig an, um die Richtung zu kontrollieren. Noch ist die Sonne nicht untergegangen. Ich hoffe so sehr, dass wir den

Pangolin finden. Am perfektesten wäre es bei Tageslicht, dann könnte ich sogar noch ein paar Fotos machen.

Terry, der hoch konzentriert wirkt, hält erneut und steigt aus. Er läuft nach Osten, außer Sichtweite, kommt zurück und schüttelt wieder nur den Kopf. Das Ganze passiert noch zweimal. Beim dritten Mal steigt er aus und bückt sich, scheint etwas auf dem Boden zu betrachten, folgt einer für uns unsichtbaren Spur. Nach zwei Minuten kommt er zurück, grinsend von einem Ohr bis zum anderen.

»Du hast ihn gefunden?«, frage ich aufgeregt.

»Ja«, antwortet er noch immer grinsend. »Er liegt gleich dahinten unter einem kleinen Baum und schläft. Nicht in einer Höhle, sondern im Freien.«

Jackpot! Was für ein Glück! Lisa und ich steigen aus und laufen mit Terry durch den Busch. Ich kann es selbst noch gar nicht glauben, vielleicht hat er sich ja verguckt.

Und plötzlich liegt vor uns gut getarnt ein kleiner Fels, der keiner ist. Ein Fels, der rundum aus Panzerschuppen besteht. Das klitzekleine Gesicht befindet sich zum Schutz am Boden und wird durch die Panzerschuppen des Oberkörpers versteckt. Es ist ein faszinierender Anblick, ich bin hin und weg.

Terry holt indes den Wagen und verkündet über Funk stolz den anderen Guides, dass wir das kleine Fabeltier gefunden haben. Ich mache derweil Nahaufnahmen von den wunderschönen Panzerschuppen, als ich plötzlich ein Geräusch wahrnehme. Ein leises, doch tiefes Atmen mit gelegentlich zufriedenen Seufzern. Das erinnert mich sofort an unseren Kater zu Hause! Genau so hört sich Herr Dachboden an, wenn er tief schläft und träumt. Ich frage Lisa und Terry, ob sie es auch hören. Der Guide kommt näher, sodass wir beide ganz knapp mit unseren Ohren über der Naturrüstung des Pangolins schweben.

»Ja, unglaublich«, sagt Terry gebannt. »Er schnarcht! Das habe ich vorher noch nie gehört.«

Wie genial ist das denn?! Ich bin sofort verliebt in den Ameisenbärendrachen, der Geräusche wie unser Kater macht.

Leider ist auch dieses wunderbare Tier stark bedroht. Der Grund dafür ist der einzige wirkliche Feind des Pangolins – der Mensch, mal wieder. Bei Gefahr läuft er nicht davon, sondern rollt sich ein und verlässt sich auf seine natürliche Rüstung, die ihn vor Raubtieren sicher schützt. Der Mensch hebt ihn einfach auf und steckt ihn in eine Tüte, fertig. Die defensive Verteidigung macht den Pangolin leider zu einer leichten Beute für die verdammten Wilderer. Die Preise für die Panzerschuppen auf dem Schwarzmarkt sind extrem hoch. Da hilft es leider kaum, dass der illegale Handel mit Pangolinen oder Teilen von ihnen sogar noch höher bestraft wird als der mit dem Horn des Nashorns. Trotzdem ist das Schuppentier das illegal am meisten gehandelte Säugetier der Welt! Hauptabnehmer der gewilderten Tiere ist mal wieder der Schwarzmarkt in China. Mein Verhältnis zu dem Land wird immer schwieriger.

Der kleine Ameisenschreck ist mittlerweile aufgewacht, um sich gleich wieder einzurollen. Für fünf Sekunden kann ich sein spitzes Gesicht mit den Knopfaugen sehen. Um Fotos zu machen, ist es mittlerweile zu dunkel. Die Sonne verschwindet bereits hinter dem Horizont, und wir beschließen zurückzufahren, dann kann er in Ruhe auf seinen nächtlichen Streifzug gehen.

Als wir wieder in den Rover steigen, hat sich der Wind gelegt, und in Gedanken erweitere ich zufrieden die kleine Liste meiner Lieblingstiere.

»Wird wohl Zeit für ein neues Tattoo«, sagt Lisa zwinkernd, und ich stimme ihr zu.

»Innenseite linker Oberarm, jetzt reserviert für den Ameisenbärendrachen!«

Kapitel 31

Come, visit!

Die Erlebnisse reißen auch in den letzten Tagen nicht ab. Am nahen Wasserloch liefern sich drei Elefantenbullen spielerisch Rangkämpfe. Zwei von ihnen stapfen dabei immer tiefer ins Wasser, bis sie schließlich vollständig untergehen und nur noch die Rüsselspitzen aus dem braunen Wasser ragen. Die Krokodile flüchten sofort vor ihnen, die Nilpferde bilden einen Kreis mit großem Abstand um die Elefanten und glotzen sie entsetzt an. Im Vergleich zu den beiden Kolossen sehen sie winzig und machtlos aus, kein Wunder, wenn zwei Riesen in ihr »Wohnzimmer« eindringen, um sich dort einen Ringkampf zu liefern.

Dann bleiben wir auch noch mit dem Safariwagen mitten in unwegsamem Gelände stecken. Als das Fahrzeug umzukippen droht, steigen wir gerade noch rechtzeitig aus und warten, bis der Guide den Wagen verschwitzt und mit brüllendem Motor aus seiner misslichen Lage befreit hat.

Und so bricht schließlich der letzte Morgen an. Mit gepackten Taschen laufen wir verschlafen und begleitet von Vogelgezwitscher zur Rezeption. Gerade als ich den Bogen zur Abmeldung ausfülle, öffnet sich die Bürotür hinter dem Tresen, und eine Angestellte mit einem Zettel in der Hand tritt heraus.

»Guten Morgen, Sir, es bittet Sie jemand, ihn dringend unter dieser Nummer zurückzurufen.« Mit diesen Worten drückt sie mir den Zettel mit einer unbekannten Nummer, aber keinem Namen darauf in die Hand. Bevor ich nachfragen kann, ist sie auch schon wieder in ihrem Büro verschwunden.

Verdutzt wähle ich die Nummer und warte gespannt. Jemand hebt ab, ein Rauschen ertönt, aber niemand sagt etwas. Also gut, dann fange eben ich an.

»Hi, Sebastian Hilpert speaking …«

Da erklingt auch schon eine laute vertraute Stimme: *»Hey bro! How are you, buddy?«* Es ist Louis, Rauschebart Louis von der Auffangstation! Damit habe ich nicht gerechnet. Die Verbindung ist nicht die beste, aber so weit ich ihn verstehe, ist er gerade auf dem Weg hierher. Er befindet sich irgendwo hinter Windhoek, und da wir uns entgegenfahren, schlägt er vor, dass wir uns auf dem Weg treffen. Gute Idee, aber wie und wo? Er fragt mich nach dem Mietwagen, den ich fahre, und sagt mir, dass er in einem weißen Pick-up der Marke Ford unterwegs ist. Dann erzählt er irgendetwas von einem Bett, oder habe ich mich verhört? Das ergibt irgendwie wenig Sinn. Wie auch immer, wir einigen uns darauf, die Augen offen zu halten. Auf den namibischen Straßen ist zum Glück nicht viel los, jedoch fährt gefühlt jeder Dritte hier einen weißen Pick-up-Truck. Na ja, wir werden sehen, ob es klappt.

Nachdem wir den Mietwagen vollgetankt haben, machen wir uns auf den Weg zum Internationalen Flughafen Hosea Kutako in Windhoek. Laut Navi sollten wir ihn in gut drei Stunden erreichen. Diesmal nehmen wir den Weg nach Osten. Die Straße ist wirklich viel besser ausgebaut als die abenteuerliche Stress-Piste, auf der wir angereist sind.

»Hey, laut Karte sind wir gar nicht weit weg vom Waterberg«, sagt Lisa und seufzt leicht. »Da war es so schön. Wobei das mit den Nashörnern ja eher grenzwertig war.« Mit diesem Satz spült Lisa eine besondere Erinnerung an unseren ersten afrikanischen Roadtrip in meine Gedanken …

Der rotbraune Tafelberg gehört zu dem Gebiet des vierhundertfünf Quadratkilometer großen Nationalparks Waterberg-Plateau-Park. Die Auffahrt mit dem Geländewagen zu den dortigen Unterkünften war die steilste und schmalste

Piste, die ich je befahren habe. Aber der Ausblick war einfach atemberaubend. Fast zweihundert Meter über der sich bis zum Horizont erstreckenden Buschsavanne hatten wir eine kleine, runde Hütte mit Glasfront, vor der sich ein *diving pool* zur Abkühlung befand. Um uns herum wimmelte es von Klippschliefern, die wie eine Mischung aus Murmeltier und Meerschweinchen aussehen. Überall auf den Felsen und selbst in den Büschen und Bäumen waren die kaninchengroßen Tiere gut getarnt unterwegs und beobachteten uns.

Neben der unglaublichen Lage blieb uns vor allem ein Ausflug mit zwei Guides im Gedächtnis. Das gute Wetter zu Beginn des Tages wurde immer mehr durch dicke, dunkle Wolken abgelöst, die bedrohlich schnell über den Himmel zogen. Mitten im Buschland hielten wir auf einer Art Lichtung und stiegen aus. Gegenüber, am Rand der Lichtung, standen halb verdeckt durch die Vegetation drei Breitmaulnashörner.

»Wer möchte, kann mit mir etwas näher an sie heran«, bot einer der Guides an, und ich war natürlich gleich dabei. Allerdings als Einziger, Lisa und die anderen Gäste blieben mit dem zweiten Guide lieber beim Fahrzeug. Am Rand der Lichtung entlang näherten wir uns einem am Boden liegenden großen Bullen mit beeindruckend langem Horn. Zwei Weibchen standen ein Stück abseits zwischen den Büschen. Sie hatten uns ihr Hinterteil zugekehrt und schienen sich nicht sonderlich für uns zu interessieren. Wir gingen näher heran, als ich gedacht hätte, aber ich war mir sicher, dass der Guide schon wusste, was er tat, und die Nashörner besser einschätzen konnte als ich. Immerhin kannte er die Tiere und erzählte mir, dass der Bulle zwölf Jahre alt sei. Ich fotografierte wie verrückt und freute mich, ihm zu Fuß so nah sein zu können. Doch dann stand der Bulle mit einem schwerfälligen Ruck auf. Die eben noch so entspannte Stimmung veränderte sich schlagartig. Das sicherlich drei Tonnen schwere Nashorn schnaufte lautstark, öffnete das breite Maul und flehmte in unsere Richtung.

Seine Aufmerksamkeit galt nun zu hundert Prozent uns. In einiger Entfernung zuckten Blitze über den düsteren Himmel, und das Donnergrollen untermalte die dramatische Situation, die sich so plötzlich gewendet hatte. Auch die beiden Weibchen hatten sich umgedreht und stapften nun zu allem Überfluss gemächlich, aber zielstrebig auf uns zu. Ich kam mir vor wie im falschen Film. Lisa und die übrigen Safari-Teilnehmer hatten natürlich mitbekommen, was passiert war, und gaben uns durch nervöses Winken zu verstehen, dass wir zurückkommen sollten. Was aber gar nicht so einfach war, da die beiden tonnenschweren Breitmaulnashorn-Kühe dabei waren, uns den Weg abzuschneiden. Also schlugen wir einen Bogen und versuchten dabei, entspannt zu wirken, was uns aber nur bedingt gelang. Der Abstand zu den beiden wurde immer geringer. Der Bulle stand regungslos auf seinem Platz, die Sinne auf uns ausgerichtet. Die beiden Weibchen beschleunigten nun ihre Schritte. Da kam uns vom Fahrzeug aus der andere Guide entgegen. Er klatschte dabei immer wieder laut in die Hände und rief irgendein Wort auf Herero. Die beiden Nashörner wurden tatsächlich langsamer, blickten irritiert zu dem klatschenden Guide und blieben kurz vor uns stehen. Mit erhöhtem Herzschlag, aber unbeschadet kamen wir am Fahrzeug an, wo mich Lisa gleich in die Arme schloss. Auch die anderen waren sichtlich erleichtert, dass alles so glimpflich ausgegangen war. Ich selbst fand das Erlebnis großartig, für mich war es das Highlight des Tages.

Wir blieben noch eine halbe Stunde in sicherem Abstand beim Wagen und beobachteten die Kolosse. Beeindruckend war, wie eines der Weibchen das weitaus größere Männchen zurechtwies. Aufstampfend und mit geöffnetem Maul drängte es den Bullen zurück und ließ ihn dann einfach eingeschüchtert zwischen zwei Bäumen stehen. Was er falsch gemacht hatte? Keine Ahnung, das wusste er selbst wahrscheinlich auch nicht.

Der Song »Comfort Eagle« von Cake läuft, als ich aus meinen Erinnerungen ins Hier und Jetzt zurückkehre. Gerade rechtzeitig, um zu erkennen, dass uns zwei Fahrzeuge entgegenkommen, die ziemlich viel Staub aufwirbeln.

»Das kann unmöglich schon Louis sein. Er meinte doch, dass er kurz hinter Windhoek ist«, denke ich laut.

Schon wirbelt das erste Fahrzeug an uns vorbei. Es ist weiß, aber kein Pick-up. Kurz darauf folgt das zweite Fahrzeug, ebenfalls weiß und verdammt schnell unterwegs.

»Sag mal, was hatte der denn auf seiner Ladefläche?«, will Lisa verwundert wissen. Ich blicke irritiert in den Rückspiegel.

»Ein Bett ...« Ich lache auf, das hatte er also gemeint! »Das ist Louis!« Ich bremse sofort ab. Im Rückspiegel kann ich erkennen, dass der Pick-up mit dem festgezurrten Bettgestell es mir gleichtut. Wir wenden beide und fahren uns entgegen.

Mitten im Nirgendwo auf einer staubigen rotbraunen Piste unter der heißen namibischen Sonne fallen Louis und ich uns in die Arme und klopfen uns lachend auf den Rücken. Nie hätte ich damit gerechnet, den Guide von der Kalahari-Auffangstation so schnell wiederzusehen.

»Mann, du hast deinen Rauschebart abgeschnitten!«, stelle ich erstaunt fest.

»Ja, keine Sorge, der wächst wieder nach«, sagt Louis gut gelaunt und berichtet uns, dass er auf der Auffangstation gekündigt hat. Was mich bei den Arbeitsbedingungen nicht wundert, kaum jemand bleibt lange dort, leider. Jetzt ist er auf dem Weg zu seiner neuen Arbeitsstelle, einer Safari-Lodge mit dreiunddreißigtausend Hektar großem Wildtierreservat. Gar nicht weit weg von hier, wie er meint.

»Und was machst du dort?«

»Ich werde das Antiwilderer-Team leiten«, erzählt er, und ich höre den berechtigten Stolz in seiner Stimme.

»Wow«, sage ich beeindruckt.

»Zusätzlich kümmere ich mich noch um das Wildtiermanagement. Ich kontrolliere die Wasserlöcher und die dazugehörigen Pumpen. Checke den Bestand der Tiere, ihr Verhalten, führe Listen darüber, solche Dinge eben. Jagen gehört natürlich auch dazu«, fügt er hinzu und grinst dabei von einem Ohr bis zum anderen. Ich nicke, weiß ich doch bereits, dass er wie die meisten Namibier ein begeisterter Jäger ist.

Lisa und ich erzählen von unserem Aufenthalt und dass ich über den ganzen Zeitraum hinweg nicht das Glück hatte, ein Spitzmaulnashorn zu sehen.

»Hey, die haben wir bei meiner neuen Arbeitsstelle! Die schütze ich ja dann mit meinem Team. Breitmaul- und Spitzmaulnashörner! Auch seltene Rappenantilopen und natürlich Löwen, Elefanten, Bergzebras und so weiter.« Und dann sagt er den alles entscheidenden Satz: »Come, visit! – Komm mich doch besuchen. Du bist mehr als willkommen.«

»Wie? Echt?«, frage ich mit großen Augen.

»Klar, komm vorbei, du kannst mich bei der Arbeit begleiten und bei mir und Didi wohnen. Ist dann auch viel günstiger, du musst nur deinen Flug bezahlen.«

»Aber bevor du deine nächste Reise planst, sollten wir erst mal wieder heim. Die Katzen warten auf uns«, sagt Lisa.

Sie hat recht, ganz nebenbei müssen wir auch noch den Flughafen rechtzeitig erreichen. Ich streife eines meiner Armbänder ab, die ich noch aus Südafrika habe, und schenke es Louis. »Protect our Rhinos« steht darauf.

Wir machen noch schnell ein Foto und verabschieden uns gut gelaunt voneinander. Louis und ich winken aus dem Fenster, und dann verschwindet jeder hinter einer rotbraunen Staubwolke.

TEIL 5

STAUB UND BLUT

»Du bist jetzt das, was ich bin, Wildhüter.«
Mit Kamera und Gewehr an meine
psychischen Grenzen

Kapitel 32

Hey! Ho! Let's go

Würzburg–Windhoek, im August 2017

Hell – dunkel – hell. Der Zug schießt wackelnd durch den Tunnel und ich mit ihm. Irgendwie riecht es hier komisch, ich kann nicht sagen, ob dieser Geruch aus dem Speisewagen kommt oder von der Bordtoilette schräg gegenüber. Egal, ignorieren, geht vorbei.

Ich höre The Kills mit dem mitreißenden Song »Future Starts Slow«, während draußen die bewaldete fränkische Landschaft rasend schnell an mir vorbeizieht. Es gab keine Sitzplätze mehr, deshalb throne ich jetzt auf meiner olivgrünen Reisetasche zwischen zwei Waggons. Ziel Frankfurt Flughafen, mal wieder. Nur drei Monate, nachdem ich Louis mitten auf der roten Sandpiste getroffen habe, befinde ich mich auf dem Weg zu ihm. Ich muss einfach wieder los, es zieht mich magisch dorthin.

Als ich mit Lisa von unserer letzten Reise zurückkam, lag der Ablehnungsbescheid des Berufsförderungsdienstes der Bundeswehr schon in meinem Briefkasten. Die Begründung war, dass die Ausbildungsmaßnahme nicht in der EU stattfände. Hätte ich irgendeinen stinklangweiligen IT-Lehrgang in Dresden für die gleichen Kosten oder mehr beantragt, wäre er sofort bewilligt worden. Ein paar Tage nach der Ablehnung schrieb ich Louis. Seine Antwort kam etwas verzögert: Momentan habe er Probleme mit den Elefanten, die Wasserleitungen ausbuddelten, er würde sich melden. Am nächsten Tag schrieb er: »Hi, sind gerade dabei, Rappenantilopen zu fangen, und die Löwen machen auch schon wieder Probleme. Melde mich heute Abend.« Stunden später kam die nächste Nachricht: »Sag mal, du warst doch zwölf Jahre Soldat, oder?«

»Ja, wieso?«

»Na ja, dann kannst du ja schießen. Und Wissen über die Tiere hast du sowieso.«

»Und?« Klar, konnte ich schießen, hallo, ich war Schießausbilder!

»Glaub es oder nicht, weder Gerd von der Kalahari-Station noch ich haben je eine Ausbildung zum Field Guide oder sonst etwas gemacht. Wir haben unsere Fähigkeiten und unser Wissen durch Arbeit in der Wildnis erlangt. Und jetzt bin ich Wildhüter und Leiter des Antiwilderer-Teams. Soldat war ich nie. Was ich damit sagen will: Du brauchst diese Ausbildung nicht. Du bist fast schon überqualifiziert dafür. Komm mich besuchen, begleite mich als Gast bei meiner Arbeit, und du bist während dieser Zeit einfach das, was ich bin, Wildhüter.«

Ich glotzte auf das Display meines Smartphones. Meinte er das ernst? Bevor ich antworten konnte, schrieb er schon wieder: »Aber Wildhüter sein ist nichts für Vegetarier. Wildtiermanagement gehört zum Job, das bedeutet, wir müssen gelegentlich Tiere jagen. Das ist dir klar, oder?«

»Sicher, das geht für mich klar.« Dachte ich zumindest und fügte noch schnell hinzu: »Solange es keine Raubkatzen sind!«

»Nein, natürlich nicht. Wann kommst du?«

Ich zögerte, dann schrieb ich: »August?«

»*Awesome, bro!* Schreib mir Datum und Uhrzeit, wann du landest. Ich hol dich dann vom Flughafen ab.«

Mein Gott, das ging schnell und war herrlich unkompliziert. Alles kommt wohl, wie es kommen soll, und so befinde ich mich jetzt, Anfang August, auf dem Weg ins nächste Namibia-Abenteuer. Diesmal jedoch nicht als Volontär auf einer Wildtier-Auffangstation und auch nicht als Tourist auf Safari.

Was mich genau erwartet, weiß ich nicht, ich weiß nicht mal, wo ich schlafen werde. Habe ich dort ein Zimmer? Oder schlafe ich auf Louis' Couch? Vielleicht auch auf dem Boden? Egal, einen Schlafsack habe ich dabei, alles andere wird sich ergeben. Man muss nicht immer alles wissen, nicht alles im Detail planen, nicht ständig alles kontrollieren. Ein Gedanke, der für mich Jahre zuvor völlig undenkbar gewesen wäre. Der mein Sicherheitsbedürfnis ziemlich in Bedrängnis gebracht hätte und mir jetzt endlich zeigt, was echtes Leben ist.

Beim Aussteigen über die Treppen auf das Rollfeld trifft mich die kalte, staubtrockene namibische Nachtluft. Man kann den Wind aus der Kalahari regelrecht riechen, ihn auf der Zunge schmecken. Es ist noch dunkel, während ich in Richtung des inzwischen wohlbekannten Flughafengebäudes laufe. Der kommende Sonnenaufgang zeichnet sich nur als dezenter lila Schimmer am östlichen Horizont ab. Bevor die Sonne sich nicht zeigt, wird es so bitterkalt bleiben. Gerade mal vier Grad sind es im Moment, und ich friere ordentlich in meiner kurzen Hose. Es ist namibischer Winter. Monatelang kein Regen, nachts Abkühlung bis zum Gefrierpunkt, tagsüber Temperaturen zwischen zwanzig und achtundzwanzig Grad.

Louis wartet bereits auf mich, als ich mit Kamerarucksack und Reisetasche übermüdet in die Ankunftshalle stolpere. Mit nachgewachsenem Bart, Käppi in Tarnmuster, dicker Tarnjacke, langer Kakihose und den typischen namibischen Kudulederstiefeln, die man *vellies* nennt, sieht er genau so aus, wie man sich einen modernen, rustikalen namibischen Wildhüter vorstellt. Das Armband, das ich ihm das letzte Mal geschenkt habe, lugt unter seinem Ärmel hervor. Wir begrüßen uns und klopfen uns gut gelaunt auf den Rücken. Louis sieht anders aus, frischer, erholter. Sein Bauchumfang ist zwar in letzter

Zeit wohl etwas gewachsen, ansonsten macht er einen sehr fitten Eindruck. Es scheint ihm viel besser zu gehen als auf der Wildtier-Auffangstation in der Kalahari. Ich spreche ihn darauf an, und er bestätigt mit funkelnden Augen: »Ja, mir geht es wirklich besser! Der Chef, die Arbeit, das Umfeld, alles ist großartig. Und Didi arbeitet jetzt auch dort.« Ich freue mich für ihn, dass er seinen Platz gefunden hat.

Wir laufen aus dem Flughafengebäude und steigen in eine eingestaubte silberne Toyota-Limousine. Das wundert mich jetzt etwas, wo hier doch sonst alle Geländewagen fahren. »Das Auto gehört Didi«, erklärt Louis. »Aber wir holen uns demnächst ein ordentliches Fahrzeug, Land Cruiser oder so.«

Ich nicke schmunzelnd, etwas anderes habe ich nicht erwartet.

»Lust auf Kaffee?«

»Klar, gerne. Ordentlicher Kaffee wäre jetzt genau das Richtige. Die Nacht im Flugzeug war absolut scheiße.«

»Ja, *bro,* so siehst du auch aus«, sagt er grinsend.

Vor unserer Windschutzscheibe öffnet sich die Landschaft zu beiden Seiten der Straße bis zum Horizont. Unendlich weiter Blick über die Savanne, getaucht in die Morgenröte der ersten dezenten Sonnenstrahlen. Ich bin jedes Mal aufs Neue begeistert von der Wirkung, die die Landschaft auf mich hat. Freiheit, Weite, Abenteuer.

Bevor wir in das Privatreservat aufbrechen, trinken wir Kaffee bei einer von Louis' Tanten und holen Didi sowie Sniper, seinen frechen jungen Beagle, dort ab. Anschließend beginnt ein wahrer Besorgungsmarathon.

Wir kurven durch den Stadtverkehr Windhoeks, während Didi und Louis abwechselnd über den Verkehr und die Verkehrsteilnehmer fluchen. *»Fok! Go on! What the hell are you doing, you poes?!«,* brüllt Louis einen Kleintransporter an. Dieser hat anscheinend seine Ausfahrt verpasst und bleibt deshalb mitten auf der Straße stehen.

»Sorry, aber wie du vermutlich bereits gemerkt hast, können wir die Stadt überhaupt nicht leiden«, sagt Didi, während sie den kleinen, auf ihrem Schoß liegenden Beagle streichelt. Unsere erste Station ist der Tierarzt, wo Sniper geimpft wird.

Der Gute-Laune-Song »Class Historian« von Broncho läuft über mein Smartphone, als wir zu unserem nächsten Ziel kurven: ein Technikladen, in dem Louis sein defektes Smartphone günstig reparieren lassen möchte. Danach geht es weiter zu einer Autowerkstatt. Der Wagen braucht neue Reifen, und zwar dringend. Als ich aussteige, sehe ich, dass sie überhaupt kein Profil mehr haben.

Mit neuen Reifen fahren wir wenig später in eine der drei großen Shoppingmalls der Stadt. Der zweite und dritte Kaffee helfen mir, meine Müdigkeit zu überbrücken. Aber ich spüre den fehlenden Schlaf jetzt immer deutlicher. Hilft nichts, weiter geht's. Der Großeinkauf steht an, Vorräte für drei Personen, die mindestens vier Wochen reichen sollen. Die Einkaufswägen sind größer und tiefer, als wir sie in Deutschland kennen. Zwei Stück davon füllen wir bis über den Rand voll und schieben sie zur Kasse. Als Louis seinen Geldbeutel zückt, sage ich ihm, dass er ihn stecken lassen soll.

»Wenn ich schon bei euch umsonst wohne, dann will ich wenigstens für das Essen aufkommen.« Ich bezahle für die zwei vollen Wägen umgerechnet dreihundertsechzig Euro. Didi, die es erst im Anschluss mitbekommt, bedankt sich überschwänglich und sagt, dass ich ab sofort nichts mehr zahlen darf. Aber ich mache das gerne, irgendwie möchte ich mich ja auch erkenntlich zeigen. Die Möglichkeit, das Land unter Einheimischen und hinter den Kulissen zu erleben, ist einfach wunderbar.

Der Besorgungsmarathon ist noch nicht zu Ende. Eine neue Schutz- und Sonnenbrille für Louis muss her, ein Verlobungsring für Didi (der Termin steht noch nicht fest), sehr viel Fleisch sowie ein paar Hundespielsachen in einem anderen, kleineren Einkaufszentrum. Dazwischen besuchen wir zum Essen eine weitere Tante, die in einer schwer abgesicherten Wohnanlage auf der anderen Seite der Stadt lebt.

Die Sonne geht bereits wieder unter, und ich werde währenddessen immer müder, immer wortkarger. Das Auto ist total vollgestopft, der gesamte Stauraum genutzt. Der kleine Beagle thront auf einem Teil der Einkäufe in seinem neuen Körbchen und kaut auf einem quietschenden Gummispielzeug herum. Bevor wir die ungeliebte Stadt verlassen, halten wir noch kurz bei Louis' Bruder. Der bärtige blonde Kerl erinnert mich stark an einen alten Freund, was auch an der Bierdose in seiner Hand liegen könnte. Ich bin mittlerweile durch meine sechsunddreißig Stunden ohne Schlaf so neben der Spur, dass ich all meine englischen Sätze völlig durcheinanderhaue. Ich entscheide deshalb, mal besser nicht mehr zu reden.

Touristen rät man, dass sie nach Einbruch der Nacht nicht mehr auf den Landstraßen unterwegs sein sollten. Der Wildwechsel ist nach Sonnenuntergang zum einen sehr stark. Zum anderen haben die Schotter- und Sandpisten keinerlei Markierungen, was bei der eingeschränkten Sicht ein sehr konzentriertes Autofahren erfordert. Für Louis zählt das nicht. Er schießt mit uns über die staubtrockenen Pisten und weicht im Scheinwerferlicht auftauchenden Steinen und Vertiefungen mit dem nicht geländegängigen Fahrzeug aus, wie es wohl nur jemand kann, der hier aufgewachsen ist.

»Karlien« von John Rock Prophet läuft wie ein Soundtrack zu unserer nächtlichen Fahrt durch das namibische Buschland. Mit Gänsehaut folge ich, tief im Beifahrersitz zurückgelehnt, der leicht kratzigen Stimme des namibischen Sängers, der hauptsächlich auf Afrikaans singt.

Nach zwei Stunden hält unser Fahrzeug vor dem ersten Tor zum Privatreservat und somit auch zum Arbeitsplatz meiner beiden Gastgeber. Eine halbe Stunde später stehen wir vor dem nächsten Tor, hier ist jedoch kein Wächter, der uns öffnet. Das Tor ist trotzdem verschlossen, der Schlüssel aber liegt, wie Louis zugibt, ein paar Hundert Meter dahinter in seiner Unterkunft. Zufällig fährt einer der Berufsjäger auf der anderen Seite des massiven Zaunes vorbei und kann uns aufschließen. Im Licht unserer Scheinwerfer erkenne ich, dass der drahtige Dunkelhäutige vollkommen getarnt ist. Ein wandelndes Gebüsch, aus dem nur der Kopf herausragt. Hinter ihm sehe ich drei neugierige Hunde, die uns von der Ladefläche seines Mad-Max-Cars entgegenschnuppern. Ja, es ist tatsächlich eines der namibischen Geländefahrzeuge, die mir so gut gefallen! Zuletzt habe ich so ein Gefährt an der Grenze zu Botswana gesehen, als Gerd, die rothaarige Josie und ich die Afrikanischen Wildhunde fangen wollten. Ein knappes halbes Jahr ist das nun schon wieder her, denke ich kopfschüttelnd und kann kaum glauben, wie die Zeit rast.

Der Wecker meines Smartphones klingelt nervtötend. Ich drehe mich ächzend um. Vogelgezwitscher und der vertraute Sound von Nilpferden dringen an mein Ohr. Nilpferde? Wo bin ich? Wieder auf der Nashorn-Auffangstation? Für einen Moment bin ich verwirrt. Ich lasse den Blick schweifen. Grob verputzte weiße Wände. Rechts von mir stehen ein paar geschlossene Kartons und zwei Angelruten, vor mir an der Wand ein aufgeklapptes Bügelbrett. Über mir, am Kopfende des Doppelbetts, hängt ein großes Bild, das einen Elefantenbullen zeigt, der über eine trockene Ebene auf den Betrachter zukommt. Links von mir sehe ich eine Lamellenfensterfront, vor der zwei Vorhänge zugezogen sind. Die nächtliche Kälte können sie aber nur bedingt fernhalten, weshalb ich unter zwei dicken Decken liege. Rechts von mir befindet sich ein Durchgang in den nächsten Raum, die Küche. Louis ist bereits dort und trällert vor sich hin, während er Wasser für den Kaffee kocht. Ich stehe auf und schwanke gähnend in die Küche. Eine Tür zwischen den Räumen gibt es nicht, aber wir haben einen kleinen Tisch hochkant davorgeschoben, damit Sniper nicht in mein Zimmer kann. Der kleine Frechdachs ist nämlich noch nicht stubenrein. Ich steige über die Welpen-Barriere, und Louis begrüßt mich mit einem gut gelaunten: »*Goeie more, Duitser!*« Wie auf Kommando kommt Sniper um die Ecke geschossen und wirft sich mit seinem Spielzeug auf meine Füße.

»*Het jy lekker geslapp?*«, fragt Louis mich munter.

»*Mooi, dankie*«, antworte ich kurz und noch immer nicht wirklich wach, während ich die großen Ohren des kleinen Jagdhundes knete. Ich schwanke durch den nächsten Raum, das Schlafzimmer von Didi und Louis – Doppelbett, Regal, Fernseher, links in der Ecke Gewehre verschiedenster Kaliber, sogar ein Wurfspeer lehnt an der Wand – in das kleine Bad. Didi ist bereits bei der Arbeit an der Rezeption der Safari-Lodge, fünf Minuten zu Fuß von hier. Nachdem ich kurz geduscht und mich angezogen habe, bin ich einigermaßen ansprechbar und setze mich zu Louis an den Plastik-Campingtisch. Dieser bildet zusammen mit einem normalen Holz- und zwei Campingstühlen aus Aluminium den Essbereich in der Küche. Dankbar nehme ich meinen Kaffee entgegen und schütte mir Müsli in eine Schüssel.

Mein Gastgeber sitzt mir lächelnd gegenüber. Ganz in Tarnkleidung gehüllt, ist er bereit, in den Tag zu starten. Ich trage mein benutztes Geschirr in den hinteren Teil des Raumes, um es dort zu spülen.

»Nein, das brauchst du nicht machen. Stell es einfach hin, zu dem anderen Geschirr.« Ich sehe mich in der kleinen Küche um, ja, da steht bereits einiges an benutzten Tellern, Besteck und Töpfen neben der Spüle. »Erika kommt heute, die macht hier alles sauber.« Wie ich erfahre, ist Erika das dunkelhäutige Dienstmädchen. Sie kommt an drei Tagen die Woche, um zu spülen, zu wischen und zu waschen. Auch meine verstaubte und dreckige Wäsche wird sie die nächsten Wochen immer wieder per Hand in einem Plastikbottich waschen. Zu Beginn ist mir das etwas unangenehm. Aber ich gewöhne mich daran. Jeder Haushalt, den ich in Namibia kennenlerne, hat mindestens ein Dienstmädchen, und nicht selten, wenn ein Garten vorhanden ist, zusätzlich noch einen Gärtner. Die Bezahlung ist gering, üblicherweise um die fünf Euro pro Tag in einem Land, in dem der durchschnittliche Monatslohn umgerechnet rund siebenhundert Euro beträgt. Aber die Verteilung ist sehr ungerecht, und daher sind die Nebenjobs gefragt, zumal die Arbeitslosigkeit im Land fast ein Viertel der Bevölkerung trifft.

Jetzt habe ich jedoch keine Zeit, weiter darüber nachzudenken, denn Louis hat bereits das Haus verlassen. »*Hey! Ho! Let's go*«, rufe ich dem kleinen Beagle zu und verlasse mit ihm gemeinsam das Haus.

Kapitel 33

Erschreckend einfach

Das aufgeregte Zwitschern unzähliger Vögel empfängt mich, als ich aus dem Schatten des Bungalows in die Morgensonne trete. Noch spüre ich die Kälte der Nacht, aber in wenigen Stunden wird es wieder heiß sein. Zu den festen Wanderstiefeln aus Leder ist Zwiebellook angesagt: kakifarbene Cargo-Shorts, graues T-Shirt, kakifarbenes Hemd, darüber eine dicke olivfarbene Fleecejacke und ein olivfarbener Sonnenhut. Den Kamerarucksack geschultert, halte ich mein Fernglas in der Linken, eine Decke für Sniper in der Rechten, und mein Kopf schwirrt von all den neuen Eindrücken.

Die Wiese, auf der ich stehe, ist acht Meter vor mir durch einen Maschendrahtzaun begrenzt. Dahinter befindet sich das Wasserloch, auf das auch die Safari-Touristen von der Lodge aus blicken können. Ein paar Nilpferdköpfe lugen aus dem grünlichen Wasser. Auf der gegenüberliegenden Uferseite, vor dem Hintergrund eines gewaltigen rötlichen Tafelberges, ziehen eine Herde Wasserböcke, ein paar Springböcke und ein einzelner gewaltiger Elefantenbulle vorbei. »Hallo, Afrika, da bin ich wieder.« Ich atme tief durch, bevor ich mich von dieser Postkartenkulisse losreiße.

»Okay, also hier treffe ich mich morgens immer mit Richard und bespreche mit ihm, was so anliegt«, sagt Louis. Wir stehen mit seinem Dienstwagen, einem kakifarbenen Toyota Land Cruiser, auf einem trockenen Platz zwischen drei Hallen, die allem Anschein nach verschiedene Werkstätten beherbergen.

Um uns herum auf dem Platz warten rund zwei Dutzend Arbeiter, viele im Blaumann oder grüner Arbeitskleidung. Drei kommen gleich auf uns zu und geben Louis durch das geöffnete Fenster die Hand. Einer von ihnen, ein recht bulliger Kerl, hat nur noch ein Auge und trägt an einem Band eine große Löwenkralle um den Hals.

»*That's my friend from Germany! He was a soldier for twelve years*«, stellt mich Louis den drei Männern vor. Sie blicken mich mit großen Augen an, als müssten sie sich noch entscheiden, ob ich freundlich oder gefährlich bin.

»*Hi, guys*«, grüße ich und nicke ihnen lächelnd zu. Sie grüßen zurück. Im weiteren Gesprächsverlauf merke ich, wie sie mich immer wieder möglichst unauffällig mustern. Während wir auf Richard warten, lege ich beide Arme um Sniper, der auf meinem Schoß liegt und mit großer Hingabe auf einem Knochen kaut.

»Fast alle, die hier arbeiten, sind Hereros«, sagt Louis, als die drei in einer der Werkstatthallen verschwinden. Was ich mit der Info anfangen soll, weiß ich nicht so recht. Bevor ich nachfragen kann, kommt auch schon ein riesiger, breitschultriger Kerl mit kurzem Kinnbart und Käppi auf einem geländegängigen Motorrad auf den Platz gefahren. Schwere schwarze Arbeitsschuhe, dunkelblaue Arbeitshose, kakifarbiges Hemd, darüber ein Pistolenschulterholster aus braunem Leder, in dem eine gepflegte, aber anscheinend häufig benutzte 9-mm-Pistole steckt. Auf der Nase trägt er eine klare Oakley-Schutzbrille, wie ich sie vom Militär kenne.

»*More, More*«, grüßt er lächelnd auf Afrikaans und reicht uns die Hand, die von der Größe her eine Bärenpranke sein könnte. Er stellt sich mir als Richard vor und ergänzt auf Deutsch: »Freut mich, dass du da bist, genieße die Zeit hier. Wenn es Fragen gibt oder ich dir helfen kann, komm einfach auf mich zu.«

Jeder kennt Menschen, die einen anlächeln und freundliche Dinge sagen, es aber nicht so meinen. Bei Richard spüre ich sofort, dass er hundertprozentig zu seinen Worten steht. Er wirkt völlig mit sich im Einklang, kein Hauch von Falschheit oder Arroganz. Ein Mensch mit einer enorm beruhigenden und charismatischen Ausstrahlung, wie sie einem äußerst selten begegnet.

Der Raum ist vollgestopft mit Material, Werkzeug, massiven Werkbänken und Regalen. Ein leichter Geruch nach Waffenöl und alten Kartons hängt in der Luft und vermischt sich mit der allgemein herrschenden Trockenheit zu einem eigenartigen Aroma. Wir befinden uns in einem Nebengebäude mit dicken Steinmauern. Es befindet sich bei den Hangars ein Stück abseits eines rustikalen Rollfeldes, auf dem kleinere Flugzeuge sowie Helikopter starten und landen können.

Der kleine Beagle schnüffelt aufgeregt über den Boden. An einen Tisch gelehnt, unterhält sich Louis auf Afrikaans mit einem grauhaarigen, sehr kurze Shorts tragenden Mann mit amerikanischem Akzent. Währenddessen justiert Richard ein Gewehr, welches in einer speziellen Halterung fixiert ist. Mir kommt das Erscheinungsbild der Waffe sehr vertraut vor.

»Kann es sein, dass das eine andere Version des G36 ist?«, frage ich ihn deshalb.

»Ja, das ist das HK SL8, habe es etwas angepasst«, erklärt er und hantiert dabei konzentriert mit unterschiedlichsten Werkzeugen an der Waffe herum. Es sieht tatsächlich aus wie das Standardgewehr der Bundeswehr. Nur ist es grau und beige statt schwarz. Das Griffstück sowie die Schulterstütze sind anders geformt. Es gibt keine Dauerfeuer-Funktion, und in das Magazin passen nur zehn statt dreißig Schuss. Aber das Markanteste ist der offensichtliche Umbau des Gewehrs. Das Rohr ist dicker und endet an einem massiven schwarzen

Schalldämpfer. Und statt des Reflexvisiers oder Kimme und Korn ist hier ein ziemlich großes Zielfernrohr montiert. Richard nimmt die Waffe aus der Halterung und führt eine kurze Funktionsprüfung durch. »Sollte so weit gut sein«, sagt er mehr zu sich selbst und reicht Louis das Gewehr, der bereits mit einer Packung Munition darauf gewartet hat. »Lass es uns testen«, sagt er an mich gewandt. Mit Sniper unter dem Arm und dem Gewehr in der Hand steigen wir in unseren Pick-up, der vor der Tür steht.

Ein Tisch im Nirgendwo, am Rand einer rotbraunen Sandpiste. Um uns Staub und drei Giraffen, die uns über eine Baumgruppe hinweg neugierig beobachten. Hier und da ein von der Sonne ausgeblichener Tierschädel. Einhundert Meter vor mir ragt ein Erdhügel auf, davor zwei quadratische Metallscheiben, aufgehängt an einem Eisenrahmen. Vor diesen rustikalen Zielscheiben befindet sich ein aufgestellter Karton, auf den drei Kreise gezeichnet sind. Louis hat ihn dort gerade eben abgestellt und kommt nun gemächlich zurückgelaufen.

Ich stehe in der Sonne neben dem Wagen, das Jagdgewehr im Arm, und bin überrascht, wie schwer es doch ist. Die militärische Variante G36 wiegt knapp vier Kilo, dieses hier ist weitaus schwerer, wohl wegen des großen Jagdvisiers sowie des massiven Schalldämpfers.

Louis hievt einen Anschussbock aus Eisen von der Ladefläche des Pick-ups auf den einsamen Tisch. Dieser Bock dient dazu, die Waffe einzuspannen, um beim Einschießen ein zuverlässiges Trefferbild zu erhalten. Louis zieht seine Jacke aus und stopft sie zusammen mit Snipers blau-weißer Decke zur zusätzlichen Stabilisation unter das Gewehr. Wir geben abwechselnd je zweimal drei Schuss ab, während der jeweils andere mit dem Fernglas die Einschläge beobachtet. Ergebnis: Haltepunkt leicht links oben, fast mittig. Dann kann es losgehen.

Unser Wagen schaukelt über die gewundenen Wege des privaten Wildschutzgebietes. Buschland, Erdspalten, ausgetrocknete Wasserläufe, kahle Bäume und am Horizont der alles beherrschende rote Tafelberg. Wir fahren ein paar der Wasserlöcher ab, kontrollieren, ob die Pumpen noch laufen, an- oder abgestellt werden müssen. Beobachten die Umgebung, halten nach außergewöhnlichen Spuren Ausschau. Währenddessen erklärt Louis mir, worauf es ankommt. Die Tätigkeit des Wildhüters kann so vielschichtig wie unterschiedlich sein. Im Zentrum steht der Schutz des jeweiligen Wildes. Ich selbst dachte vor allem an Antiwilderer-Patrouillen, Zählung und Kontrolle von Tierbeständen und Ähnliches. Dass auch die Jagd ein fester Bestandteil des Wildhüterjobs ist, wurde mir erst klar, als Louis mich anschrieb und fragte, ob ich schießen kann.

Heute ist der Schwerpunkt Jagd – es beginnt also gleich mit dem schwersten Thema für mich. Aber gut, ich will mehr darüber wissen, habe mich darauf eingelassen. Also werde ich es jetzt auch dementsprechend durchziehen.

»Wir haben eine starke Überpopulation an Springbockantilopen und Warzenschweinen.«

»Die kommt woher? Die Überpopulation?«, hake ich nach.

»Richard kümmert sich hier gut um die Tiere, bei uns verdurstet während der Trockenzeit keines. Egal ob Giraffe, Nashorn, Kudu, Warzenschein oder Springbock. Die beiden letzten Arten haben sich in den vergangenen Monaten besonders rasant vermehrt.«

»Und was ist mit Raubtieren? Können die sich nicht um die Dezimierung kümmern?«

Ein ehrliches Lachen ist Louis' Antwort. »Nein, dafür gibt es zu wenige, und sie suchen sich die Tiere aus, die gut zu jagen sind, wie etwa Jungtiere, und nicht die, die wir für richtig halten. Außerdem versorgt uns die Überpopulation ja auch wieder mit Fleisch. Besser und ehrlicher als aus dem Supermarkt und der Massentierhaltung, oder?«

Ich nicke zustimmend. Das Argument höre ich nicht zum ersten Mal, es ist aber auch nicht von der Hand zu weisen. Weiter erfahre ich, welche Tiere zum Abschuss derzeit infrage kommen: einzelne ausgewachsene Springbockmännchen mit einer Hornlänge unter fünfzehn Zoll. Darüber hinaus ist wichtig, dass die Hornspitzen keine Krümmung nach vorne oder hinten aufweisen, da das bedeutet, dass sie noch wachsen. Kurz gesagt, es werden nur ältere Männchen mit nicht außergewöhnlich großem Gehörn bejagt. Einen männlichen Springbock von einem weiblichen zu unterscheiden ist für einen Laien allerdings nicht einfach. Gleiche Färbung, gleiche Größe, beide tragen ähnlich lange Hörner. Nur anhand des sichtbaren Geschlechts, der Dicke der Hörner und der leicht unterschiedlichen Gesichtsform lässt sich der Unterschied feststellen.

Wir beobachten immer wieder Gruppen von Tieren durch unser Fernglas. Steppenzebras, Weißschwanzgnus, Buntböcke, Impalas, auch ein paar Springböcke sind dabei – bis jetzt jedoch noch keiner, der in das Abschussregister fällt, was mir irgendwie ganz recht ist.

Dann fahren wir aus einem vegetationsreicheren Abschnitt in einen offeneren. Die warme Nachmittagssonne steht am Himmel. Nur vereinzelte kahle Büsche lassen genug Platz, um weit über die Ebene blicken zu können. Der Boden ist mit trockenem gelbem und ockerfarbenem Gras bewachsen.

Da, wieder ein einzelner Springbock, sieht nach einem älteren Männchen aus. Was jetzt folgt, wird sich in den nächsten Wochen immer wieder so oder so ähnlich wiederholen.

Ein prüfender Blick durch das Fernglas, Louis nickt. Wir nähern uns. Jetzt oder nie, bring es hinter dich, denke ich. Das schwere Gewehr liegt in meinem Arm. Ich weiß, dass sich noch neun Patronen im Magazin befinden. Die zehnte ist bereits in der Kammer. Ich lege an, drücke die Schulterstütze gegen mich, entsichere gleichzeitig die Waffe mit dem Daumen. Einatmen, mit dem Fadenkreuz ins Ziel, ausatmen. Der Springbock blickt kurz auf, läuft von links nach rechts. Etwas vorhalten, der Bewegung folgen. Das vorderste Fingerglied meines rechten Zeigefingers baut gleichmäßig Druck auf, bis ich den Druckpunkt erreiche. Einatmen, zu drei Vierteln ausatmen. SCHUSS. Die leere Hülse wird seitlich ausgeworfen. Der Springbock fällt im gleichen Moment zu Boden. Seine Schulter färbt sich auf Höhe des Herzens rot, ein Blattschuss. Die bevorzugte und schnellste Art zu töten. Ich warte, dass etwas in mir passiert. Für Sekunden, einen Augenblick. Oder weniger. Doch die Welt dreht sich weiter, als wäre nichts passiert.

Louis klopft mir auf die Schulter, seine Augen leuchten. *»What a great shot! Well done!«*

Ich sichere die Waffe wieder.

»Ich hab da noch einen gesehen, bin gleich wieder zurück«, meint Louis, greift sich das Gewehr und verschwindet geduckt hinter zwei Büschen. Der kleine Beagle sitzt neben mir und sieht treu zu mir auf. Mit seinem wedelnden Schwanz wirbelt er rotbraunen Staub auf.

»Dann lass uns mal gehen«, sage ich zu ihm und laufe in Richtung des auf dem Boden liegenden Springbocks. Als wir ihn erreichen, ist deutlich sichtbar, dass er tot ist. Das Fell am hinteren Teil des Rückens hat sich vollständig aufgestellt. Wie ich gelernt habe, ist das typisch bei Springböcken. Auch die Augen sind bereits trüb. Meine Gefühle kann ich nicht einordnen in diesem Moment. Es war so unglaublich einfach, erschreckend einfach. Etwas schwer fühle ich mich, aber auch nicht mehr. Hätte ich es nicht getan, dann hätte Louis geschossen. Für den Springbock macht es keinen Unterschied. Aber für mich. Ich bin kein Vegetarier, bin aber der Meinung, dass man, wenn man Fleisch isst, auch die Eier haben sollte, ein Tier selbst zu töten. Das ist nur ehrlich. Jetzt habe ich es getan.

Direkt neben meinem Schweizer Multi-Tool hängt schwer an meinem Gürtel das Jagdmesser. Bisher habe ich es nur als Werkzeug verwendet. Sniper umkreist aufgeregt schnüffelnd und voller Freude den erlegten Springbock. Ich ziehe das Messer aus der Scheide, nehme den Kopf der Antilope und überstrecke den Hals nach hinten, wie Louis es mir erklärt hat. Dann setze ich die Klinge an der Kehle an und schneide durch das zähe Fell. Das Blut kommt dunkel, dickflüssig und langsam herausgelaufen und bildet einen kleinen dunkelroten See. Sniper stürzt sich sofort darauf.

»Nein! Pfui!«, sage ich und ziehe den blutdürstigen Beagle von der sich ausbreitenden Pfütze weg.

Ein Gewehrschuss ertönt, etwas entfernt, das muss Louis gewesen sein. Wenig später kommt er zurück. Er blickt auf mich und den ausblutenden Springbock, reicht mir die Hand und gratuliert mir noch mal begeistert zu meinem ersten Wildtierabschuss. Mir ist das unangenehm, irgendwie möchte ich dafür nicht gelobt werden. Aber es gehört wohl dazu. Wir packen die Antilope an den Beinen und tragen sie zum Fahrzeug, wo wir sie auf die Ladefläche legen.

Casper mit »Lang lebe der Tod« läuft imaginär in meinem Kopf, während wir durch die Savanne patrouillieren. Irgendwann bremst Louis ab und meint: »Die Stelle hier eignet sich gut dafür.«

Wir weiden die erlegten Springböcke auf der Ladefläche aus. Ausgeblutet sind sie mittlerweile, aber der süßliche, beißende Gestank der Innereien klebt an meinen Händen und versetzt mich zurück auf die Wildtier-Auffangstation. Dort wurden die Afrikanischen Wildhunde mit Eingeweiden gefüttert. Ein Geruch, der sich in der Nase und im Gedächtnis tief verankert. Wir legen die Innereien in den Schatten eines Busches neben dem Pfad. Ich reibe meine Hände mit Sand ab, während Louis sich unbekümmert mit dem verschmierten Unterarm den Schweiß von der Stirn wischt. Er sieht hinauf in den Himmel. Ich folge seinem Blick. Ein einzelner Geier zieht über uns seine Kreise.

»Die freuen sich. Gleich werden sie in Scharen hier sein und sich über die Innereien hermachen.« Nach einer kurzen Pause fügt er hinzu: »Man muss der Natur auch immer etwas zurückgeben, wenn man ihr etwas nimmt.« Ich nicke, das finde ich sehr richtig. »Nicht nur in Form von Wasser und Futter in der Trockenzeit«, spricht er weiter »Den Geiern geht es auch schlechter, sie werden immer weniger.«

»Weshalb?«, frage ich. Er schnauft kurz, und seine Stimme wird aggressiver.

»Wilderer! Am Himmel kreisende Geier verraten uns Wildhütern, dass dort ein Tier gestorben ist. Die Wilderer wollen aber, dass ihr Verbrechen möglichst lange unentdeckt bleibt. Damit sie mehr Zeit zur Flucht haben. Also vergiften sie den Kadaver des Tiers, das sie getötet haben, damit die Geier sofort sterben und die Position des Tatorts nicht verraten können.« Verdammt, davon habe ich schon gelesen, es ist Wahnsinn. »Schakale, Hyänen und alle anderen Aasfresser sterben dann natürlich auch. Aber das ist den Bastarden völlig egal. Ihnen geht es nur um die Stoßzähne des Elefanten oder das Horn des Nashorns. Alle Mittel sind ihnen recht, ohne jede Rücksicht!« Louis hat sich in Rage geredet. Das passiert fast immer, wenn es um Wilderer geht, verständlicherweise. Ich blicke wieder nach oben, über uns kreist bereits fast ein Dutzend der bedrohten Aasfresser.

»Na, dann lass uns mal gehen, damit die Damen und Herren dort oben ihr Essen genießen können.«

»Yeeees«, sagt er und schnappt sich den Welpen, der sich gerade auf den Haufen Innereien gestürzt hat. »Wird Zeit, dass wir die Springböcke abliefern.«

Kaum steigen wir ein und fahren los, setzen die ersten großen Vögel bereits zur Landung an.

Wir schaukeln mit dem Geländefahrzeug über einen unebenen Abschnitt.

»Wann hast du eigentlich dein erstes Tier erlegt?«, frage ich Louis.

»Hm, du meinst, wie alt ich da war? Lass mich überlegen ... Ich denke, ich war zwölf oder dreizehn.«

»Das ist ziemlich jung. Oder ist das bei euch normal?«, frage mit hochgezogenen Augenbrauen.

»Na ja, geht so.«

»Und was war es für ein Tier?«

»Ein *vlakvark*.« *Vlakvark* ist das Afrikaans-Wort für Warzen-schwein. »Weißt du, wir Afrikaans-people haben da so unsere Traditionen, was das erste erlegte Tier angeht. Das wollte ich dir jetzt aber nicht zumuten.« Er grinst breit, ich sehe ihn fragend an. »Also, ich musste zum Beispiel ein Stück rohe Leber von meinem ersten erlegten *vlakvark* essen. Aber je nachdem, aus welchem Teil Namibias du kommst, gibt es da andere Bräuche.«

»Na, da habe ich ja Glück, dass ich Deutscher bin.« Der Rau-schebart neben mir kichert. Rohe Leber essen?! Mit Sicherheit nicht mit mir! Ich schüttle den Kopf und konzentriere mich wieder auf die Umgebung. Am Horizont wird der Tafelberg immer größer, und somit nähern wir uns wieder der Lodge.

In einem extra abgezäunten Bereich hinter der Lodge befindet sich die Metzgerei, ein außergewöhnlich geformtes weißes Gebäude mit bogenförmigem Dach. Davor erstreckt sich ein großer, ebener roter Sandplatz. Gegenüber der Metzgerei und somit auf der anderen Seite des Platzes steht ein weiteres, aber unscheinbares Gebäude, an dessen Wänden mehrere Geweihe und Knochenschädel verschiedener Tiere lehnen. Daneben befindet sich eine Feuerstelle auf einer kreisrunden, flachen Beton-Plattform. Louis und ich hieven am Ende des weißen Gebäudes die insgesamt fünf erlegten Springböcke in einen Aluminiumtrog, der auf kurzen Schienen ins Innere führt. Als wir fertig sind, weist Louis mit einer Kopfbewegung auf die andere Seite.

»Komm, ich will dir zeigen, wie es drinnen aussieht.«

Das Gebäude ist vollständig gekachelt, der Boden in Terrakotta, die Seiten, die in einem Bogen nach oben verlaufen und das Dach bilden, in Weiß. Der Trog befindet sich jetzt im Inneren, die erlegten Antilopen sind bereits an Haken an der Decke aufgehängt. Es riecht intensiv nach Blut und Fleisch. Ich zähle acht Herero, die in grüner Arbeitskleidung und langen weißen Schürzen dabei sind, die Tiere fachgerecht zu zerlegen, zu verarbeiten und zu verpacken.

»Hier wird alles verwendet und verwertet. Das Fleisch, das Fell, die Hörner, Teile der Knochen. Selbst die Innereien sind für etwas gut, wie du gesehen hast.«

»Wissen die Safari-Gäste auf der Lodge eigentlich, dass es hier hinten eine Metzgerei gibt?«

»Nein«, lautet Louis' nüchterne Antwort. »Die Gäste wollen am Abend nach der Safari ihr Springbock- oder Oryx-Steak zwar frisch vom Grill. Aber woher es kommt, das wollen sie nicht wissen.«

Nachdem Louis sich noch kurz mit einem der älteren Metzger unterhalten hat, verlassen wir zu meiner Erleichterung das Gebäude. Wir reinigen noch die Ladefläche des Pick-ups von Blut und Sand, dann geht es weiter.

Funken sprühen, Richard liegt unter der Schaufel eines Baggers und trennt Metallbolzen ab. Wir warten mit etwas Abstand, bis er fertig ist und der letzte schwere Halterungsbolzen in den Sand fällt. Louis meldet seinem Boss daraufhin die heutigen Beobachtungen. Auch berichtet er von den fünf erlegten Springböcken und dass ich heute meinen ersten überhaupt geschossen habe.

»Oh, das ist ja interessant!« Richard kommt strahlend auf mich zu und schüttelt mir mit seiner Pranke die Hand. »Waidmannsheil!«

»Äh, danke«, stammle ich etwas unsicher. Verdammt, ich will wirklich nicht schon wieder dafür gelobt werden. Ich habe schon weitaus schwierigere Dinge getan, wofür mir danach jedoch niemand gratuliert hat.

Sniper bellt vom Beifahrersitz aus zu uns herüber.

»Wie sieht der denn aus?«, fragt Richard lachend. Der kleine Beagle hat noch immer eine rotbraun verschmierte Schnauze und ebensolche Vorderpfoten, die er auf dem Fensterrahmen abstützt.

»Wie eine reißende Bestie, mit dem ganzen getrockneten Blut«, sage ich grinsend.

»Ja der kleine *stouter kabouter* wird jetzt gleich gebadet! Er mag es zwar nicht, aber daran ist er selbst schuld!«

»*Stouter Kabouter?*«, frage ich, den Ausdruck kenne ich noch nicht, hört sich lustig an.

»Das ist Afrikaans und bedeutet so viel wie ›frecher Kobold‹«, erklärt Louis.

In dem Moment weiß ich, dass ich den quirligen Beagle nur noch so nennen werde.

»Also, dann lass uns mal das Blut von Händen und Pfoten abwaschen. Ich bekomme langsam Hunger«, meint Louis.

Hunger habe ich ehrlich gesagt keinen, das gerade Erlebte sitzt noch ziemlich unverdaut in mir und will verarbeitet werden. Der Tag heute war für mich wie ein Sprung ins kalte Wasser. Von null auf hundert sozusagen. Aber es ist bereits kurz vor Sonnenuntergang, die letzte Mahlzeit liegt viele Stunden zurück.

»Didi meinte heute Morgen, dass es Wildragout mit Reis gibt«, freut sich Louis. »Magst du das?«

Ich nicke. »Ja«, antworte ich. »Reis mag ich.«

Kapitel 34

»Löwenjagd«

Goldenes Licht über gelbbrauner Landschaft. Es ist früh am Morgen, Stouter Kabouter sitzt auf meinem Schoß und hält die Nase in den frischen Fahrtwind. Die Nacht war wieder eiskalt, und die Gedanken in meinem Kopf wollten lange nicht zur Ruhe kommen. Gerade eben haben wir eine Gruppe des Antiwilderer-Teams von einem Ort zu einem anderen gebracht, ihnen ein Fass Wasser und ein erlegtes Warzenschwein zur zusätzlichen Verpflegung mitgegeben. Das sind wirklich rustikale Kerle, die hier patrouillieren. Keine Jungspunde, sondern erfahrene Männer mit wettergegerbten Gesichtern, die anscheinend jeden Busch und jede Erdspalte in dem riesigen Gebiet kennen. Tag und Nacht sind sie hier draußen, ein harter Job, aber notwendig und wichtig. Richard lässt sich den Schutz seiner Tiere – vor allem der Nashörner – ordentlich etwas kosten.

Der Rhino War ist auch hier angekommen, ob man ihn sieht oder nicht. Jederzeit könnten Wilderer in das private Tierreservat eindringen, um die Tiere ihres Hornes wegen zu töten. Jeden Tag sterben deshalb Nashörner in Afrika, jeden Tag wird ihr Aussterben konkreter. Um dem entgegenzuwirken, braucht man bewaffneten und wohlorganisierten Schutz.

Was ich bei der Antiwilderer-Arbeit erlebe und sehe, schreibe ich aus Sicherheitsgründen und auch aus Selbstschutz nicht einmal in mein Tagebuch. Ausrüstung, Taktiken, Teamstärke und vieles mehr dürfen nicht öffentlich gemacht werden, es könnte von Wilderen als Informationsquelle missbraucht werden. Denn das hier ist kein Spiel. Hinter dem Ganzen steckt die organisierte internationale Kriminalität. Also ist äußerste Vorsicht geboten.

So viele Giraffen, überall und ständig tauchen sie auf, überragen die kleinen bis mittleren und auch die großen Bäume. Einzeln oder in Gruppen ziehen sie gemächlich auf ihren ewig langen Beinen durch die weite Landschaft und betrachten die Welt von oben. Wenn sie rennen, sieht es aus, als würden sie sich in Zeitlupe bewegen, dabei sind sie bis zu sechzig Stundenkilometer schnell. *Kameelperd* heißen sie auf Afrikaans. Es sind stille Tiere, zumindest für uns, denn die Laute, die sie von sich geben, sind zu tief, um mit dem menschlichen Ohr wahrgenommen zu werden.

»Ihr habt hier wirklich verdammt viele Giraffen«, sage ich beiläufig und bereue es im nächsten Moment.

»Ja, zu viele. Müsste demnächst mal wieder einen Giraffenbullen schießen. Kannst du übernehmen, wenn du willst.«

Ich glotze Louis entgeistert an. Meint er das ernst? Wenn ich hier eine Giraffe schieße, dann nur mit meiner Kamera!

»Guck nicht so, wir brauchen bloß ein größeres Kaliber, und du musst ihm direkt in den Kopf schießen. Aber das schaffst du ja sowieso. Wird auch wieder alles verwertet, da wird nicht zum Spaß geschossen.«

»Louis, sorry, aber das ist überhaupt nichts für mich. Wenn du das machen musst, okay, ist dein Job, Überpopulation regulieren und so weiter. Aber wie gesagt, ohne mich.«

»Geht klar, *bro*«, sagt er freundlich, und wir konzentrieren uns wieder auf die Umgebung, aus der die Köpfe der großen Pflanzenfresser wie Antennen ragen.

Immer wieder machen wir halt, beobachten Tierherden, finden unterschiedlichste Spuren, benennen ihre Verursacher, kontrollieren Wasserlöcher und halten Ausschau nach Auffälligkeiten jeder Art. Als wir auf einer leicht erhöhten Position mit gutem Überblick stehen, entdecken wir ein einzelnes Straußenei im Sand.

»Das kannst du mitnehmen, ausgeblasen ist das ein super Andenken«, meint Louis.

»Wirklich? Will das denn keiner mehr ausbrüten?«

»Nein, wenn es da einzeln herumliegt, hat der Strauß es ziemlich sicher selbst aus dem Nest gekickt. Und ein intaktes Nest ist hier auch nirgends zu sehen. Also, mitnehmen geht klar.«

Ich laufe zu dem Ei und bin erstaunt, wie schwer es ist, als ich es in die Hand nehme.

»Alter Schwede, wie viel wiegt so ein Ei, zwei Kilo?!«

»Ja, kommt grob hin, der Inhalt entspricht in etwa vierundzwanzig Hühnereiern. Ergibt also ein ordentliches Rührei.« Ein Funkspruch unterbricht uns. Unter uns, in der Ebene, donnert zeitgleich im Tiefflug ein Helikopter über die Savanne. Er ist verdammt schnell und verschwindet, kaum dass wir ihn gesehen haben, auch schon wieder hinter einer Hügelkette außer Sichtweite.

»Das ist Richard«, sagt Louis und gibt mir ein Zeichen, dass wir wieder aufsitzen sollten. »Geht um Löwen.«

Tatsächlich, da sind Löwenspuren im Sand, wie Richard uns per Funk mitgeteilt hat. Die Abdrücke der Pranken verlaufen quer über die öffentliche Straße, die das riesige private Wildreservat in einen kleineren und einen größeren Bereich unterteilt.

»Zwei Löwen«, erklärt Louis. »Sie kamen von Norden, haben sich unter dem Zaun durchgegraben und sind jetzt irgendwo hier.« Er weist in den Bereich vor uns. Links und rechts verläuft der Zaun mit einigen Metern Abstand zur Sandpiste. Mehr als ein paar Büsche und etwas hohes, trockenes Gras gibt es hier nicht. Aber irgendwo müssen sie sein. Die Abdrücke sind noch sehr frisch, sie überlagern die Fahrzeugspuren der Lodge-Arbeiter von heute Morgen, verlieren sich dann aber im hohen Gras. Wir fahren die Straße auf und ab, suchen ihre Spur. Immer wieder halten wir an, und Louis steigt aus, um die von der Straße aus nicht einsehbaren Bereiche zu prüfen. Ich bleibe mit Welpe und Gewehr im Fahrzeug sitzen und überwache das Ganze. Ein mulmiges Gefühl macht sich in mir breit, als ich beobachte, wie Louis durch das fast hüfthohe Gras stapft, in dem eine oder beide Raubkatzen getarnt liegen könnten.

Nach einiger Zeit kommt er zu dem Schluss, dass sie den Straßenbereich bei einem ausgetrockneten Bachlauf verlassen haben und in das gegenüberliegende Gebiet eingedrungen sein müssen. Etwas weiter westlich befindet sich ein Tor. Ich schließe es mit Louis' dickem Schlüsselbund auf, und wir führen unsere Suche in dem Landstrich dahinter weiter.

Abseits der Wege fahren wir durch den Busch und werden in dem Pick-up ordentlich durchgeschüttelt. Ziel ist der ausgetrocknete Bachlauf auf dieser Seite des Gebietes, um dort die Fährte wieder aufzunehmen. Fast haben wir unser Ziel erreicht, als wir plötzlich in einem sehr sandigen Abschnitt stecken bleiben. Der Boden sieht aus, als wäre er hart, aber es ist nur eine dünne, täuschende Kruste, unter der sich der lockere Untergrund verbirgt. Die Räder auf der rechten Seite sinken fast zur Hälfte ein. Keine Chance, weiterzukommen. Wir steigen aus, schaufeln, so gut es geht, die Räder frei und sammeln in der Umgebung Äste, um sie unter die Reifen zu schieben. Für Stouter Kabouter ist das ein tolles Spiel, er kaut hingebungsvoll auf den gesammelten Ästen im Schatten des feststeckenden Fahrzeugs. Mit in das Unterholz nehmen wir ihn jedoch nicht. Überall liegen dort Stacheln und Dornen verschiedenster Größe und Länge auf dem Boden. Die natürlichen Verteidigungsmaßnahmen der Pflanzen sind sehr schmerzhaft für die weichen Pfoten des Welpen. Die ganze Zeit über halten wir Ausschau nach den Löwen, entdecken aber nur Gnu- und Schakalspuren.

Trotz freischaufeln und Äste unterlegen kommt das Fahrzeug nicht frei, der Untergrund ist einfach viel zu weich. Jetzt stehen wir in der knallenden Sonne und überlegen, was zu tun ist. Rauschebart will gerade das Funkgerät in Anspruch nehmen, als in der Ferne ein Pick-up auftaucht. Wir winken beide, um auf uns aufmerksam zu machen. Der Wagen wird langsamer und steuert auf uns zu. Louis läuft ihm entgegen, damit der Fahrer nicht auch in den tückischen Abschnitt hineingerät. Mit gutem Abstand zu uns bleibt er stehen. Zwei Arbeiter, die auf der Ladefläche sitzen, springen ab und laufen dem Wildhüter entgegen. Er bespricht sich kurz mit ihnen, und schon rauschen sie wieder ab. »Und?«, frage ich, als Louis zurückkommt.

»Unterstützung ist auf dem Weg.«

Nach ungefähr einer halben Stunde kommt tatsächlich die angeforderte Hilfe in Gestalt eines roten Traktors. Die Zugmaschine war nur ein paar Kilometer weiter im Einsatz, um von Elefanten umgestürzte Bäume wegzuräumen. Gleich beim ersten Versuch klappt es, den festgefahrenen Land Cruiser zu befreien. Erleichterung macht sich in uns breit, wir können weiter und die Suche nach den großen Raubkatzen fortsetzen.

»Was machen wir eigentlich, wenn wir die beiden finden?«, erkundige ich mich.

»Na ja, es wäre wichtig zu wissen, um was für Löwen es sich handelt, in welchem Zustand sie sich befinden und wo sie sich aufhalten. Je nachdem muss man dann sehen, was man macht oder auch nicht.«

»Okay, und was wäre das Maximale, was man mit ihnen tun würde?«, hake ich skeptisch nach.

»Betäuben und in ein anderes Gebiet bringen, aber ich weiß ehrlich gesagt nicht, ob das notwendig ist oder ob Richard das überhaupt will. Wir werden sehen.«

Auf unserer weiteren Suche begegnen wir einer Gruppe männlicher Kudus mit wunderschönen gewundenen Hörnern und wenig später zwei Breitmaulnashörnern. Die schweren Tiere sind scheu, eines flüchtet sofort vom offenen Gelände ins Dickicht. Das andere bleibt hinter einem Termitenhügel stehen und scheint sich dahinter verstecken zu wollen, ganz nach dem Motto: Wenn ich dich nicht sehen kann, siehst du mich auch nicht. Lediglich ein Teil des Kopfes ist durch den rotbraunen, turmartigen Insektenbau verdeckt. Der restliche stattliche Körper des Breitmaulnashorns, das sicher mehr als zweieinhalb Tonnen wiegt, ist deutlich sichtbar. Grinsend mache ich ein paar Fotos, bevor wir schaukelnd weiterfahren.

»Wuhu, freie Nashörner!« Ich freue mich über die Sichtung. »Spitzmaul habt ihr hier ja auch, richtig?«, frage ich hoffnungsvoll.

»Ja klar, zwar wenige, aber es gibt welche. Sie ernähren sich hauptsächlich von Blättern und sind deshalb mehr im dichten Buschland unterwegs als die Breitmaulnashörner, die Gras fressen und die du somit mehr im offenen, leichter einsehbaren Gelände antriffst.«

Ich möchte nach wie vor unbedingt Fotos von freien Spitzmaulnashörnern schießen. Hoffentlich habe ich diesmal mehr Glück als bei meinem letzten Aufenthalt in Namibia.

Kurze Zeit später tauchen wir mit unserem Fahrzeug in einen dicht bewachsenen Geländeabschnitt ein. Die Sichtweite ist hier links und rechts des Weges sehr gering. Sniper dreht sich auf meinem Schoß unruhig im Kreis, hält immer wieder die Nase schnuppernd in die Luft. An einer Weggabelung nehme ich plötzlich eine Bewegung neben uns wahr. Große Schatten, wandernde graue Hügel ragen über das Dornengebüsch und Gehölz links neben uns auf. Es rauscht und knackt. Eine Herde Elefanten, ungefähr acht bis zehn Tiere. Nur zwei sind ganz zu sehen, dem Alter nach Teenager; sie stehen auf dem Pfad, der unseren Weg kreuzt. Die ganze Herde zieht sich langsam von uns zurück, tiefer ins Dickicht hinein. Nur die beiden Teenager stehen weiterhin unbewegt da. Der vordere mustert uns und hebt dann seinen Rüssel wie zum Gruß. Schnell nehme ich meine Kamera zur Hand und mache ein paar Bilder.

»Er riecht in unsere Richtung, versucht unsere Witterung aufzunehmen«, erklärt Louis und fügt hinzu: »Lassen wir sie mal besser in Ruhe, die scheinen heute etwas angespannt zu sein.«

Nach Stunden erfolgloser »Löwenjagd« fahren wir über die stimmungsvolle Savanne. Die Sonne neigt sich langsam dem Horizont zu, das Licht taucht die Landschaft in tiefes, warmes Gelb. Mal flitzt ein Erdhörnchen neben dem Weg entlang, mal stehen ein Steinböckchen, ein Duiker oder ein Impala im Gras. Dann wieder kreuzt eine der vielen Giraffen unseren Weg, und am Horizont galoppiert eine Zebraherde entlang. Auf einer Anhöhe mit weiter Aussicht über die Landschaft passieren wir ein kleines, kompaktes Gebäude.

»Das ist die Hunting-Lodge, die Unterkunft für die Jäger«, erzählt Louis.

»Jäger?«, frage ich verdutzt.

»Ja, Jäger aus Europa, den USA, Südamerika. Von wo auch immer.«

»Du meinst Trophäenjäger?!«

»Könnte man so sagen, ja, Trophäenjäger, Hobbyjäger ... Die Jäger wissen, dass es eine Lodge mit Safari-Touristen gibt. Die Safari-Touristen wissen jedoch nicht automatisch von der Extra-Lodge für die Jäger.« Ich bin kurz sprachlos. »Das gibt es übrigens häufiger, als man denkt.« Ich schweige noch immer, und Louis ergänzt: »Momentan kümmern sich drei Berufsjäger um die Männer und Frauen, die hier auf Safari-Jagd gehen wollen. Ich hoffe, auch einer von ihnen zu werden. Nachwuchsbedarf gibt es auf jeden Fall.«

Eigentlich hätte ich mir das schon denken können, ich erinnere mich an den vollkommen getarnten Mann, der uns bei unserer Ankunft das Tor öffnete. Louis hatte ihn als »Berufsjäger« bezeichnet.

»Wie viele zahlende Jäger sind hier im Durchschnitt zu Gast?«, will ich wissen, nachdem ich das Gehörte einigermaßen verarbeitet habe.

»Ach, nicht so viele. Soweit ich das mitbekommen habe, meist so zwischen zwei und acht zeitgleich.«

Ausgerechnet Trophäenjagd, denke ich. Milde ausgedrückt stand ich dieser Form der »Freizeitbeschäftigung« schon immer äußerst skeptisch gegenüber. Die Jagd, bei der ich Louis bisher begleitet habe, zielt auf die Fleischbeschaffung und die Regulierung des Bestandes. Soweit ich das differenzieren kann, geht es bei der Trophäenjagd aber hauptsächlich um eine Art Statussymbol, mit dem man angeben möchte. Den Kopf, das Gehörn oder das Geweih des erlegten Tieres hängt man sich ins Kaminzimmer und präsentiert es stolz seinem Besuch, so meine klischeehafte Vorstellung. Und das gefällt mir persönlich gar nicht. Es ist definitiv ein schwieriges Thema für europäische Tierschützer und ein völlig rotes Tuch für Anhänger extremerer Tierrechteorganisationen. Soziale Medien sind voll von schäumendem Hass gegenüber Jägern. Aber ich habe jetzt wohl die Chance, mir selbst ein Bild zu machen und mehr über die Hintergründe zu erfahren. Ich darf mich nur nicht versperren, sondern muss es neutral angehen. Verdammt, das wird sehr schwer! Aber mein Entschluss steht fest. Ich werde mit Richard und den anderen Verantwortlichen des privaten Wildreservats über die Trophäenjagd sprechen, die sie anbieten, und wie sie im Einklang zu dem Tierschutz steht, dem sich das Reservat laut eigener Aussage verschrieben hat.

Louis hält unerwartet an und deutet auf eine kleine Baumgruppe rechts von uns. Erst erkenne ich nichts, doch dann kann ich im Schatten zwei Jungtiere ausmachen. Ganz flach gedrückt am Boden liegen sie da und rühren sich nicht.

»Du weißt, was das ist?«, fragt er mich.

Ich nicke. »Das sind Springböcke, Baby-Springböcke.«

»Genau. Sie warten darauf, dass ihre Mütter sie in der Dämmerung wieder abholen. Ein völlig normales Verhalten dieser Antilopenart.«

Wie aufs Stichwort sehe ich eine Gruppe weiblicher Springböcke, die auf der Kuppe hinter der Baumgruppe auftauchen. Als sie uns bemerken, bleiben sie stehen, warten ab. Wir fahren weiter, im Rückspiegel kann ich sehen, wie der Nachwuchs aufspringt und hungrig den Müttern entgegenrennt.

Als wir Richard mit seinem kleinen Sohn in der Nähe der Lodge begegnen, spreche ich ihn an. Ich möchte mit ihm über die Trophäenjagd und ihre Hintergründe sprechen. Er reagiert wie gewohnt mit aufrichtiger Freundlichkeit. Was es mir schwer macht, ihn für Dinge, die mit meinem Weltbild nicht übereinstimmen, zu verurteilen. Aber das will ich ja auch gar nicht, ich bin nicht hier, um zu verurteilen. Ich bin hier, um zu lernen, zu verstehen und meine eigenen Schlüsse zu ziehen.

»Klar, kein Problem. Komm am besten morgen Nachmittag so gegen fünf zu unserem Haus, da können wir in Ruhe über das sprechen, was dich beschäftigt«, sagt er lächelnd, verabschiedet sich und macht sich mit seinem Sohn auf den Schultern zur Baustelle des neuen Hubschrauberlandeplatzes auf, an der er natürlich auch selbst mitarbeitet. Was die beiden gesuchten Löwen angeht, sollen wir morgen wieder die Augen offen halten.

Am Abend sitzen wir in der Werkstatt und recyceln leere Patronenhülsen. Die benutzten Hülsen sammeln wir nach Schussabgabe, soweit möglich, immer sofort wieder ein. Der Grund ist, dass zum einen alles, was nicht biologisch abbaubar ist, nicht in dem Wildtierreservat liegen bleiben darf, und zum anderen kann man sie wiederverwenden. Wie das geht, lerne ich heute Abend. Zuerst trennen wir die beschädigten von den unbeschädigten Hülsen. Weisen sie sichtbare Macken oder Dellen auf, werden sie entsorgt. Diejenigen, die in Ordnung sind, reinigen wir, setzen neue Zündhütchen ein, wiegen das Treibladungspulver genau ab und füllen es in den Messingkörper. Zum Schluss pressen wir mit speziellem Werkzeug das Geschoss auf die wiederbefüllte Hülse. Fertig. Das dauert zwar alles verhältnismäßig lange, aber nach Sonnenuntergang haben wir meist sowieso nicht viel zu tun.

Immer noch nachdenklich, sitze ich auf einem der Campingstühle in der Küche und schreibe ein paar Notizen in mein Tagebuch. Louis stellt eine Pfanne mit in Öl schwimmenden Steaks auf den Plastiktisch, dazu gibt es selbst geschnitzte Pommes und Spiegeleier, natürlich auch in Öl. Das tägliche Essen ist hier sehr fleisch- und fettlastig. Es fehlt eigentlich nur, dass es zum Frühstück auch noch Fleisch in Butter gibt.

Meine beiden Gastgeber setzen sich mit an den Tisch. Ich lege mein Tagebuch und den Stift weg, wir fassen uns im Kreis an den Händen. Dann spricht Didi mit geschlossenen Augen auf Afrikaans ein kurzes Tischgebet: »*Here seen die hande wat die voedsel voorberei het. Here seen die voedsel in ons liggame. Maak ons opreg dankbaar daavoor in Jesus naam, Amen.*« Herr, segne die Hände, die das Mahl zubereitet haben ... Eine Tradition, die ich nur noch von meinem Opa kenne und bei der ich das letzte Mal als kleiner Junge mitgemacht habe.

Kalahari-Staub in meiner trockenen Nase, Kalahari-Staub in meinen geröteten Augen, Kalahari-Staubgeschmack auf der Zunge. Der Morgen ist zwar noch jung, aber er war schon sehr ereignisreich. Bevor wir uns von dem Antiwilderer-Team verabschieden, mit dem wir in der Früh unter anderem einen Springbock erlegt haben, haben die Männer noch eine Bitte an uns. Ich bin gerade dabei, das Gewehr grob von Staub zu befreien, und verstehe nicht wirklich, worum es geht. Sie sprechen Afrikaans und deuten dabei immer wieder auf den erlegten Springbock, der auf der Ladefläche neben den Schaufeln liegt. Louis geht offenbar auf ihre Bitte ein, und schon klettern zwei der Männer auf die Ladefläche und weiden den Springbock blitzschnell mit ihren übergroßen dolchartigen Jagdmessern aus. Stouter Kabouter, der gerade noch ruhig auf seiner Decke zwischen Fahrer- und Beifahrersitz lag, schnüffelt aufgeregt in die Luft. Kurze Zeit später springen die beiden wieder von der Ladefläche, und wir fahren los.

»Was haben die denn mit den Innereien gewollt?«, frage ich und verziehe die Nase.

»Ach, sie haben mich nur um den Magen gebeten.«

»Den Magen?!«

»Ja genau, sie werden ihn reinigen und dann gegrillt oder gekocht zum Frühstück essen.«

»Echt?!«, frage ich entsetzt.

»Ja klar, die lieben Innereien.«

»Okayyy«, sage ich lang gezogen, »aber ich bleibe bitte bei Müsli oder Cornflakes zum Frühstück.«

Rauschebart lacht zur Antwort. »Heute Abend kommt übrigens Ray zum Braai vorbei. Du weißt schon, der Guide, mit dem Lisa, du und dieser Südafrikaner zu Fuß den Geparden gesucht habt. Der, mit dem ich damals bei meiner vorletzten Arbeitsstelle die Nashorn-Wilderer gejagt habe.« Ah, klar, der Kerl mit dem roten Halstuch! Ein ruhiger, angenehmer Typ. Erst gestern haben wir mit Jerry telefoniert, mit dem Lisa und ich im Frühjahr fast täglich auf Safari waren. Verrückt, welche Menschen einem unerwartet an den unterschiedlichsten Orten wieder begegnen.

Wir konzentrieren uns auf die Suche nach den beiden Löwen und fahren in das Gebiet, in dem wir sie vermuten. Gerade als wir eines der Wasserlöcher auf dem Weg kontrollieren, kommt ein Funkspruch rein. In nördlicher Richtung kreisen Geier am Himmel, lautet die Information. Also muss sich dort ein totes Tier befinden – gerissen von den beiden gesuchten Löwen? Eine Möglichkeit, die wir prüfen werden. Als wir den angegebenen Bereich anfahren, können wir die Aasfresser schon selbst sehen. Das Gebiet, über dem sie kreisen, ist schwer zugänglich, und wir müssen wieder querfeldein fahren, uns durch Büsche und an Bäumen vorbeischlängeln und Erdspalten umfahren. Schließlich erreichen wir eine kleine Lichtung. Was uns dort erwartet, ist etwas völlig anderes als das, was wir angenommen haben. Ein kleiner toter Elefant liegt neben einem vertrockneten Baum in der Sonne. Louis schätzt sein Alter auf drei Jahre. Der graue Körper liegt auf dem Rücken, der Kopf ist noch ganz erhalten, die kurzen Stoßzähne erkennbar. Deutlich sichtbar und freigelegt sieht man jedoch die Rippen, die aus dem abgefressenen Rumpf in den Himmel ragen. Der Körper ist bis auf den Kopf und die Füße tatsächlich fast vollständig verschwunden. Zwei grünschwarz schimmernde Vögel tanzen um das tote Elefantenkind. Wir betrachten schweigend die dramatische Szene.

»So wie das aussieht, ist es schon mindestens zwei Tage tot«, sagt Louis und lässt den Blick über die Umgebung gleiten. Ich selbst kann mich nur schwer von dem Anblick losreißen.

»*Bliksem!*«, sagt Louis plötzlich überrascht. Ein afrikanisches Wort, das viel heißen kann. »*Bliksem leeus!* Da sind sie!«

Ich folge seinem Blick ins Unterholz. Tatsächlich, keine dreißig Meter von uns entfernt liegen im Schatten zwischen den Büschen zwei Löwenmännchen. Sie wirken entspannt, haben frische, nass geputzte Gesichter und beobachten uns gelassen. Louis macht eine kurze Durchsage per Funkgerät.

»Ihre Mähne ist noch recht kurz«, sage ich, als er geendet hat. »Was meinst du, wie alt sie sind?«

»Denke, so zweieinhalb bis drei. Das typische Alter, wenn sie geschlechtsreif werden. Dann sehen die Rudelführer ihre Söhne als Konkurrenten und vertreiben sie.«

Jetzt ergibt alles Sinn. »Deshalb haben sie ihr altes Revier verlassen müssen«, sage ich.

»Genau«, antwortet Louis und öffnet die Tür. Will er jetzt wirklich aussteigen?! So nah bei den beiden Raubtieren? Aber er selbst stellt sich die Frage anscheinend gar nicht. »Wenn du aussteigst, achte darauf, dass Sniper drinbleibt. Am Ende greift er sie noch an«, sagt Louis grinsend. Schon hat er von außen die Tür wieder geschlossen.

Ich lasse die Situation kurz auf mich wirken. Wir stehen in einem Dreieck und etwa genauso weit entfernt von dem toten Elefanten wie von den beiden gut getarnten Löwen. Louis hat sein Gewehr liegen gelassen. Die beiden Raubkatzen machen einen entspannten Eindruck, sind ziemlich sicher vollgefressen, und es ist Mittag, also die heißeste Zeit des Tages. Da hat keine Katze, egal welcher Größe, Lust, sich viel zu bewegen. Gut, mein Entschluss steht fest: Ich steige auch aus, aber mit Kamera und Waffe. In dem Wissen, dass die Löwen innerhalb von zwei Sekunden die Distanz von ihrem jetzigen Standpunkt zu uns überwinden könnten – wenn sie das wollten –, fühle ich mich mit dem Gewehr etwas wohler. Im Gegensatz zu Rauschebart kenne ich diese beiden nämlich nicht und kann sie deshalb auch nicht einschätzen. Ich hänge mir die Kamera um den Hals, greife mir das geladene Gewehr, verlasse das Fahrzeug und schließe die Tür. Ein komisches Gefühl breitet sich in mir aus, sobald ich auf dem Boden außerhalb des geschützten Pickups stehe. Es ist nicht wirklich Angst, ich fühle mich eher völlig schutzlos. Während ich um das Fahrzeug herum zu Louis gehe, mustere ich noch einmal die beiden Löwen im Schatten. Den Daumen habe ich dabei automatisch am Sicherungshebel. Sie liegen noch immer am selben Platz, nicht mehr als fünfzehn bis zwanzig Meter entfernt, und verdauen ihr Mittagessen. Sie wirken träge, müde und friedlich. Von ihnen geht keine Gefahr aus, das spüre ich jetzt auch. Vorausgesetzt, man verhält sich nicht falsch.

Wir sehen uns den toten Elefanten näher an. Süßlicher, widerlicher Verwesungsgeruch steigt mir in die Nase. Surrende Fliegenschwärme machen sich über den Kadaver her. Die Fliegen wiederum werden von den grünschwarz schimmernden Vögeln dezimiert.

»Was, meinst du, hat ihn getötet? Die beiden da neben uns?«, frage ich ungläubig und deute auf die Löwenbrüder, wobei uns einer zuzuzwinkern scheint und der andere herzhaft gähnt.

»Nein, das denke ich nicht. Aber wenn es so wäre, dann wäre das für zwei so junge Löwen eine Hammerleistung!« Louis nickt anerkennend und schüttelt dann den Kopf. »Nein. Es könnte sein, dass die Elefantenherde hier im Dickicht bei der Witterung der beiden Löwen in Panik geraten ist. Sie wollten den Nachwuchs schützen und haben das Jungtier dabei aus Versehen totgetrampelt.« Eine kurze Pause entsteht. »Aber am wahrscheinlichsten ist, dass das Kleine an einer unerkannten Infektion oder dergleichen gestorben ist. Die Löwen hatten einfach Glück, dass sie hier zur passenden Zeit vorbeigekommen sind.« Ich wende mich von dem Kadaver ab, blicke wieder zu den Raubkatzen.

»Nachdem wir sie gefunden haben, was passiert jetzt mit ihnen?«, frage ich und ziehe mir die Hutkrempe tiefer ins Gesicht.

»Die beiden Kätzchen, meinst du? Na ja, ich habe Richard gemeldet, dass es sich um zwei junge Männchen handelt, die sehr gesund wirken. Mal sehen, ich denke, sie können einfach hierbleiben.« Wir laufen langsam zurück zum Fahrzeug, in dem der kleine Beagle uns sehnlichst erwartet. »Vermutlich werden sie noch weiterziehen. Die Umgebung weitläufig erkunden und sich ein eigenes, passendes Revier suchen.«

Ich bin gespannt, ob uns die beiden in den nächsten Wochen noch einmal begegnen werden, und wenn, dann wo?

Kapitel 35

Das Interview

Es ist zehn vor fünf am Nachmittag. Nervös laufe ich den Sandweg von Didis und Louis' Unterkunft in Richtung des Familienanwesens von Richard. Vor dem großen ummauerten Haus steht in der Mitte eines runden Platzes ein ausladender Kameldornbaum. In dessen Schatten sitzen einige Mitarbeiter mit ihren Smartphones, um im Internet zu surfen. Es ist nämlich einer der wenigen Plätze auf der Anlage, an dem man einigermaßen Empfang hat. Ich ziehe mein Handy aus der Tasche und nutze die Möglichkeit, ein Lebenszeichen von mir an Lisa, meine Familie und Freunde in Deutschland zu schicken.

Nach zehn Minuten kommt Richard auf seinem geländegängigen Motorrad angerollt. Ich spüre, wie meine Nervosität wächst. Es ist kein leichtes Thema, das ich anschneiden will, nicht für mich. Gemeinsam treten wir durch ein Tor in den von Hunden bewachten, gepflegten Garten. Von hier aus hat man einen beeindruckenden Blick auf das Wasserloch vor der Lodge. Kudus, Wasserböcke, Impalas, Springböcke, Buntböcke, Warzenschweine, Nilpferde und sogar zwei Elefanten kann ich sehen. Dazwischen schwirren die verschiedensten Vögel umher. Sie alle kommen am frühen Abend hierher, um zu trinken.

»Hallo, du bist Sebastian, oder?«, fragt mich unerwartet eine angenehme Frauenstimme auf Deutsch hinter mir. Ich drehe mich um. Es ist Richards Frau, Caro. Sie lächelt mich freundlich an und streckt mir die Hand entgegen. »Ich glaube, wir sind verabredet. Du hattest ein paar Fragen zu unserer Arbeit.«

Ich folge Caro in das Büro, das sich in einem Anbau befindet. Es ist schlicht und mit Stil eingerichtet. Fotos erinnern an den Gründer des privaten Tierreservats, Richards Vater.

Schwer lasse ich mich in einen großen Ledersessel fallen. Gegenüber von mir stehen drei Schreibtische, denen anzusehen ist, dass dort viel gearbeitet wird. Dahinter an der Wand hängen eingerahmt gezeichnete Bilder der Big Five. Ich ziehe meinen Notizblock aus dem Rucksack. Noch lange habe ich gestern Abend auf meinem Bett gesessen, The National mit »Day I Die« gehört und überlegt, welche Fragen mir wichtig sind. Interessiert, kritisch, aber auch irgendwie neutral. Mit dem Ergebnis sitze ich jetzt hier. »Für wen stellst du eigentlich die Fragen? Bist du Journalist?«, möchte Caro wissen.

»Nein, das bin ich definitiv nicht.« Ich überlege kurz, wie ich es formulieren soll. Aber am besten ist es doch, authentisch zu sein, und so haue ich meine Gedanken einfach ungefiltert raus. »In erster Linie stelle ich sie für mich. Um besser zu verstehen, die Jagd mal aus eurer Sicht zu sehen und Hintergründe nachvollziehen zu können.«

Caro nickt mir zu. »Gern, dann lass uns anfangen.«

Ich räuspere mich, aktiviere die Sprachaufnahme meines Smartphones, und dann beginne ich auch schon mit meiner ersten Frage.

»Warum wird auf eurer Safari-Lodge auch gejagt?«

»Gäbe es die Jagd nicht, würde auch das private Wildreservat nicht existieren. Es ist eine rein finanzielle Angelegenheit. Ein Mittel zum Zweck«, sagt Caro und deutet auf ein Porträt an der Wand. »Der Gründer, Richards Vater, wäre niemals imstande gewesen, mit dem geringen Erlös, den er durch Wildfängerei und später durch den Tourismus gewann, das riesige Areal an Land zu kaufen, welches er und seine Familie den wilden Tieren Afrikas gewidmet haben. Die Jagd, besser gesagt die Trophäenjagd, bringt mit minimalem Aufwand enorm viel Geld ein, wobei wenig Druck auf die Umwelt ausgeübt wird. Ein

Jäger ist meist anspruchsloser als ein Tourist, und etwa vierzig Jäger bringen dasselbe Geld ein wie viertausend Touristen. Als Wildhüter in Namibia tragen wir enorme Kosten, besonders zu Trockenzeiten, wenn wir Millionen ausgeben müssen, um zuzufüttern, damit alle Tiere überleben können. So viel Geld bringen weder der Tourismus noch irgendeine andere Quelle ein. Auf Spenden kann man sich kaum verlassen. In Kombination mit der Jagd lassen sich diese Ausgaben jedoch tragen, nachhaltig und zugunsten aller Tiere im Wildreservat und der Bevölkerungsgruppen in unserem Umfeld.«

Caros Offenheit bewirkt, dass sich meine Nervosität etwas legt. Konzentriert höre ich ihr zu. Was jetzt kommt, weiß ich bereits von meinen Runden mit Louis.

»Die Jagd erfüllt auch einen weiteren Zweck: Die Anzahl mancher Tiere muss unter Kontrolle gehalten werden. Da es sich bei uns um einen zwar riesigen, aber geschlossenen Raum handelt und wenig Wild den Raubtieren zum Opfer fällt, wachsen die Zahlen zum Beispiel der Springböcke und der Gnus so enorm schnell an, dass sich die Tiere nicht nur durch Einfangen und Lebendverkäufe unter Kontrolle bringen lassen. Namibia ist ein sehr trockenes Land. Wenn die Tiere nicht dezimiert werden würden, dann würde man sie zu einem qualvollen Hungertod verurteilen. Das Fleisch hat außerdem einen Nutzen: Es müssen nicht nur die Löwen, Geparden und Touristen gefüttert und versorgt werden, auch unsere Angestellten und andere Parteien profitieren davon.«

Ich verstehe ihr Argument, und dennoch ... »Gibt es denn keine Alternative zur Jagd?«, überlege ich.

»Nein«, sagt Caro sachlich. »Ganz pragmatisch betrachtet ist die Jagd die einzige Möglichkeit, genug Geld zusammenzukratzen, um ein privates Wildreservat aufrechtzuerhalten. Gerade jetzt, wo Wilderei und der stete Druck der sich ausbreitenden Menschenbevölkerung eine wachsende Bedrohung für den Wildbestand auf unserer Welt darstellen, ist die Trophäenjagd die Lösung für viele finanzielle Probleme.« Sie zuckt die Schultern. »Man könnte, anstatt die Tiere zu töten, natürlich auch mehr lebende Tiere verkaufen. Doch wir brauchen tatsächlich so viel Fleisch. Unsere Touristen konsumieren mehr Fleisch, als die Trophäenjäger einbringen, wir müssen zusätzlich noch um des Fleisches willen jagen. Man könnte auch statt Wildfleisch den Gästen Rind oder Schwein anbieten, aber die meisten Touristen würden unser gesundes, biologisches Wildfleisch jedem domestizierten Fleisch vorziehen.«

Unwillkürlich frage ich mich, ob ein Schwein, Rind oder Huhn tatsächlich ein besseres Leben geführt hat und es ethischer ist, sich von dem Fleisch domestizierter Tiere zu ernähren als von Wild. Ein wildes Tier hat wahrscheinlich mehr Lebensqualität in freier, ungestörter Natur als manch ein anderes domestiziertes Tier und wird kurz und schmerzlos am Ende seiner Tage erlegt, statt in den Schlachthof geführt zu werden. Jagen darf in Namibia nur, wer einen Trophäenjagdschein besitzt, und auch nur in Begleitung eines Berufsjägers, der das jeweilige Tier ebenfalls im Visier hat und es zur Not, falls der Schuss des Trophäenjägers danebengeht, schnell erlösen kann.

Dennoch ist die Überpopulation einiger Arten ja auch das Resultat der Zäune.

»Warum kann man die Zäune nicht einreißen und die Tiere frei durchs Land ziehen lassen?«, überlege ich laut. »Dann gäbe es keine so große Überpopulation, und die Tiere hätten eine Chance, sich ihren eigenen Lebensraum zu suchen.«

»Das hört sich traumhaft an, ist aber kaum zu verwirklichen. Die Zäune bestehen weniger, um die Bewegungsfreiheit der Tiere einzugrenzen, sondern die der Menschen. Die Tiere, die hier frei herumlaufen, hat Richards Vater selbst eingeführt und für viele von ihnen, wie Hippos, Nashörner, Wasserböcke und Nyalas, einen sehr hohen Preis bezahlt. Es wäre schade, wenn diese Tiere einem Wilderer zum Opfer fielen. Die angrenzenden Agrar- und Rinderfarmer wären auch nicht gerade begeistert, wenn ein Elefant sich über ein Maisfeld hermachen oder ein Löwe sich an einem Rind vergreifen würde. Der Groß-teil der Landbesitzer in Namibia sind private Rinderfarmer, die aber durchaus von dem Wild profitieren, das nicht von den Rinderzäunen eingegrenzt wird, indem sie Trophäenjagden an Ausländer anbieten.«

»Welche Tiere werden denn geschossen und wie viele davon im Monat?«, hake ich nach.

»Bei uns werden hauptsächlich Antilopen geschossen. Während der Hochsaison im Juni, Juli und August steigt die Zahl auf vielleicht hundert Tiere im Monat. Nur alte, allein umherstreifende Bullen, die sich wahrscheinlich auch nicht mehr fortpflanzen, werden gejagt«, versichert Caro.

»Aber gefährdet man durch die Jagd nicht Tierarten?«

»Nein. Nicht in unserem Fall und nicht in Namibia. Die Tiere hier sind in unserem Privatbesitz, es liegt in unserem eigenen Interesse, alle unsere Tierarten nachhaltig zu jagen und nicht auszurotten. Wir lassen wie gesagt ausschließlich al-lein laufende, alte Bullen jagen, die Herden werden durch das Jagen nicht gestört, das ist bei uns oberstes Gebot. Außerdem reguliert auch unsere Regierung die Jagd in Namibia. Nur eine begrenzte Zahl an Tieren darf gejagt werden, damit auch in Gegenden Namibias, wo die Tiere nicht in Privatbesitz sind, diese nicht dezimiert werden. In unserem Land funktioniert das System schon jahrzehntelang, und nicht zum Nachteil ir-gendwelcher Tierarten.«

All diese Überlegungen sind zu komplex, als dass ich sie auf Anhieb ablehnen oder befürworten könnte. Meine Gedanken schweifen zu den Trophäenjägern. Bisher passt es nicht unbe-dingt in mein Weltbild, dass sie aus Gründen des Tierschutzes hier jagen gehen.

»Aus welchen Ländern kommen die Jäger hauptsächlich, und gibt es Voraussetzungen, um bei euch zu jagen?«

»Die meisten kommen aus den USA, Kanada und Europa. Es gibt Regeln, die eingehalten werden müssen. So darf nur zu gewissen Zeiten und Monaten gejagt werden, Handwaffen sind nicht erlaubt. Es darf auch nur unter Aufsicht eines Berufsjägers gejagt werden. Der kennt den Tierbestand ganz genau und sucht das jeweilige Tier gezielt aus. Damit wird sichergegangen, dass nur alte Bullen geschossen werden.«

»Wie viel kostet es denn zum Beispiel, einen Kudubullen zu schießen?«, will ich wissen.

»Die Tagesrate beträgt etwa vierhundertfünfzig US-Dollar, Verpflegung und Unterkunft eingeschlossen. Dazu der Trophäenpreis, welcher beim Kudu momentan bei zweitausend US-Dollar liegt.«

Das ist ein stolzer Preis, den ein Jäger bereit ist, hinzublättern, denke ich.

»Funktioniert ein Unternehmen nachhaltig wie unseres, kommt dieser hohe Preis den anderen Tieren zugute«, erklärt Caro. »Wir impfen zum Beispiel alle zwei Jahre unsere Kudus per Helikopter gegen Tollwut, das ist teuer und ein ziemlicher Aufwand, der jedoch durch den Abschuss einiger alter Bullen gedeckt wird. Durch die Opfergabe einiger weniger Tiere lassen sich somit Hunderte weitere Tiere finanziell tragen, bewahren und schützen. Der Jäger weiß das auch zu schätzen und ist gern bereit, diesen Preis zu bezahlen. Im Gegensatz zum Allgemeinglauben ist der typische Jäger durchaus ein Wildhüter und Naturliebhaber, und vielen liegt es am Herzen, ihr Geld an ein Unternehmen zu geben, welches sich für die Erhaltung dieser Werte einsetzt.«

Das meinen die Freizeitjäger also damit, wenn sie sagen, sie helfen der Natur. Den Punkt verstehe ich nun etwas besser. Schön wäre natürlich, wenn man die Impfungen und andere anfallende Kosten auch anders finanzieren könnte. Aber diese Leute wollen eben lieber eine Trophäe anstelle einer Urkunde für die Impfung Hunderter Kudus.

»Was passiert denn mit dem geschossenen Tier?«, frage ich.

»Bei uns wird alles verwertet«, sagt Caro, was auch Louis mir immer wieder versichert. »Das Tier wird von einem Profi gehäutet, die Haut gesalzen und getrocknet. Die Hörner und der Schädel werden gekocht und zur vollständigen Reinigung in Säure eingelegt. Die meisten unserer Jagdkunden kommen aus den USA oder Europa, die Felle und Hörner müssen somit gut gereinigt werden, damit wir sie exportieren dürfen. Der Kunde selbst wählt dann den Trophäendienst, der die Tiere ausstopfen und weiterverarbeiten soll. Für manch einen ist die Vorstellung, sich ein ausgestopftes Tier an die Wand zu hängen, sicherlich makaber, aber für einen Jäger ist es eine Erinnerung und Huldigung an das Tier. Es ist tatsächlich eine Kunst, das Tier wahrheitsgetreu zu präparieren.« Ich weiß nicht recht, was ich davon halten soll, aber Caro fährt bereits fort. »Das Fleisch wird professionell verarbeitet, das meiste davon wird von unseren Gästen konsumiert, vieles geht auch an unsere Angestellten oder wird verkauft. Innereien und andere Reste bekommen die Löwen, die Geparden und unsere Hunde. Es wird nichts verschwendet.«

Das Thema hat dennoch für mich nach wie vor eine Schwere.

»Warum sollte die Jagd gut sein für den Tierbestand oder die Natur?«

Caro lässt sich nicht beirren. »Unser Vorzeigebeispiel lässt sich auf viele Teile in Namibia übertragen, in denen die Jagd den Tieren mehr Wert gibt als nur den Fleischwert. Ein Trophäentier gewinnt an finanziellem Wert und gibt seinen Hütern eine Initiative, eine Tierart zu pflegen und zu schützen. Ohne diesen messbaren Wert würde das Erhalten vieler Tierarten ihre Eigentümer und Verwalter mehr kosten, als es einbringt – es wäre nicht tragbar. Diese direkte Verbindung zwischen der Trophäenjagd und dem Wert eines Tieres erklärt auch, weshalb so viele Tierarten in anderen Teilen Afrikas, wo man die Trophäenjagd verboten hat, bereits so gut wie ausgestorben sind. Wenn niemand mehr für einen Springbock zahlt als für das Fleisch, das er auf den Rippen trägt, so ist dieser Springbock auch nur das Fleisch wert. Das ist für das Überleben des Springbocks in einem hungrigen, überbevölkerten Staat Afrikas nicht von Vorteil. Unter solchen Umständen würde sich manch ein Farmer auch überlegen, lieber pflegeleichtes Rind zu halten anstatt Wild, das bringt mehr ein. Es ist ein ganz logisches ökonomisches Prinzip, das auf Angebot und Nachfrage basiert. Man sollte auch bedenken, dass die Trophäenjagd für Länder wie Südafrika und Namibia ein unglaubliches ökonomisches Wachstum bedeutet, Arbeitsstellen und ausländische Währung ins Land bringt.«

Regierungen stehen äußerst selten für die Tiere ein, die in ihrem Land leben, das ist mir klar. Also zählt letztlich wieder der »ökonomische Faktor«. »Was zahlt ein Jäger im Durchschnitt für seinen Aufenthalt?«, hake ich nach.

Caro muss nicht lange überlegen. »Wir rechnen mit etwa zehntausend US-Dollar pro Jagdgast.«

»Und was zahlt ein Safari-Gast für seinen Aufenthalt?«

»Ein Foto-Safari-Gast zahlt pro Nacht mit Aktivitäten etwa hundertsechzig US-Dollar. Aber im Gegensatz zum Jäger ist der Besuch des Touristen mit höheren Unkosten verbunden. Der Tourist setzt voraus, dass er angemessen bedient wird, es von gutem Kaffee über verschiedene Weinsorten, WLAN, Schwimmbad und Salat bis hin zu Eiscreme alles gibt. Der Jagdgast ist oft pflegeleichter und anspruchsloser.«

Ein solches Verhalten von Safari-Gästen habe ich oft genug bemerkt, da hat sie recht. Was die Trophäenjäger betrifft, kann ich nicht mitreden, bisher habe ich hier keine kennengelernt.

Ich werfe einen Blick in mein Notizbuch. »Wohin fließt denn das Geld?«, frage ich als Nächstes.

»Der Großteil des Geldes geht sofort wieder in die Erhaltung des Betriebes. Die größte monatliche Ausgabe sind die Gehälter der etwa achtzig Festangestellten. Es werden aber nicht nur sie, sondern auch deren Familien versorgt, das sind bestimmt an die zweihundert Menschen. Unsere Angestellten werden zusätzlich kostenlos mit Wasser, Strom, Unterkunft, teilweise Verpflegung und einer Schulausbildung versorgt. Unsere kleine Privatschule hat fast vierzig Kinder, die Kosten dafür tragen wir. Es ist wichtig, den sozialen Stand der Leute zu steigern. So lernen sie auch, dass ihr Wohlstand direkt mit dem Schutz der Tiere zusammenhängt.«

Unwillkürlich muss ich an Calvin denken, den Ansprechpartner des Cat-Teams auf der Rhino-Auffangstation in Südafrika. Er hatte mir von Menschen erzählt, die dem Geisterglauben anhängen und manche Tierarten als Ausgeburten des Bösen betrachten. Caro hat recht, Tierschutz und Bildung hängen eng zusammen.

»Viel Geld fließt in die Instandhaltung der Lodge, des Betriebes«, erzählt sie weiter. »Oft gehen Gebrauchsgegenstände kaputt und müssen ersetzt werden, doch allein die Kosten für Diesel, Strom und andere Kleinigkeiten häufen sich schnell an. Ein weiterer Großteil geht direkt an die Natur zurück, in die Instandhaltung der Infrastruktur wie Wasserlöcher, des Wildzaunes, das Füttern in trockenen Monaten. Letztes Jahr haben wir über vier Monate lang sieben Tonnen Luzerne am Tag gefüttert, die in Südafrika gekauft und hertransportiert werden musste. Der gesamte Profit der Foto-Safari-Gäste in diesem Jahr ist ins Zufutter geflossen. Teuer sind im Moment auch die Schutzmaßnahmen, die für unsere von der Wilderei bedrohten Nashörner getroffen werden müssen. Wir haben zusätzliche professionelle Wächter einstellen müssen, die unsere Tiere bewachen, haben ein Kamerasystem aufgestellt und fliegen regelmäßig mit dem Helikopter, um potenzielle Wilderer abzuschrecken oder aufzuspüren. Bisher hat es gewirkt, und wir hatten im Gegensatz zu vielen anderen Wildfarmern noch keine Todesfälle zu vermelden. Auch wird viel Geld und Zeit in das Aufziehen von verwaisten, gefährdeten Tieren investiert.«

»Also ist der Rhino War wie befürchtet auch hier angekommen«, sage ich nachdenklich und erzähle Caro ein wenig von meinen Erfahrungen in Südafrika.

»Spitzmaulnashörner gehören in Namibia dem Staat, der uns als verantwortungsvolle Hüter und Verwalter der Tiere wählte. Es gibt weltweit nur noch fünftausend Spitzmaulnashörner, und es werden nur fünf alte Bullen pro Jahr im ganzen Land zur Jagd freigegeben, die speziell von der Regierung ausgewählt werden. Breitmaulnashörner sind in unserem Privatbesitz und werden ausschließlich dann gejagt, wenn es zwischen den Bullen tödliche Streitereien geben sollte. Die Breitmaulnashörner haben für den Tourismus größeren Wert, da die Spitzmaulnashörner kaum gesichtet werden.«

»Gibt es auch schlechte Jagdbetriebe in Namibia? Und wenn, was macht ihr im Gegensatz zu ihnen anders?«

»Wir übernehmen volle Verantwortung für unsere Tiere. Es gibt Jagdunternehmen, die sich nicht um das Wohl ihres Wilds kümmern, sondern einfach nur Jagdrechte auf anderen Grundstücken haben und diese maximal ausnutzen. Solche Unternehmen ziehen ihren Vorteil aus Namibias reichem Wildbestand, kümmern sich jedoch nicht nachhaltig um die Tiere. Zum Glück herrscht unter den meisten Farmern ein guter Sinn für den Naturschutz.«

Meine Gedanken schweifen zu Nala und Jules an der Grenze zu Botswana, die ebenfalls einem Wertekodex folgen, was die Natur betrifft. Aber nicht alle Farmer sind so ...

»Gibt es viele Konflikte mit Raubtieren?«, frage ich Caro.

Sie nickt. »Ja. Leoparden werden bei uns geduldet, jedoch nicht im Hegegebiet, in dem sich die Rappen- und Pferdeantilopen aufhalten. Laut namibischem Gesetz darf ein Tier, welches den Tierbestand eines Farmers bedroht, erlegt werden. Wir versuchen meist, die Leoparden im Hegegebiet in einer Kastenfalle einzufangen und auf der anderen Seite des Grundstücks wieder freizulassen. Ein Rinderfarmer in Namibia hingegen kennt kein Erbarmen mit den Katzen, da sie für ihn keinen Wert haben. Wir haben pro Jahr die Erlaubnis, zwei Leoparden für die Trophäenjagd freizugeben, weshalb diese schönen Tiere bei uns auch einen Platz haben. Ein Rinderfarmer, der keine Trophäenrechte hat, zieht keinen Nutzen aus den Tieren und wird sie erbarmungslos erschießen, um sein Hab und Gut zu schützen.«

In mir zieht sich alles zusammen, wenn ich an den Abschuss von Leoparden denke. Zu nah stehen mir die großen Katzen.

»Gibt es denn keine andere Möglichkeit, als die Raubtiere zu erschießen?«

Caro zuckt bedauernd die Schultern. »Man kann die Katzen dulden und damit rechnen, dass sie einen Teil des Wildbestandes für sich beanspruchen. Für uns als Wildfarmer ist das in gewissem Maße akzeptabel, für einen Rinderfarmer jedoch nicht. Wohin auch mit den Tieren? Es gibt kaum einen Farmer, der freiwillig eine hungrige Katze aufnehmen und die Unkosten tragen würde. Zwar existieren einige Organisationen, aber die sind unserer Erfahrung nach bereits übersättigt.«

»Leoparden werden laut Medien immer mehr gefährdet. Könnten man nicht wenigstens diese fangen?«, halte ich dagegen.

»Man könnte die Tiere fangen, ja. Und dann? Wohin mit ihnen? Sollen sie lieber in einem Käfig ihr Dasein fristen?«, erwidert Caro.

»Wäre es nicht die Aufgabe von Wildtier-Auffangstationen oder dem Staat, dort zu helfen?«

»Der Staat hat eingegriffen, indem er die Anzahl an Jagdlizenzen reduzierte. Doch das trägt letztlich nur zur vermehrten Tötung der Tiere bei, da sie nun immer mehr als Ungeziefer eingestuft und nicht als potenzielles Trophäentier auf manchen Farmen geduldet werden. Eine Wildtier-Auffangstation ist keine nachhaltige Lösung, da die Katzen auf lange Sicht ein Zuhause brauchen, ein eigenes Jagdgebiet.«

Für den Moment kann ich wohl nur hoffen, dass sich andere Lösungen ergeben, um die Leoparden zu retten – doch welche?

»Die Jagd, vor allem die Trophäenjagd, hat einen sehr schlechten Ruf in Europa. Was sagst du dazu?«

Caro lehnt sich in ihrem Stuhl zurück. »Es gibt leider auch Jäger, die die Jagd in ein sehr schlechtes Licht rücken«, erzählt sie. »Bei manchen geht es nur um das eigene Ego, vielleicht auch um sinnlose Mordlust. Wir hatten auch schon solche Kunden hier. Aber das Endresultat bleibt für uns gleich: Wir erhalten das nötige Kleingeld, um den Traum von einem sich selbst erhaltenden Naturgebiet weiterzuführen. Wir sind nicht auf auswärtige Spenden angewiesen, und wir können diesen Traum auch mit den nichtjagenden Besuchern aus aller Welt teilen. Es gibt sehr viele Jäger, die genau aus diesem Grund eine Jagd buchen: damit sie solche Unternehmen wie das unsere finanziell unterstützen können. Das ist viel mehr wert als manch ein kurzsichtiger Tourist, der meint, ein Foto von einem Tier würde genügen, um es vor dem Aussterben zu retten.

Letztendlich liegt es nicht an der Einstellung des Jägers, sondern des Jagdunternehmens, ob die Jagd ethisch, nachhaltig und als Werkzeug zu Gunsten des Naturschutzes eingesetzt wird. Unseren Tieren geht es seit vierzig Jahren gut bei uns, das System funktioniert. Wenn du eine Handvoll Tiere opfern könntest, um Tausenden das Leben zu schenken, würdest du nicht ebenso wählen? Richards Vater sagte oft: ›Sometimes one has to be cruel to be kind‹ – zu Deutsch: ›Manchmal muss man grausam sein, um gütig zu sein.‹«

Ich weiß keine Antwort auf ihre Frage, noch nicht jetzt. Der Kopf schwirrt mir von all den Informationen.

»Gibt es noch etwas, das du gern zu dem Thema sagen würdest?«, frage ich Caro.

Sie nickt. »Wir wurden schon oft über die sozialen Medien aufgefordert, unseren Standpunkt zur Jagd zu erklären. ›Ihr

seid ein Naturreservat! Wie könnt ihr es wagen, Tiere abschie-
ßen zu lassen?‹, heißt es dann. Wir müssen an diesem Punkt
erst mal klarstellen, dass ohne unser Unternehmen heute hier
nur ein paar Rinderfarmen mit wenig Wildbestand wären anstelle eines Wildreservats. Die Tiere sind in unserem Privatbesitz, und es wird dementsprechend für sie gesorgt. Uns liegt
das Wohlergehen unserer Tiere mehr am Herzen, als manch
einer verstehen könnte. Der Tod eines Tiers geht bei uns immer mit Respekt und Anerkennung an eine großartige, einzig-
artige Schöpfung einher. Ein weiser Jäger weiß ein Tierleben
auf gewisse Art und Weise mehr zu schätzen, wenn er erkennt,
wie schnell es mit einem Fingerdruck auf dem Abzug enden
kann.«

Ich stoppe die Aufnahmefunktion meines Smartphones
und sinke zurück in den Sessel. Das war sehr viel Information
zu einem schwierigen Thema. Ausführlich, ehrlich, aber alles
andere als leicht zu verdauen. Nach einer kurzen Pause und
einem Schluck Wasser bedanke ich mich. Nun gesellt sich auch
Richard hinzu, und wir kommen wieder auf den Rhino War zurück.

»Viele Touristen nehmen das überhaupt nicht ernst«, er-
eifert er sich. »Ich werde häufig darauf angesprochen, weshalb ich denn immer eine Pistole bei mir trage. Wenn ich dann
antworte, dass ich jederzeit bereit sein muss, die Nashörner
auf unserem Gelände zu schützen, fragen sie nur, warum man
denn bitte die Nashörner schützen müsste.« Er schüttelt resi-
gniert den Kopf. »Es ist erschreckend, wie unpopulär das Aussterben der Nashörner ist. Wie wenig die Hintergründe bekannt sind. Wie festgefahren die Meinung mancher Menschen
ist.« Ich kann ihm nur beipflichten.

Langsam wird es Zeit zu gehen. Immerhin ist ja noch Braai
mit Didis und Louis' Freund Ray geplant. Etwas benommen
von dem Austausch verabschiede ich mich von den beiden.
Beim Verlassen des Büros fällt mein Blick auf eine Informa-

tionstafel an der Wand. »Gib mehr an die Natur zurück, als du nimmst«, steht dort als Überschrift – das Motto des Gründers des privaten Naturreservats. Ja, denke ich, das trifft hier anscheinend tatsächlich zu.

Kapitel 36

Auf dem Tafelberg

Dunkelheit, Kälte, schwarze Finsternis umgeben mich. Jedoch nicht über und vor mir. Denn über mir strahlen am klaren Nachthimmel in schier unendlicher Ferne Abertausende Sterne. Wie eine lang gezogene, glitzernde Nebelwolke durchzieht die Milchstraße den Himmel. Dort, wo das Sternenmeer endet, thront wie ein Wächter der sichelförmige Mond über der schwachen Silhouette des Tafelberges. Und direkt vor mir brennt ein flackerndes Feuer. Ich starre in die tanzenden, sich windenden Flammenzungen. Das Lied »A Quiet Life« von Teho Teardo & Blixa Bargeld läuft in Dauerschleife. Der Song legt sich wie eine warme, aber auch unendlich schwere Decke um mich, drückt mich tiefer in meine Gedanken.

Die letzten Tage waren viel für mich. Immerhin befinden wir uns hier auf eintausendfünfhundertfünfzig Metern über dem Meeresspiegel. Würzburg liegt zum Vergleich gerade mal auf einhundertsiebenundsiebzig Metern, die Luft hier ist also viel dünner als zu Hause, aber das kenne ich ja bereits. Was jedoch neu für mich ist, ist die extreme Trockenheit während des afrikanischen Winters. Die Luftfeuchtigkeit beträgt gerade mal acht Prozent. Ich habe teilweise das Gefühl, Staub zu atmen. Die trockene Höhenluft lässt mich ständig müde und hungrig sein.

Doch nicht nur das Klima macht mir zu schaffen. Ich stehe erst am Beginn meines jetzigen Aufenthaltes und wurde psychisch bereits stärker durchgeschüttelt als bei sämtlichen Afrikareisen zuvor. All die vielen Insider-Informationen über die

Wilderei und die Jagd. Die selbst gesammelten, krassen Erfahrungen auf meinen Runden mit Louis. Meine Hände habe ich sprichwörtlich in Blut gebadet. War selbst jagen. Das hätte ich noch Anfang des Jahres für völlig unmöglich gehalten! Aber trotzdem hat mich mein Weg hierhergeführt, es sollte wohl alles so kommen, war wichtig. Die Hintergründe zu schwierigen Themen sind meist schlecht zu verdauen, ob es um die Wilderei, den Rhino War, die Volontärsarbeit auf Wildtier-Auffangstationen, die Jagd oder, wie zuletzt im Gespräch, um die Trophäenjagd geht. Das, was ich grundsätzlich für gut oder schlecht gehalten habe, kann ich angesichts meines derzeitigen Wissens nicht länger strikt trennen. Das von mir selbst immer wieder verurteilte Schwarz-Weiß-Denken funktioniert längst nicht mehr. Dennoch mögen wir Menschen es, in einfachen, klaren Grenzen zu denken. Du böse, ich gut – fertig. Das ist bequem, da muss man sich mit der anderen Seite oder einer möglichen Wahrheit erst gar nicht auseinandersetzen.

Eine Ausnahme gibt es jedoch – die Wilderei ist und bleibt in meinen Augen zu hundert Prozent verabscheuungswürdig.

Das Feuer ist fast ganz heruntergebrannt, und somit ist die Glut für das Braai genau richtig. Im Haus bereiten Didi und Louis sehr viel Fleisch, ordentlich Knoblauchbrot und wenig Salat vor. Auch Ray mit dem roten Halstuch ist schon da. Als ich zurück zum Haus laufe, kann ich ihre gedämpften Unterhaltungen bereits hören. Stouter Kabouter kommt mir schwanzwedelnd entgegengerannt, im Maul sein Lieblingsspielzeug – ein Plüschdelfin, der fast so groß ist wie er selbst.

»Hey, Leute, das Feuer ist abgebrannt. Ich denke, ihr könnt loslegen«, rufe ich.

»*Mooi!*«, kommt es zur Antwort. Louis steht strahlend mit einer großen Campingtasse voller Cola mit *brandewyn* – Brandy – vor dem Fleisch. »*Die vleis is flippen lekker*«, trompetet er stolz.

»*Nie vrot?*«, frage ich zwinkernd. »Nicht vergammelt?«

Louis schnappt entsetzt nach Luft, und die beiden anderen kichern.

»*Bliksem!* Es ist perfekt, Deutscher! Du wirst es ja dann selbst schmecken!«

Ray hat seinen zweijährigen Sohn dabei. Er ist blond wie sein ruhiger, höflicher Vater und teilt bereits jetzt schon eine Leidenschaft mit ihm – Waffen. Überall, wo der kleine Mann hinwankt oder -schaukelt, hat er sein Spielzeug dabei, ein von seinem Opa selbst geschnitztes Holzgewehr, auf dem ein kleines, aber echtes Zielfernrohr montiert ist. »Er zielt bereits auf alle möglichen Tiere. Nur bei Nashörnern nimmt er immer sofort das Gewehr runter«, erzählt Ray stolz.

Ja, was soll ich dazu sagen? Am besten nichts. Ich nicke lächelnd und denke: Anderes Land, andere Lebensweise, andere Prioritäten. Meine beiden Gastgeber sind auf jeden Fall hellauf begeistert, dass der Bub auf dem besten Weg ist, ein Jäger zu werden.

Natürlich hat Louis Ray schon erzählt, dass ich die letzten Tage meine ersten Jagderfahrungen gesammelt habe, und so werde ich dementsprechend von ihm beglückwünscht. Das Thema wird noch mal aufgegriffen, als wir gemeinsam unter dem Sternenhimmel sitzen. Ich blicke in die Glut und trinke von meinem *rooiwyn*. Louis steht mit seiner zweiten oder dritten Tasse *brandewyn* neben dem Fleisch und wendet es betont fachmännisch. Das tropfende Fett verdampft zischend auf der rot glühenden Holzkohle. Wir reden über ihre Sicht auf Namibia, den Rhino War, die Jagd und die Vorurteile einiger Touristen. Louis, der schon etwas angetrunken ist, bringt wiederholt zum Ausdruck, er habe den »größten Respekt« vor mir, dass ich dem Thema Jagd neutral gegenüberzustehen versuche und mich selbst überwunden habe, hier bei ihm eigene Erfahrungen zu sammeln. Er weiß, wie schwer mir das gefallen ist. Ich selbst habe in diesem Moment schon beschlossen, dass ich kein weiteres Tier mehr jagen werde. Solange es nicht unbedingt notwendig ist, weil das Leben anderer oder mein eigenes in Gefahr sind, kommt es für mich nicht mehr infrage, auf Tiere zu schießen. Ich habe meine Erfahrung gesammelt, habe bewusst wahrgenommen, was dazugehört, wenn man Fleisch isst. Durch meine persönlichen Einblicke toleriere ich mittlerweile die Jagd als anscheinend wichtigen Teil der namibischen Wirtschaft. Aber ich weiß nicht, ob ich sie akzeptieren kann. Es ist aktuell ein notwendiges Übel, leider. Ich persönlich mag die Jagd noch immer nicht, bin kein Freund von ihr. Weder macht es mir »Spaß«, noch ist es für mich eine »sportliche« Sache. Ich werde in Zukunft Tiere ausschließlich mit der Kamera »schießen«.

Am nächsten Morgen gibt es dann tatsächlich Fleisch zum Frühstück. Die Reste vom Braai müssen weg. Also stehen wir in unserer Patrouillenpause mitten im Buschland, trinken Kaffee aus der Thermoskanne und essen dazu das kalte, nach meinem Geschmack viel zu fette Lammfleisch.

Die folgenden Tage verfliegen regelrecht. Jeden Tag fahren wir querfeldein bis zu hundertzwanzig Kilometer mit dem Geländewagen. Mein Körper ist es normalerweise gewohnt, zu Fuß oder mit dem Fahrrad unterwegs zu sein. Die vielen Stunden im holprigen Auto machen sich langsam bemerkbar. Meine Wirbelsäule beschwert sich, und ich spüre etwas, das ich sonst nie habe – Rückenschmerzen. Aber das ist jetzt nicht zu ändern, und das, was um uns passiert, lenkt mich auch immer wieder davon ab, wie sich meine Knochen im Moment fühlen. So fahren wir an einer Stelle vorbei, die sich ein Nashorn offensichtlich als Toilette auserkoren hat. Ich erkenne den Nashornmist sofort, habe ich seinesgleichen doch wochenlang aufgeschaufelt und mühsam per Schubkarre wegtransportiert.

»Denke, das ist einen halben Tag alt, was meinst du?«, frage ich Louis.

»Ja, gut geschätzt, das kommt hin. Aber kannst du auch bestimmen, ob es von einem Breitmaul- oder einem Spitzmaulnashorn stammt?«

»Nicht wirklich«, antworte ich stirnrunzelnd.

»Ich zeig es dir«, sagt Louis grinsend, und wir steigen aus. Stouter Kabouter rennt aufgeregt schnüffelnd um den Wagen, und ich knie mich mit Louis vor den Haufen halb getrockneten Kots. Er fängt an, in den grünlich braunen Hinterlassenschaften, die an Pferdeäpfel erinnern, mit dem Finger zu stochern.

»Da«, sagt er triumphierend, »schau dir das an!«, und lässt etwas in meine Hand fallen. Es ist ein Stück unverdauter Zweig, vielleicht drei Zentimeter lang. Die Kanten sind im Winkel von fünfundvierzig Grad abgetrennt. »Eindeutig ein Spitzmaulnashorn! Sie beißen Äste und Zweige mit ihrem spitzen Maul immer in genau dem Winkel ab. Bei einem Breitmaulnashorn würdest du so etwas nicht finden, schon allein deshalb nicht, weil sie nur Gras fressen.«

Wie gern hätte ich das Spitzmaulnashorn gesehen! Schade, dass es uns nicht begegnet ist.

Ein anderes Mal machen wir einen Abstecher zu einer kleinen Attraktion ganz in der Nähe: versteinerte Dinosaurierspuren im Felsboden. Erstmals entdeckt und wissenschaftlich erforscht haben sie zwei deutsche Archäologen in den Zwanzigerjahren. Die deutlich sichtbaren Spuren sollen rund zweihundertdreißig Millionen Jahre alt sein. Weitaus jünger, aber nicht weniger interessant sind die versteinerten Büffelspuren in einiger Entfernung. Denn Büffel gibt es in Namibia nur im äußersten Nordosten, dem sogenannten Caprivizipfel. Die Spuren belegen jedoch, dass die gefräßigen Kaffernbüffel oder ihre Vorfahren auch mal hier gelebt haben müssen.

Und so lerne ich jeden Tag Neues dazu und vertiefe mein Wissen.

Das ungewohnt fettige Essen schlägt in der nächsten Woche endgültig durch. Ich muss an einem Morgen wegen Übelkeit im Haus bleiben und lasse die Patrouille ausfallen. In der Nacht liege ich mit Mütze und drei Decken im Bett und bekomme auch noch Fieber. Ich bin davon maximal genervt. Aber mein Körper ist wohl einfach der Meinung, dass es jetzt mal reicht, und hat mich kurzerhand außer Gefecht gesetzt.

Didi fühlt sich am nächsten Morgen auch nicht gut, und deshalb beschließen wir, in die etwas mehr als eine Stunde entfernte Ortschaft zu fahren und den dortigen Arzt aufzusuchen.

De Staat mit »Witch Doctor« rauscht in meinem Kopf, als wir den Ort erreichen. Der behandelnde Arzt ist jedoch kein in einer Lehmhütte hausender Medizinmann, der einen Hühnerknochen quer durch die Nase trägt. Er ist um die fünfzig und spricht ein halbwegs verständliches Englisch mit starkem Afrikaans-Akzent. Nach kurzer Untersuchung verschreibt er mir die passenden Medikamente und sagt mehrmals, ich solle möglichst viel trinken, am besten »Sportgetränke«.

Wir nutzen den Besuch in der Ortschaft gleich für ein paar Erledigungen. Als ich vor dem Kühlregal eines Supermarktes stehe, packt mich die Wut. Ein ausgestopfter Kudubulle, ein ausgestopftes Stachelschwein und ein ausgestopfter Leopard befinden sich über und neben dem Regal zur Dekoration. Verdammt.

Louis kommt mit einer entschuldigenden Geste auf mich zu.

»Ja, ich weiß, das gefällt dir nicht, aber was soll man machen, so ist eben Namibia. Hier ist das ganz normal.«

Ich habe nicht die Energie, mich in diesem Moment weiter aufzuregen, fühle mich noch immer wie ein Zombie. Den halben Einkaufswagen fülle ich mit bunten isotonischen Sportgetränken und schiebe ihn mürrisch zur Kasse.

Am folgenden Tag bin ich tatsächlich wieder fit und kann an der Patrouille teilnehmen. Auf meinem Schoß liegen wie gewohnt meine Kamera und daneben der Kopf von Stouter Kabouter. Neben mir befindet sich das Gewehr, vor mir auf dem Armaturenbrett ein Päckchen Munition, mein Fernglas und das schmale Tierspuren-Buch, zu meinen Füßen der Kameraruck-sack, eine große Wasserflasche und eines der Sportgetränke, das mir der namibische Arzt dringend empfohlen hat. Wir schaukeln wie gewohnt über die staubige Landschaft und begegnen den verschiedensten Tieren. Am eindrucksvollsten ist heute die Herde Elefanten, die in einer leichten Senke unter uns durch das Buschland zieht. Aber auch eine schwangere Breitmaulnashorn-Kuh mit gewaltigem Horn und etwa drei-jährigem Kalb bekommen wir zu Gesicht. Nervös werde ich, als ich eine Stunde später ein weiteres Nashorn im Dickicht ent-decke. Von der Größe und der Statur her könnte es ein Spitz-maulnashorn sein! Aber es verschwindet viel zu schnell wieder zwischen den hohen, dicht stehenden Büschen. Zu kurz war der Augenblick, um einen zweiten prüfenden Blick darauf wer-fen, geschweige denn ein Foto von ihm machen zu können.

»Heute Nachmittag ist es übrigens so weit, Bro«, sagt Rau-schebart lächelnd. »Da werde ich Didi einen Antrag machen.«

»Oh, das ist stark! Ich freue mich schon! Wird alles so lau-fen, wie du es dir ausgedacht hast?«

»Ja, Richard wird mich zuerst hinbringen und euch im An-schluss unter irgendeinem Vorwand nachholen. Du musst nur mitspielen und so tun, als wüsstest du von nichts.«

»Geht klar, das kann ich« – hoffe ich zumindest. Louis hat mir schon kurz nach meiner Ankunft erzählt, was er plant, musste es aber immer wieder verschieben. Jetzt kann es end-lich stattfinden.

J. Bernardt mit »The Question« dringt an meine Ohren, wäh-rend ich eine Nilpferd-Mutter fotografiere, die mit ihrem

Kind im Wasser spielt. Die Szene im warmen Abendlicht spielt sich quasi direkt vor Didis und Louis' Haus ab. Immer wieder gehen die beiden Flusspferde spielerisch mit weit aufgerissenen Mäulern aufeinander los. Üben für später, wenn es ernst wird.

Das klatschende Geräusch von Hubschrauberrotoren nähert sich. Wenig später steht Caro mit ihrem Geländewagen vor dem Zaun des Grundstücks. Sie ruft Didi zu sich. Louis habe einen Springbock mit gewaltigem Gehörn geschossen, und Richard würde uns mit dem Helikopter dorthin fliegen, berichtet sie aufgeregt. Das ist also der ausgedachte Vorwand?! Ich muss aufpassen, dass ich nicht laut lache. Namibier, denke ich kopfschüttelnd und muss grinsen. Aber natürlich spiele ich mit und tue überrascht. Didi holt noch schnell ihre Jacke, ich schnappe mir meinen Kamerarucksack, und schon können wir los. Wir erreichen das Flugfeld, Richard, unser Pilot, wartet dort bereits auf uns.

Der dunkelblaue Hubschrauber wirkt neben dem Hünen noch kleiner, als er ist. Vier Sitze hat er, die vorderen Seiten sind offen. Didi setzt sich nach vorne, ich nehme hinter dem Piloten Platz. Anschnallen, Kopfhörer mit Mikrofon aufsetzen, und schon sind wir bereit.

Senkrecht geht es nach oben, wir schrauben uns über das Gelände der Lodge. Unter uns sehe ich das große Wasserloch mit den vielen dort trinkenden Tieren im orangefarbenen Licht. Ab einer gewissen Höhe sausen wir Richtung Tafelberg, der rotblau vor uns leuchtet. Unter uns erstreckt sich das trockene Buschland. Giraffen ragen überall auf, einzelne Elefantenbullen bleiben stehen und scheinen nach oben zu blicken. Ich bin berauscht von Höhe, Geschwindigkeit und dem Flugwind, der mir ins Gesicht schlägt. Während meiner Militärzeit bin ich immer wieder mal Hubschrauber geflogen. Aber das waren Maschinen wie die Bell UH-1 und die CH-53, schwerer und stabiler in der Luft. Bei diesem leichten Flitzer hier merkt man jeden kleinen Windstoß, jede Luftschicht. Hier ist Fliegen weitaus abenteuerlicher, als ich es kenne. Es gefällt mir unglaublich gut, so gut, dass ich das Fotografieren vergesse. Ich konzentriere mich auf das, was ich sehe und fühle, halte die Kamera fest, jedoch kaum benutzt in meiner Hand. Der Tafelberg ragt vor uns wie eine Wand auf. Immer höher steigen wir, immer mehr wackelt die Maschine. Und plötzlich ist das Gipfelplateau unter uns, und wir fliegen über die flache, steinige Ebene oben auf dem Berg. Richard steuert einen mit Gras bewachsenen Abschnitt an, um dort zu landen. Wir setzen sanft auf, steigen aus der Maschine. Die Sonne ist mittlerweile ein roter Feuerball im Westen und neigt sich dem Horizont zu. Mit etwas Abstand zum Helikopter bleibe ich stehen und sehe mich genauer um. Wenn ich nicht wüsste, dass ich mich auf dem Gipfel des Berges befinden würde, würde ich es wohl nicht merken. Das Plateau ist so groß, dass ich in keiner Richtung den Rand sehen kann. Überall wachsen Gras, vereinzelte Büsche und kleine Bäume.

»Leben hier auch größere Säugetiere auf dem Plateau?«, frage ich Richard.

»Im Sommer schon«, antwortet er. »Wenn es geregnet hat und sich in den Felsspalten und Mulden Wasser ansammelt, dann kommen Bergzebras und auch Kudus hier hoch. Aber jetzt im Winter gibt es nichts zu trinken, weshalb sie unten in der Ebene bei den Wasserlöchern bleiben.«

Didi hat Louis auf einer etwas erhöhten Felsformation entdeckt und läuft ihm strahlend entgegen. Ich denke, sie weiß in diesem Moment schon, was passieren wird. Er ergreift ihre Hand und hilft ihr auf den Felsen. Hinter ihnen leuchtet der bilderbuchgleiche Sonnenuntergang. Jetzt muss ich mich beeilen und positioniere mich rasch mit etwas Abstand schräg neben den beiden. Kaum blicke ich durch den Sucher meiner Nikon und lege den Fokus auf sie, da geht Louis auch schon auf die Knie und streckt Didi den Ring entgegen. Natürlich sagt sie

Ja, und danach wird von einem Ohr bis zum anderen gestrahlt und gelacht.

Richard hat zwei Sektgläser im Helikopter mit auf den Berg geschmuggelt, aus denen die beiden frisch Verlobten jetzt Limo trinken. Didi rührt nämlich grundsätzlich keinen Alkohol an. Bevor die Sonne ganz in den Horizont eintaucht, gehen wir zurück zum Hubschrauber. Ich stelle schnell das Stativ auf und mache per Selbstauslöser noch ein Gruppenbild von uns vor der Maschine.

Der Rückflug ist um einiges geiler als der Hinflug. Im letzten Licht des Tages stürzt Richard regelrecht mit uns von dem Tafelberg hinunter, kurvt in eine Schlucht und brettert diese in hoher Geschwindigkeit entlang. Eine abgesicherte Achterbahnfahrt ist ein Witz dagegen. Das Licht, die Stimmung, die Landschaft, die Geschwindigkeit – all das zusammen wirkt absolut atemberaubend. Wir drehen mit den angeschalteten Scheinwerfern noch ein paar Runden über dem privaten Naturreservat und sehen die beeindruckenden Silhouetten der Elefanten an einem Wasserloch, die von hier oben faszinierend klein wirken.

Nach der Landung bin ich euphorisch und bedanke mich für das Erlebnis. Am besten sollte ich selbst einen Hubschrauberschein machen, denke ich etwas verstrahlt.

Zur Feier des Tages brät Louis zu Hause Springbock-Leber in der Pfanne an. Seine Verlobte hat zusätzlich Brot gebacken – mit ordentlich Speck darin. Weil es sonst »so langweilig« schmeckt. Ja, es wundert mich eigentlich kaum mehr etwas. Aber was habe ich auch erwartet, in einem Land, in dem die Leute Hühnchen nicht als Fleisch bezeichnen, sondern als Gemüse?

Kapitel 37

Auf in den Nordosten

In der kommenden Woche beobachten wir im Buschland drei Geparden, wie sie ein Warzenschwein fressen. Natürlich muss ich gleich an Atheno denken. Wie es ihm, Pride und den anderen Geparden wohl geht?

Später zählen wir rotbraune Letschwe-Antilopen im Sonnenuntergang. Durchstreifen tags darauf das Gelände auf Antiwilderer-Patrouille, finden eine von der Sonne mumifizierte Wildkatze, prüfen Wasserpumpen, begegnen wiederholt den beiden Löwenbrüdern – und ich lerne, wie man »Milk Tart« macht, eine südafrikanische Nachspeise, die ich jeden Tag essen könnte. Wohl auch deshalb, weil es sich dabei um ein Gericht handelt, in dem Fleisch zur Abwechslung mal kein Bestandteil ist. Zwischendurch muss Louis auch wieder jagen, mal mehr, mal weniger erfolgreich.

An einem Nachmittag sitzen wir im Halbschatten unweit eines Wasserlochs. Hier soll es zu viele *vlakvarks* geben. Der kleine Beagle liegt zwischen uns und schläft wohlig brummelnd im Staub. Eine Herde mit ungefähr zwanzig Pferdeantilopen streift an uns vorüber. Die großen Tiere mit den langen Ohren und den verhältnismäßig kleinen Hörnern beobachten uns misstrauisch. Nach einiger Zeit ziehen sie sich tiefer in den Schutz des Busches zurück. Im Anschluss zeigt sich mal ein Impala, mal eine Manguste, aber zu ihrem eigenen Glück tauchen keine Warzenschweine auf. So verlassen wir nach Stunden des Wartens die Gegend ohne Beute, was ich im Gegensatz zu Rauschebart nicht wirklich schlimm finde.

An einem anderen Nachmittag kommt ein Lkw mit achtzehn Buntböcken, sie sollen ein neues Zuhause in dem privaten Naturreservat finden. Der Lkw hält an einer aufgeschütteten Rampe, Richard steigt mit Louis und einem weiteren Freund über das Dach in das Innere des Lasters. Damit die Tiere sich beim Transport gegenseitig nicht mit ihren Hörnern verletzen, tragen sie darüber Gummischläuche. Diese gilt es ihnen jetzt wieder abzunehmen. Ein Buntbock nach dem anderen springt mit entblößten Hörnern an dem Lkw-Fahrer und mir vorbei in die Freiheit. Staub aufwirbelnd sprinten sie in den Busch und sammeln sich irgendwo außerhalb unserer Sichtweite, um dann als Gruppe das neue Gebiet zu erkunden.

Neues Gebiet erkunden auch wir bald. Didi und Louis haben sich ein paar Tage freigenommen, um mit mir in den Caprivizipfel zu fahren. Dieses Gebiet ganz im Nordosten Namibias streckt sich wie ein kleiner Arm – oder eben Zipfel – vom restlichen Teil des Landes weg in Richtung Sambia. Im Gegensatz zum größten Teil Namibias ist es dort nicht trocken, sondern sehr wasserreich. Das berühmte Okavangodelta grenzt direkt im Süden an, was zu einem sehr großen Tierbestand führt, jedoch auch zu einer hohen Malaria-Gefährdung. Der eigentümliche Name des Zipfels geht auf den ehemaligen Reichskanzler Leo von Caprivi zurück, der 1890 in dem Vertrag zwischen dem Deutschen Reich und dem Vereinigten Königreich unter anderem die Schutzherrschaft Großbritanniens über Sansibar zugunsten von Helgoland und dem namibischen Landstrich anerkannte, der seither nach ihm benannt ist.

Louis hat zwei Jahre als Guide im Caprivizipfel gearbeitet und schwärmt immer wieder von dem dortigen Vogelreichtum. Nun wollen wir am Ufer des Okavangos ein paar Tage zelten. Schon beim Beladen des Autos ist Louis voller Vorfreude. Als Erstes geht es nach Otjiwarongo, Louis' Heimatstadt, wo wir im Haus seines Vaters übernachten. Am kommenden Morgen wollen wir früh aufbrechen, um noch vor Sonnenuntergang bei unserem Campingplatz einzutreffen.

Die Augen winzig klein, den zu heißen Kaffee in der Hand: So stehe ich nach gefühlten zwei Stunden Schlaf da und warte, dass Louis es irgendwie schafft, auch noch die Angelruten im vollgestopften Fahrzeug zu verstauen. Selbst der kleine Beagle ist noch ganz verschlafen. Er liegt bereits im Auto, eingerollt in seinem Bett, unter dem sich Gepäckstücke stapeln. Die Nachtluft schmeckt nach Savanne und Halbwüste. Ich vermisse diesen Geruch manchmal in Deutschland. Der Gedanke an ihn verursacht fast automatisch schmerzendes Fernweh in mir. Aber jetzt nehme ich ihn ganz bewusst wahr, trotz lähmender Verschlafenheit.

Wir verlassen Otjiwarongo bei völliger Dunkelheit in Richtung Nordosten. Kaum haben wir die Stadt hinter uns gelassen, fallen mir auf dem Beifahrersitz auch schon die Augen zu. Die Ortschaften Otavi und Kombat verschlafe ich. Erst an der Tankstelle in Grootfontein wache ich wieder auf. Ich strecke mich gähnend zu Sufjan Stevens »Chicago« und bestaune den vor uns aufgehenden Feuerball.

Die nächsten Stunden auf der Straße plätschern dahin. Die Umgebung verändert sich, die Landschaft ist fast nur noch flach, die Bäume werden immer größer und zahlreicher. Die Sonne steigt höher, von anfangs Blaurot hat sich ihre Farbe mittlerweile in ein strahlendes Weiß verwandelt. Wir passieren die Stadt Rundu, wo wir eigentlich frühstücken wollen. Jedoch gibt es das angepeilte Restaurant nicht mehr, und wir beschließen weiterzufahren. Zahlreiche kleine Dörfer, umzäunt mit Holzpalisaden, ziehen sich die Straße entlang. Direkt am Straßenrand sehe ich kleine Marktstände, an denen die Bewohner der Dörfer selbst geschnitzte Tiere, Boote und andere Skulpturen verkaufen.

Die Strecke zieht sich, ich werde immer launischer. Nach

knapp zehn Stunden Fahrt biegen wir von der Hauptstraße auf eine Sandpiste ab, die zu unserem Campingplatz führt.

So, Caprivizipfel, da bin ich, denke ich, atme tief durch und lasse die Umgebung auf mich wirken. Die Lodge ist ein mit Reet gedecktes, rustikales Holzhaus. Offene Seitenwände, urige Bar. Unter dem rund vier Meter hohen Giebel hängen die riesigen, beeindruckenden Knochenschädel zweier Nilpferde.

Die Luft hier ist eine völlig andere als in der Savanne, feuchter, etwas muffig. Auch die Vegetation ist um ein Vielfaches ausgeprägter. Drei große, ausgewachsene Rhodesian Ridgebacks patrouillieren im Lodgebereich und kontrollieren gleich den kleinen Stouter Kabouter. Der Welpe ist gerade mal so groß wie der Kopf der Rüden.

Louis kennt zufälligerweise den Manager des Campingplatzes, beide sind zusammen in Otjiwarongo aufgewachsen. Ein junger, gemütlich wirkender Typ in Badehose und zu großem T-Shirt. Louis erzählt, dass damals alle seine Kumpels auf die Mutter des heutigen Managers standen. Wir lachen, plaudern kurz und bekommen im Anschluss unseren Zeltplatz am Fluss zugewiesen.

Platz, viel Platz um uns herum. In Deutschland hätte man aus unserem Zeltplatz fünf oder sechs gemacht. Über uns, in den ausladenden Bäumen, sitzen die verschiedensten Vögel. Mir kommt es so vor, als kommentierten sie mit ihrem Gezwitscher unseren Zeltaufbau. Louis kann sie natürlich alle anhand ihrer Laute benennen. Als Anerkennung seiner Leistung kacken auch gleich zwei der Vögel ihn und Stouter Kabouter an. Die einzigen Vogelrufe, die ich hier eindeutig zuordnen kann, sind der des Grauen Lärmvogels und des Schreiseeadlers. Bei beiden ist der Name nämlich Programm.

Wir platzieren den Eingang des Zeltes so, dass wir direkt auf unsere Feuerstelle und den mächtigen Okavango blicken können, der im Hochland Angolas entspringt und sich seinen

Weg dann nicht Richtung Meer, sondern Wüste gebahnt hat. Unser Platz endet an einem steilen Hang von etwa zweieinhalb Metern Tiefe. Darunter strömt langsam, aber mächtig der breite und wilde Fluss entlang. Der Hang bildet eine natürliche Barriere, sodass Krokodile und Nilpferde nicht einfach den Campingplatz betreten können. Zumindest hoffen wir das mal.

Unser Kühlschrank für die nächsten Tage ist eine große Eisentruhe im Schatten der Bäume, in der wir Eisblöcke deponiert haben. Louis packt neben Milch und Äpfeln vor allem mal wieder Fleisch hinein. Ich habe mir zusätzlich ein paar Konserven gekauft, Spaghetti in Tomatensoße aus der Dose. Alles andere als sonderlich lecker und trotzdem eine willkommene Abwechslung für mich.

Sobald das Zelt steht, mache ich mich auf die Suche nach den Duschen. Die sanitären Anlagen sind der Hammer. Keine hat ein Dach, wieso auch. Die Duschen sind mit einem Sichtschutz aus dünnen Palisaden schneckenförmig eingezäunt. Türen gibt es keine. Geht man hinein, hängt man einfach einen Stock quer vor den Eingang. Im Inneren befindet sich eine von Pflanzen umrankte Dusche auf einem Holzpodest.

Während ich mir den Reiseschweiß von der Haut wasche, scheint mir die Sonne auf den nackten Hintern. Ich entdecke zwei Eidechsen und einen Nashornvogel, die mich beobachten. Welch ein großartiges Gefühl von Freiheit!

Die Toiletten sind noch besser. Eine der Schüsseln steht mitten auf einem aufgeschütteten Hügel und wirkt wie ein Thron. Eine andere Variation scheint eigens für Leute installiert zu sein, die keine Minute ohne den anderen auskommen können: eine »Pärchen-Toilette«, zwei Schüsseln nebeneinander. Die linke Seite hat einen Lehmboden und ist recht schlicht gehalten, die rechte Seite hingegen ist weiß gefliest und mit einem rosa Vorleger dekoriert. Das spektakulärste Klo jedoch befindet sich auf einem fünf Meter hohen Holzturm. Über wackelige Stufen steigt man nach oben, bis auf Höhe der Baumkronen. Hier kann man wie auf einem Hochsitz über die Landschaft blicken, während man seine Sitzung hält.

Irgendetwas juckt mich auf der Stirn. Ich klatsche mit der flachen Hand dagegen. Eine blutverschmierte Stechmücke klebt in meiner Handinnenfläche. Hier in Wassernähe gibt es einige Moskitos, Antimückenspray ist für die nächsten Tage angesagt. Im Malariagebiet ist das ganz einfach notwendig.

Abendlicht, Wassergischt und Außenbordmotorgeräusche. Wir fahren mit einer kleinen Gruppe flussaufwärts. Vereinzelt liegen gut getarnte Krokodile am Ufer. Grasende Buschböcke blicken auf, wenn wir an ihnen vorbeifahren. Unterschiedliche Arten von Bienenfressern sausen um uns herum durch die Luft. Die Artenvielfalt ist groß dank des Flusses. Wir nähern uns einer Gruppe Nilpferde, die am Uferrand stehen. Unser Guide schaltet den Motor des Bootes aus, aber die riesigen Tiere haben uns schon bemerkt. Eines nach dem anderen stürzt sich vor uns in den Fluss. Die Wellen, die sie verursachen, lassen unser Boot auf und ab schaukeln. Es ist ein beeindruckendes Schauspiel, wie im orangefarbenen Abendlicht die Kolosse in den Fluss springen, umtanzt von zahlreichen Madenhackern. Diese Vögel mit dem etwas unschönen Namen findet man hier auf jedem größeren Säugetier. Sie sitzen meist auf den Rücken der Tiere und befreien diese von Parasiten.

Die Atmosphäre auf dem Fluss ist unbeschreiblich. Die Stimmung, das intensive Licht des Sonnenuntergangs, die Spiegelung auf dem Wasser ... Fast unvorstellbar, dass diese Farben echt sind.

Zwei Stunden später sitzen wir im Dunkeln um das Feuer vor unserem Zelt. Von der anderen Flussseite dringen die unterschiedlichsten Laute durch die Nacht: das deutliche, sich immer wiederholende »Wuup-Wuup« der Hyänen ebenso wie das Trompeten einer Elefantenherde. Neben uns im Baum sitzt versteckt ein Perl-Sperlingskauz und lässt in unregelmäßigen Abständen ein »Feu feu feu feu feu« erklingen. Die Schatten von Fledermäusen huschen über das Feuer hinweg, und es wird merklich kühler, je später es wird.

Die Nacht im Zelt ist eiskalt. Didi, Louis und Stouter Kabouter liegen so eng beieinander wie nur möglich. Auf der anderen Seite des Zeltes muss ich allein mit meinem Schlafsack klarkommen. Ohne Pulli und Mütze geht gar nichts. Trotz beißender Kälte falle ich irgendwann in den Schlaf und werde erst beim Morgenrot durch lautes Schnarchen geweckt. Kann eigentlich nur Louis sein, denke ich, aber ich irre mich. Als ich mich aufstütze und über die Schlafsäcke zu den anderen blicke, erkenne ich, dass der Urheber des Geräuschs der kleine Sniper ist! Er schnarcht trotz seiner geringen Körpergröße so laut wie drei besoffene Fußballfans – beeindruckend.

Kapitel 38

Twee seekoeie

Stouter Kabouter steht mit hängenden Ohren vor seinem leeren Napf. Jemand hat über Nacht sein Hundefutter gefressen, das direkt vor unserem Zelt auf ihn wartete. Wahrscheinlich Baumhörnchen, etwas anderes ist unwahrscheinlich. Aber wir haben ja zum Glück mehr als genug für den kleinen Jagdhund dabei.

Für uns gibt es Cornflakes und Buttermilch-Rusks. Verschlafen kauen wir auf unserem Frühstück herum und beobachten einen Schreiseeadler, der wiederholt im Tiefflug an uns vorbei über den Fluss gleitet. Ich bin froh, dass die Sonne aufgegangen ist und meine durchgefrorenen Knochen wärmt.

Am Vormittag ist es wieder so heiß, dass wir zur Lodge laufen, um uns dort in den Pool zu stürzen. Es ist jedoch kein Schwimmbecken, wie man es sich üblicherweise vorstellt. Nein, dieses ist Teil des Flusses. Über einen Holzsteg erreicht man eine Plattform, die sich tatsächlich im Okavango befindet. Mittig auf dieser schwimmenden Insel ist ein in das Wasser reichender, rechteckiger Käfig installiert. In diesem kann man vermeintlich sicher vor Krokodilen baden. Das Wasser ist eiskalt, aber das Gefühl, in dem wilden afrikanischen Fluss zu schwimmen, ist einfach zu gut, um es nicht zu tun.

Für den Nachmittag hat Louis eine Angeltour gebucht. Denn er ist nicht nur ein passionierter Jäger, sondern, wie die meisten seiner Landsleute, auch ein begeisterter Angler.

Ich selbst habe keine wirkliche Angelerfahrung. Ganz grob erinnere ich mich daran, mal mit meinem Nachbarsfreund

und seinem Vater am Main geangelt zu haben. Aber da war ich noch keine zehn Jahre alt, gefangen habe ich damals nichts.

Hier im Okavango lebt der Tigersalmler, ein Süßwasser-raubfisch mit beeindruckendem Gebiss und einem Maximal-gewicht von ungefähr achtundzwanzig Kilo. Louis ist total heiß darauf, genau so ein Exemplar zu fangen. Dementspre-chend aufgeregt steigt er in das wackelige Boot. Ich bin ziem-lich entspannt und hoffe einfach auf ein paar gute Bilder. Wir fahren weit den Fluss hinunter, bis an eine Stelle, an der unser Guide meint, dass sich hier häufig Tigersalmler aufhalten. Wir befestigen die Köder an den Haken und werfen sie aus.

»Was machen wir eigentlich, wenn wir etwas fangen?«, frage ich in die Runde.

»Na, dann machen wir ein Foto und lassen den Fisch wie-der ins Wasser. Weißt schon – *catch and release*.« Noch so ein Sport, der sich mir nicht wirklich erschließt.

Nach zweieinhalb Stunden wechseln wir die Position. Es geht wieder flussaufwärts. Zweimal sind uns die Raubfische knapp entkommen. Louis kommentierte das wiederholt mit einem lauten »*Bliksem!*«, Didi mit einem halb erstaunten, halb wütenden »*What is this madness?!*«.

Der Guide deutet auf einen Punkt vor uns im Wasser. »Da vorn ist der dominante Nilpferdbulle. Er beherrscht hier den Flussabschnitt.«

Kaum habe ich meine Kamera auf den Chef des Flusses gerichtet, da taucht er auch schon ab. Typisch. Unser Guide fährt genau über die Stelle, wo das Nilpferd verschwunden ist. In Louis' Gesicht kann ich lesen, dass er das alles andere als gut findet, genau wie ich. Etwas Abstand halten wäre hier an-gebrachter. Der Riese könnte doch, wenn er wollte, leicht das Boot umwerfen, da muss man ihn nicht unnötig provozieren.

Wir halten in einer Ausbuchtung des Flusses und versu-chen es erneut mit unseren in Knoblauch eingelegten Ködern. Nach einer weiteren Stunde geht die Sonne unter. Der einzige

Fang des Tages war ein grünlicher Wels. Er war um die dreißig Zentimeter lang, und wir haben ihn gleich wieder ins Wasser zurückbefördert. Louis ist dementsprechend enttäuscht. Ich selbst bin recht zufrieden, konnten wir doch in aller Ruhe vom Wasser aus eine Herde Elefanten beobachten, die zum Trinken ans Ufer kamen.

Unser Guide steuert das Boot aus dem Seitenarm wieder in die Mitte des Flusses. Wir wollen die Lodge erreichen und anlegen, bevor es völlig finster ist. Plötzlich zerplatzt die Wasseroberfläche links neben uns. Der Revierbulle! Ich habe meine Kamera zum Glück in der Hand, wenn auch nur mit dem 24-70-mm-Objektiv. Aber egal, er ist so nahe, da reicht das auch aus. Blitzschnell fokussiere ich ihn während der Fahrt. Der rund vier Tonnen schwere Bulle verharrt regungslos, blickt uns an. Dann aber reißt er sein gewaltiges Maul auf.

Es ist ein unvergleichlicher Anblick – dieser Schlund, dieses gewaltige Gebiss, diese riesigen Zähne. Eine Laune der Natur hat dafür gesorgt, dass einer seiner Eckzähne schräg statt senkrecht wächst. Ein eindeutiges Wiedererkennungsmerkmal.

Die ganze Szene kurz nach Sonnenuntergang ist ein tief beeindruckendes Schauspiel. Der Bulle zeigt uns eindeutig, wer hier das Sagen hat. Kurz nachdem wir an ihm vorbeigefahren sind, taucht er wieder in die Tiefe des Okavangos ab. Nur die an die Oberfläche treibenden Luftblasen zeigen an, wo er sich jetzt befindet – und diese Luftblasen folgen uns! Nach etwa hundert Meter hören sie abrupt auf. Anscheinend hat er das Interesse an uns verloren – zum Glück. Im Schein unserer Stirntaschenlampen legen wir zwanzig Minuten später am dunklen Steg an.

Später sitzen wir unter dem strahlenden Sternenhimmel um unser Lagerfeuer und üben uns in der Kunst des Röstens von Marshmallows. Sie müssen sich vom Stock lösen lassen, ohne Rückstände am Stock zu hinterlassen, und eine leicht gebräunte Kruste aufweisen – dann sind sie perfekt. Nachdem wir zu dritt fast zwei Packungen vertilgt haben, ist uns schlecht, und wir beschließen, dass es Zeit fürs Zelt wird.

In meinen grauen Universität-Würzburg-Hoodie gehüllt, die Kapuze über den Kopf gezogen, liege ich auf dem Boden unseres alten Armeezeltes und hoffe, dass diese Nacht nicht ganz so kalt wird wie die letzte. Von der anderen Flussseite erklingt wieder das laute »Wuup Wuup« der Hyänen, dann bin ich auch schon eingeschlafen.

Mitten in der Nacht wache ich auf. Was ist das? Schlafe ich oder träume ich, wo bin ich? Was sind das für Geräusche?

Im Dämmerzustand drehe ich mich auf die andere Seite und versuche wieder einzuschlafen. Aber es geht nicht, direkt neben mir, wenige Zentimeter von meinem Kopf entfernt und nur durch die dünne Plane des Zeltes von mir getrennt, rupft jemand lautstark das Gras aus. Als Erstes denke ich an Pferde, die gibt es hier aber nicht. Vielleicht Rinder? Nö, gibt es auch nicht. Antilopen? Dem Geräusch nach zu urteilen müsste das aber schon eine große Antilope sein, ein Eland vielleicht. Aber die fressen doch mehr Blätter als Gras ... Während ich noch überlege, wer der Verursacher des nächtlichen Lärms sein könnte, gewöhnen sich meine Augen an die Dunkelheit. Louis ist ebenfalls von den Geräuschen geweckt worden. Ich sehe, wie er sich langsam aus dem Schlafsack schält und zur Zelttür schleicht. Er öffnet sie einen Spalt, um durch das eingebaute Fliegengitter nach draußen zu sehen. Währenddessen wandern die Reiß- und Kaugeräusche gemächlich um unser Zelt. »Seekoei«, flüstert der Wildhüter leise. »Twee seekoei.«

Was?! Flusspferde? Zwei der Riesen spielen nachts Rasenmäher um unser Zelt?! Was machen wir jetzt? Irgendwie gefällt mir die Situation, nachts im Zelt eingekreist von Nilpferden. Trotz der Gefahr bin ich völlig ruhig und finde das Ganze ziemlich spannend. Offensichtlich habe ich nicht mehr alle Tassen im Schrank.

Als hätte er meine Gedanken gelesen, flüstert Louis: »Da können wir nichts machen, als einfach weiterzuschlafen. Die gehen schon von allein wieder.«

Und tatsächlich, ungefähr eine halbe Stunde lang höre ich die Hippos noch das Gelände um uns herum abgrasen, dann wird es still. Sind sie fort? Ich weiß es nicht.

Bei Sonnenaufgang wache ich wieder durch das Schnarchen des Welpen auf. Mit kalten Beinen schlüpfe ich aus meinem Schlafsack und trete nach draußen in die ersten roten Sonnenstrahlen des Tages. Die Wiese um unser Zelt ist wie erwartet abgefressen. Rauschebart ist auch schon wach und folgt mir zur Uferböschung des Okavangos. Ein kleiner Trampelpfad, der viel zu steil wirkt für ein tonnenschweres Nilpferd, zeigt eindeutige Spuren unserer Besucher.

»Das war eine Mutter mit ihrem jugendlichen Nachwuchs«, erklärt Louis.

»Was für eine Nacht!«, sage ich noch etwas verschlafen und schüttle grinsend den Kopf.

»In der Situation konnten wir nichts machen, außer nichts tun«, meint Louis. »Viele Unfälle mit Hippos passieren, wenn man nachts unerwartet auf sie trifft. Normalerweise hauen sie dann gleich ab, immer Richtung Wasser. Man darf also niemals zwischen dem Hippo und dem Wasser stehen. Sonst ist man platt, die laufen nicht um einen herum.«

Ja, warum auch, denke ich, das haben sie mit ihrer Masse nun mal nicht nötig.

Die folgenden beiden Tage verbringen wir mit unterschiedlichsten Aktivitäten. Mittags liegen wir meist in den Hängematten der Lodge, morgens und abends sind wir unterwegs. Natürlich nehmen wir auch an einer geführten Vogelwanderung teil. Mein Favorit dabei ist definitiv der *little bee-eater*, zu Deutsch Zwergspint. Ein hübscher kleiner Vogel, dessen warme Gefiederfarben im Sonnenlicht glänzen.

Während wir in Flussnähe durch das hohe Gras stapfen und Vögel fotografieren, bringt Hobby-Ornithologe Louis mit seinem bereits vorhandenen Wissen unseren Guide in die eine oder andere Verlegenheit.

Am Morgen des nächsten Tages fahren wir in einen benachbarten Nationalpark. Auf der Fahrt dorthin kommen wir an ein paar eingezäunten Dörfern vorbei. Unmengen von Plastikmüll liegen um die menschlichen Siedlungen herum. Der Park selbst ist nicht vermüllt und interessant. Wir sehen Kaffernbüffel und Gruppen von Nilpferden, die auf die Entfernung hin wie Inseln im Wasser wirken. Finden frische Spuren einer Leopardin, beobachten hübsche Rappen- sowie weniger hübsche Leierantilopen und lassen die Landschaft auf uns wirken. Am eindrucksvollsten sind die riesigen Baobabs, zu deutsch Affenbrotbäume – die dicksten Bäume, die ich bisher gesehen habe.

Nach Sonnenuntergang sitzen wir wie gewohnt mit Marshmallows um unser Feuer. Links von uns hat eine kleine, sehr freundliche Gruppe aus Südafrika ihr Zelt aufgeschlagen: drei Freunde im Alter von siebzig Jahren, die diesen Ort aus ihrer Jugend noch mal besuchen wollten. Mit einem von ihnen komme ich spontan ins Gespräch. Er erzählt mir, dass sie hier in der Umgebung als junge Polizisten während des Grenzkonfliktes eingesetzt waren. Auf der anderen Flussseite gab es damals eine Art Kaserne, und sie mussten den Fluss auf Patrouille immer wieder per Seilzug überqueren.

Der Konflikt, von dem er spricht, ist derselbe, an dem später auch Karl teilgenommen hat, der sympathische Ausbilder, den ich Anfang des Jahres auf der Nashorn-Auffangstation kennengelernt habe. Es ist eben wie mit jedem Krieg. Diejenigen, die ihn überleben, beschäftigt er noch ein Leben lang.

Unser letzter Morgen bricht an. Noch einmal beobachte ich, wie die Sonne über dem Okavango aufgeht. Schräg gegenüber auf der anderen Uferseite, im ersten Morgenlicht, liegt ein halbes Dutzend der schweren Flusspferde. Ob wohl die beiden Tiere dabei sind, die direkt neben meinem Ohr die Wiese umgepflügt haben? Wahrscheinlich.

Nachdem wir alles eingepackt, verschnürt und verstaut haben, ist das Fahrzeug wieder randvoll. Wir verabschieden uns noch kurz von den drei älteren Südafrikanern, die gerade mit dem Frühstück beginnen, und machen uns auf den Heimweg.

Die Kilometer ziehen sich. Ewig lange, gerade Straßen, Hitze, Musik. Ich bin immer wieder verwundert, wenn in Louis' Musik-Mix überraschenderweise ein deutsches Lied auftaucht. Gerade kommt »Rückspiegel« von Maxim, gefolgt von Rammstein mit »Amerika«. Kurz irritierend, aber doch unterhaltsam.

Eine Straßenkontrolle reißt uns aus der Monotonie. Ein paar Streifenwagen am Straßenrand, ein blau uniformierter Polizist, der uns anhält. Louis muss aussteigen und mitkommen. Irgendetwas stimmt nicht mit der Plakette an der Windschutzscheibe, die Lizenz des Fahrzeuges ist wohl letzten Monat abgelaufen, und die neue liegt zu Hause. Es dauert eine gefühlte Ewigkeit, bis Louis zurückkommt. Sein Gesicht ist gerötet, man sieht ihm an, dass er sich ärgert. »Ich soll tausend namibische Dollar Strafe zahlen! Und wir müssen das gleich in Rundu tun.«

»Was? Warum denn in Rundu und nicht woanders?«, will Didi wissen.

»Wenn ich bei einer anderen Polizeistation zahle, wird es teurer. Ach, und wenn ich überhaupt nicht zahle, dann meinten sie, kommen sie zu uns und holen mich!«

Also fahren wir nach Rundu, der zweitgrößten Stadt des Landes. Meiner Ansicht nach ist sie leider potthässlich, von einem freiwilligen Besuch kann ich nur abraten. Nachdem Louis seine Strafe bei einem erstaunlich freundlichen Polizisten bezahlt hat, geraten wir in ein unfreundliches Fastfood-Restaurant, das Burger verkauft, deren Fleischbelag dicker ist als alles, was ich je zuvor auf einem Burger gesehen habe. Dann geht es weiter.

Mehrere Stunden vor unserem Ziel ist die Sonne bereits untergegangen. »Bottom of the Deep Blue Sea« von MISSIO rauscht durch meine Gehörgänge, während wir über die staubige, nur von unseren Scheinwerfern beleuchtete Sandpiste fahren. Mein Kopf lehnt an der Scheibe, gelegentlich sehe ich eine Antilope oder ein Warzenschwein mit Nachwuchs am Straßenrand. Aber kein anderes Fahrzeug, kein anderes künstliches Licht, nur wir und das flache Buschland unter dem afrikanischen Sternenhimmel.

Kapitel 39

Spitzes Horn, spitzes Maul

Staub, Staub und Staub. Es ist der zweite Morgen nach unserer Rückkehr aus dem Caprivizipfel, und wir sind wieder wie gewohnt auf Patrouille. »Paint it black« von den Rolling Stones würde jetzt gut passen. Meine Laune ist geradezu düster und geladen. Der Tag gestern war wieder enorm blutig, kräfte- und nervenzehrend. Heute ich bin den Umständen entsprechend erschöpft. Zudem merke ich, wie ich über die Wochen dem Tod gegenüber fast völlig abstumpfe. Er wird ganz einfach alltäglich.

Auch Louis' Stimmung ist gerade alles andere als gut. Fast zweieinhalb Stunden sind wir nun unterwegs, ohne dass wir miteinander gesprochen hätten. Per Handzeichen, Kopfnicken oder -schütteln sowie Brummen haben wir den ganzen Morgen über auf das Nötigste beschränkt kommuniziert. Stouter Kabouter spürt unsere Stimmung natürlich auch. Ganz still liegt er zwischen uns und hat sein Köpfchen auf meinem rechten Oberschenkel abgelegt.

Wir fahren aus einem dichten Buschabschnitt heraus auf ein weiteres Wasserloch zu, um dort wie gewohnt Wasserstand und Pumpe zu kontrollieren. Aber so weit kommen wir gar nicht. Denn an dem Wasserloch stehen zwei Tiere mit kraftvollem grauem Körper, überzogen vom braungelben Staub der Umgebung. Kleine, aufmerksame, dunkle Augen, große, oval geformte Ohren, die wie Sensoren auf uns gerichtet sind. Zwei markant spitze Hörner über dem vom Wasser noch nassen, spitz zulaufenden Maul.

Ich kann es kaum glauben. Louis dreht den Wagen aus der Bewegung sofort nach rechts, sodass meine Fahrzeugseite Richtung Wasserloch weist. Er stellt den Motor aus, behält aber den Zündschlüssel in der Hand, um jederzeit starten zu können. Noch immer sagt keiner von uns etwas. Müssen wir auch nicht. Ich stütze mich längst in der Fensteröffnung ab, visiere an und drücke ab. Da ist es – mein erstes Foto einer Spitzmaulnashorn-Mutter mit Nachwuchs!

Die beiden seltenen Tiere wittern in unsere Richtung, sie können uns wegen ihrer schlechten Augen nicht sehen, aber hören und je nach Windrichtung riechen. Die Mutter wendet sich nach links, der Nachwuchs folgt ihr. Aber statt direkt wieder im Busch zu verschwinden, kommt das eindrucksvolle Tier nun im lockeren Trab den Sandweg hinunter und direkt auf uns zu. Der Verschluss meiner Kamera klickt ununterbrochen. Während ich durch das Objektiv blicke, folge ich der immer näher kommenden Bewegung der beiden Spitzmaulnashörner. Louis steht mit dem Fuß schon auf Kupplung und Gas, bereit, den Motor anzuwerfen und mit Volldampf auszuweichen. Was aber glücklicherweise nicht nötig ist. Nur fünfzehn Meter vor uns dreht sich das Nashornweibchen abrupt nach rechts weg. Es schnaubt laut, reckt den Kopf mit dem spitzen Horn in die Luft, und das Jungtier folgt der Mutter in gleicher Geschwindigkeit ins dichte Buschland.

Wow, was war das?! Damit hätte ich jetzt nie gerechnet! Rauschebart und ich werfen uns einen Blick zu, zufrieden lächelnd brummen wir uns zu. Unmöglich, jetzt noch schlecht gelaunt zu sein. Ein Spitzmaulnashorn in freier Wildbahn, und dann auch noch eine Mutter mit Kind. Die Verkörperung der Hoffnung für diese vom Aussterben bedrohte Spezies.

Noch immer begeistert von der Begegnung mit den beiden Rhinos, machen wir uns auf den Rückweg. Um uns herum normale Vegetation, offenes Buschland und ein paar Termitenhügel, die überall mehrere Meter in den Himmel aufragen. Plötzlich bremst Louis ab. Er stürzt mit seinem Gewehr aus dem Wagen und zielt mit der Waffe quer über die Straße nach links. Ich kann überhaupt nicht erkennen, was los ist, was denn überhaupt sein Ziel ist. Schon bricht der Schuss. Und ich sehe, wie etwas Längliches, schwarz-weiß Gestreiftes zuckend in einem der Termitenhügellöcher verschwindet.

»*Fok! What the hell was that!?*«, frage ich den noch völlig aufgebrachten Wildhüter.

»*Fucking zebra snake!*«, antwortet er mit zusammengekniffenen Augen. »Auch Zebra-Speikobra genannt. Ich mag ja eigentlich Schlangen, aber die! Auf die *muss* ich schießen!«

Das wundert mich, denn immer, wenn Louis in Lodge- oder allgemein in Menschennähe eine Schlange entdeckt, fängt er sie und lässt sie in weitem Abstand zur nächsten menschlichen Siedlung wieder frei. Wieso hat er jetzt auf dieses Exemplar geschossen?

»Boomslang, Puffotter, Mamba, fang ich alles, aber diese Miststücke, keine Chance!« Er atmet tief durch, bevor er weiter erklärt: »Das sind richtig gefährliche Biester! Die spritzen durch die Zähne ihr Gift bis zu drei Meter weit! Gezielt in das Gesicht und die Augen ihres Opfers. Die ätzende Flüssigkeit lässt einen unwiderruflich erblinden!«

Verdammt, das hört sich ja wirklich nach Hölle in Dosen an. Noch ein Grund mehr, hier Schutz- oder Sonnenbrillen zu tragen. Wobei ich sagen muss, dass es die allererste Speikobra ist, die ich überhaupt sehe. Bisher waren es meist Puffottern und Boomslang, die uns begegneten, und auch das nur selten.

Am nächsten Tag sind wir wieder zu den Wasserpumpen unterwegs, die überall verteilt dafür sorgen, dass die Tiere auch in der Trockenzeit genug zu trinken haben. Die Pumpe, die wir gerade inspizieren, läuft einwandfrei, jedoch hat das Wasserloch, welches sie speist, einen viel zu niedrigen Wasserstand.

Irgendetwas stimmt also nicht mit der unterirdischen Leitung, die von der Pumpe zum Wasserloch führt. Louis muss zur Kontrolle wieder querfeldein durch den unwegsamen Busch der Leitung folgen. Währenddessen kurve ich mit dem Land Cruiser über die steinige Piste zum vereinbarten Treffpunkt. Neben mir auf dem Beifahrersitz hockt Stouter Kabouter, der natürlich wie immer die Nase aus dem Fenster hält. Während der Fahrt fällt mir auf, dass Louis sein Gewehr im Auto gelassen hat. Sind uns nicht gestern hier in der Gegend die beiden Löwenbrüder begegnet?!

Ein paar Minuten später erreiche ich mit dem Geländewagen den Treffpunkt. Von Rauschebart keine Spur. Na gut, denke ich, er ist ja auch zu Fuß unterwegs. Er wird schon etwas mehr Zeit brauchen. Der Jagdhundwelpe klettert auf meinen Schoß, und wir beobachten gemeinsam die Umgebung. Nach ein paar Minuten verlasse ich das Fahrzeug, um mir die Beine zu vertreten. Als ich ein paar Meter gelaufen bin, fällt mein Blick auf eine Tierspur. Sogleich blinkt aufgeregt eine rote Warnleuchte in meinem Kopf. Im rotbraunen Sandboden zeichnen sich ganz eindeutig die Pranken von Löwen ab. Ich gehe in die Hocke, um sie besser betrachten zu können. Sie sehen relativ frisch aus und überlagern ältere Antilopenspuren. Aber wie alt sind sie? Ein, zwei Stunden? Oder sind sie von heute Morgen – oder doch von gestern? So gut im Spurenlesen bin ich noch nicht, um das eindeutig bestimmen zu können. Ich kann nur klar erkennen, dass sie nicht alt sind. Und das gefällt mir nicht sonderlich. Denn Louis ist allein und ohne Waffe im Busch unterwegs. Die kommenden Minuten vergehen immer langsamer, und ich werde immer unruhiger. Verdammt! Wo bleibt der Kerl? Ich überlege schon, ihm mit dem Gewehr entgegenzulaufen. Aber ich weiß nicht mal genau, wo die unterirdischen Leitungen verlaufen. Ich könnte es nur schätzen. Keine gute Idee, entscheide ich. Lass ihm noch ein paar Minuten, der wird gleich kommen. Kaum habe ich das gedacht, taucht er auch schon zwischen den Büschen auf. Seine Hände, Unterarme und Knie sind dreckverschmiert.

»*Bliksem!*«, ruft er mir zu. »Die Elefanten haben schon wieder die Leitung ausgegraben! Konnte das Gröbste richten, aber wir müssen noch mal mit Ersatzmaterial herkommen.«

Ich atme innerlich auf. Als ich ihm die Löwenspuren zeige, winkt er nur ab.

»Die sind von gestern.« Na dann.

Tags darauf befinden wir uns weit abseits unseres normalen Patrouillenweges. Weit im Landesinneren, an einem Ort, der unbenannt bleiben muss. Grund dafür ist der Rhino War, mal wieder. In diesem großen geschützten Gebiet leben ein paar ausgewilderte Nashörner. Sie wurden von einer privaten Schutzorganisation aufgezogen, nachdem ihre Mütter von Wilderern getötet wurden. Klingt ähnlich wie die Auffangstation in Südafrika, ist es aber nicht. Diese Organisation steht nicht im Licht der Öffentlichkeit, und es gibt auch kein Volontärsprojekt.

Louis und ich durchfahren das Gebiet, aber nicht wegen der wenigen Nashörner. Auch wenn ich natürlich brennend darauf hoffe, eines zu sehen. Nein, wir halten nach Impala, Duiker und den wunderschönen Rappenantilopen Ausschau. Zählen die Jungtiere in den Herden und notieren uns Auffälligkeiten.

»Hey, schau mal, ein Drache!«, sagt Louis beiläufig und bremst. Ich blicke mich irritiert um. Wahrscheinlich meint er ein Chamäleon, das gut getarnt auf einem Ast sitzt, und will testen wie schnell ich es entdecke. Aber diesmal ist es kein Chamäleon, sondern ein Weißkehlwaran. Das etwa einen Meter zwanzig lange Tier läuft vor uns langsam über den Sandboden.

»Ich steige aus«, wende ich mich an Louis und öffne die Tür. »Okay, ich komm mit«, antwortet er, und wir folgen dem interessanten Tier ein gutes Stück in den Busch. Ich gehe in die Hocke, um das Reptil besser betrachten zu können.

»Pass auf seinen langen Schwanz auf. Den setzt es wie eine Peitsche ein«, warnt mich Louis. Wie zur Bestätigung dreht sich der Waran zu mir um und faucht mich grollend wie ein Ungeheuer an.

Rauschebart ist schon wieder auf dem Weg zum Fahrzeug, als ich in der Buschlandschaft etwas bemerke, das mich den Waran sofort vergessen lässt. Keine siebzig Meter vor mir läuft ein Spitzmaulnashorn – und zwar direkt auf uns zu. Wo kommt das denn jetzt her?! Ich blicke zum Auto zurück, Louis ist bereits dort, und was ich in seinem Gesicht lesen kann, verwundert mich. Ich sehe ihn das erste Mal überhaupt beunruhigt. Das ist neu für mich. Egal, ob wir zu Fuß an einer Gruppe Löwen vorbeigelaufen sind, Nilpferde direkt neben unserem Zelt grasten oder ob wir auf der Auffangstation in der Kalahari in das Gehege der Afrikanischen Wildhunde eindrangen: Louis war immer cool. Jetzt jedoch nicht.

Ich nehme den Hut ab und sehe zu dem energiegeladenen graubraunen Koloss, der in der Abendsonne mit seinem Horn vorneweg auf mich zukommt. Ich fühle mich in diesem Moment unendlich lebendig. Es ist eine Extremsituation, wie ich sie liebe. Alles ist möglich. Vertraue deinem Bauchgefühl, sei gelassen, und du beherrschst die Situation, sage ich zu mir selbst. Wie sehr ich jedoch die Kraft des Tieres unterschätze, werde ich gleich merken.

Meine Sinne sind zu hundert Prozent aktiv, mein Instinkt arbeitet, und ich bewerte die Situation ruhig nach meinen Wahrnehmungen. Das Nashorn läuft im lockeren Trab, es rennt nicht in voller Geschwindigkeit auf mich zu. Jetzt ist es schon auf dreißig Meter herangekommen und wird langsamer. Es wirkt neugierig, etwas verspielt, nicht bedrohlich. Schaukelt den Kopf leicht hin und her, als würde es sich freuen, mich zu sehen.

Louis ruft mir hastig zu, dass es sich um einen jungen Bullen handelt, den er bereits kennt. Er sei zwar als Waise von Hand aufgezogen worden, aber ich müsse trotzdem verdammt noch mal aufpassen. Schon klar, denke ich, es ist ja immerhin ein Spitzmaulnashorn. Die walzen gerne mal etwas platt und schauen sich erst danach an, was es eigentlich war. Louis hat bereits begriffen, was ich vorhabe, und ruft: »Falls irgendetwas schiefläuft, renn so schnell es geht zum Auto und spring auf die Ladefläche! Das ist der einzige Ort, wo du ihm entkommen kannst!«

Ich mache einen Schritt zur Seite, und in dem Moment hat mich der Nashornbulle schon erreicht. Er bleibt eine halbe Armeslänge neben mir abrupt stehen und mustert mich seitlich aus dem linken Auge. Ich schätze seine Schulterhöhe auf eins fünfundfünfzig. Sein Gewicht von etwa einer Tonne steht meinen fünfundsiebzig Kilogramm gegenüber. Sein grauer Körper ist komplett mit einer braunen Staubschicht bezogen. Ich bin ganz ruhig, begrüße ihn, beginne mit entspannter Stimme auf ihn einzureden. Was ich genau sage, nehme ich in dem Moment überhaupt nicht wahr, es ist auch egal. Wichtig ist eine angenehme und beruhigende Stimmlage. Ich kraule das mächtige Tier hinter den Ohren und zwischen den Hautfalten am Halsansatz. Das gefällt ihm sichtlich. Ich werfe einen Blick zu Louis, der hinter der Motorhaube des Land Cruisers steht. Er hat mittlerweile meine Kamera in der Hand und sieht mich mit einer Mischung aus Sorge und Verwunderung an. Ich laufe ein paar Meter mit dem Nashornbullen Richtung Fahrzeug. Aber er hat anscheinend andere Pläne. Er dreht sich und drückt jetzt seine Schnauze gegen meine Schulter. Okay, denke ich, also noch nicht zurück zum Auto. Ich strecke den rechten Arm unter seinen riesigen Kopf und beginne ihn dort zu kraulen.

Ich muss mir bewusst machen, was hier gerade eben passiert. Das hier ist ein Spitzmaulnashorn, nur noch fünftausend Stück gibt es von diesen beeindruckenden und als aggressiv geltenden Tieren. Und ich kraule gerade tatsächlich eines unter dem Kinn. Das ist doch völliger Wahnsinn! Das übersteigt alles bisher Erlebte!

Ein unglaubliches Gefühl aus Ruhe und Begeisterung, das ich nicht wirklich in Worte fassen kann, erfüllt mich. Der Bulle drückt jetzt sanft mit seiner Schnauze gegen meine Achsel und setzt dabei gemächlich einen Fuß vor den anderen. Noch nie habe ich auch nur ansatzweise solch eine mächtige körperliche Kraft gespürt. Ich habe nicht die geringste Chance, dieser Kraft standzuhalten. Mir bleibt nichts anderes übrig, als im gleichen gemächlichen Tempo rückwärts und seitlich gehend der Bewegung nachzugeben. Er schiebt mich spielerisch leicht durch das trockene Buschland. So drückt er mich auch durch einen kleinen Dornenbusch, der mir beide Unterschenkel blutig aufreißt. Seine dicke Haut spürt das im Gegensatz zu meiner kaum. Aber auch ich nehme meine blutigen Waden in diesem Moment, wo Adrenalin und Endorphine durch meine Adern fließen, kaum wahr. Mein Zeitgefühl habe ich fast völlig verloren. Ich weiß nicht, ob ich den Nashornbullen seit zwei oder schon seit fünfzehn Minuten kraule. Aber es wird Zeit, sich von dem mächtigen Tier zu lösen, das ist mir klar. Ich möchte mein Glück nicht überstrapazieren. Auch nehme ich wahr, dass Louis immer nervöser wird. Also löse ich mich von dem Rhinozeros und gehe wie selbstverständlich an ihm vorbei Richtung Fahrzeug. Ich öffne die Tür, schiebe Fernglas, Gewehr und einen sehr verschüchterten kleinen Beagle zur Seite. Kaum sitze ich auf dem Beifahrersitz, beginnt das ganze Auto hin und her zu schwanken. Der Grund: Das Spitzmaulnashorn ist mir gefolgt und reibt sich nun mit seinem ganzen Gewicht genüsslich an der Fahrzeugseite. »Hey! Bliksem! Stop it!«, flucht Louis in Richtung des Bullen, drückt mir die Nikon in die Hand und wirft hastig den Motor an.

Wir sausen den Weg am äußersten Rand des riesigen umzäunten Gebiets entlang. Das Nashorn folgt uns. Wir fahren dreißig, dann vierzig Stundenkilometer, kein Problem für den grauen Fels, er ist noch immer direkt hinter uns. Es ist atemberaubend zu sehen, wie unglaublich schnell und ausdauernd das schwere Tier sein kann. Erst ab etwa fünfundfünfzig Stundenkilometern hängen wir es langsam ab.

Louis schielt zu mir rüber und schüttelt leicht den Kopf. Er braucht nichts zu sagen, ich weiß selbst, dass es riskant war, wenn nicht sogar leichtsinnig. Ich ziehe verschmitzt grinsend die Schultern hoch. Das muss als entschuldigende Geste reichen.

Unter anderen Umständen würde ich jetzt zertrampelt auf dem staubigen Boden des namibischen Buschlandes liegen. Drei Faktoren haben dazu geführt, dass die Situation so glimpflich abgelaufen ist. Zum einen war das Spitzmaul zum Glück durch seine Handaufzucht als Waise den Menschen eher freundlich gesinnt. Zum anderen wusste ich durch meine Erfahrung auf der Nashorn-Auffangstation in Südafrika, wie ich mich zu verhalten habe. Und das Entscheidendste von allen: Ich war in der Situation ruhig und habe meinem Bauchgefühl vertraut.

Louis atmet tief durch. »Deutscher, ich hab Fotos von dir und deinem neuen Freund gemacht. Das würde ja sonst niemand glauben«, sagt er leicht vorwurfsvoll. »Fotos mit einem Spitzmaulnashorn!« Er schüttelt wieder den Kopf. »Auch noch in der Wildnis! Das ist normalerweise völlig unmöglich.«

Kapitel 40

Hört das denn nie auf?!

Meine letzten Tage in Namibia brechen an, und als wüsste die Zeit es, rast sie umso schneller. Alles, was ich auf den letzten Patrouillen erlebe und sehe, versuche ich so bewusst wie möglich aufzusaugen und wahrzunehmen. Die trockenen Winde, die meine Augen röten und die Lippen austrocknen lassen. Der Staub, der sich in der Nase festsetzt und mich in Verbindung mit dem süßlichen Geruch einer bestimmten Grasart zum Niesen bringt. Der lang gezogene rote Tafelberg am Horizont und natürlich – die Tiere. Die beiden Löwenbrüder kreuzen ein letztes Mal unseren Weg. Sie streifen Kopf an Kopf an unserem Fahrzeug entlang, bevor sie Richtung Norden zwischen den Büschen verschwinden. Die Elefantenherde präsentiert sich noch einmal beim ausgiebigen Gruppenbaden. Einzelne, schwere und schüchterne Breitmaulnashörner passieren wie zur Verabschiedung ein paarmal vor uns die Piste. Geier kreisen am Himmel, Schakale und Bärenpaviane rennen über die Ebene. Um uns herum immer wieder Giraffen, Zebras, Gnus, Springbock- und Impala-Herden. Ich habe mich an diesen extrem starken Tierreichtum gewöhnt, nehme ihn mittlerweile als Selbstverständlichkeit wahr. Was er jedoch nicht ist. Außerhalb der privaten Wildtierschutzgebiete und der staatlichen Nationalparks gibt es bei Weitem nicht mehr so viele Tiere. Na ja, und bei mir zu Hause kann man froh sein, wenn man mal einen Feldhasen oder ein Reh sieht. Ein Fuchs oder ein Dachs gelten da schon als kleine Sensation. Aber das ist ein anderes Thema.

»Sebastian! Schnell, komm raus!«

Hm, was ist los? Völlig verschlafen schäle ich mich unter meinen drei Decken hervor und wackle blinzelnd nach draußen. Nur in Boxershorts und mit zerzausten Haaren trete ich unter dem Vordach hervor und werde sogleich von einem Milchzahn tragenden Wirbelwind mit großen Segelohren angefallen.

»Guten Morgen, Stouter Kabouter«, murmle ich.

»Gu-ten Mor-gen!«, erschallt es. Louis steht grinsend neben mir. Ich schiele ihn aus einem Auge an und wundere mich, warum er um die Uhrzeit schon wieder so gut drauf ist. »Na, was fällt dir auf?«

»Mh, dass heute mein letzter Tag ist und wir verschlafen haben?«

»Ja, das stimmt zwar, aber nein, das meine ich nicht.«

Ich sehe mich fragend um. Ja, irgendetwas ist seltsam, anders als sonst, aber was? Das Licht! Natürlich! Der ganze Himmel ist bis zum Horizont mit schweren Wolken verhangen. Eine völlig andere Stimmung und Atmosphäre! Louis sieht meinen Blick und nickt. Verrückt, in den letzten Monaten war keine einzige Wolke am Himmel zu sehen. Jetzt, über Nacht, besteht der Himmel nur noch aus einer einzigen dicken Wolkendecke. »Die Trockenzeit endet und damit auch der Winter.«

Tasche und Rucksack liegen gepackt im Auto. Ein letztes Mal öffne ich das Tor. Louis, Didi und Sniper passieren es mit dem Toyota. Als ich es wieder schließe, kommen zwei mir bekannte Wächter auf ihren Pferden herangaloppiert. Sie gehören zur Reiterpatrouille und somit zu Louis' Antiwilderer-Team. Rauschebart steigt aus und spricht mit den uniformierten Reitern auf Afrikaans. Das, was ich davon verstehe, gefällt mir nicht, mein Puls steigt. Nachdem Louis seine Anweisungen gegeben hat, lässt er sich auf seinen Sitz fallen. Die zwei Wächter wenden auf ihren robusten Pferden. Sie passieren mich und grüßen, zu meiner Verwunderung, dabei militärisch. Bevor ich reagieren kann, galoppieren sie auch schon wieder davon, eine Staubfahne hinter sich herziehend.

»Da werden wir wohl doch nicht zwei Tage in Windhoek verbringen können. Wir fahren so bald wie möglich zurück«, sagt Louis gerade zu Didi, als ich in das Fahrzeug einsteige.

»Sag mal, habe ich das richtig verstanden?«, will ich wissen. »Zwei gewilderte Nashörner auf einem benachbarten Wildtierreservat?«

»Ja«, antwortet Louis ernst. »Wohl erst heute Nacht passiert. Richard ist schon mit dem Helikopter dort, um das Gebiet abzufliegen. Verabschieden wirst du dich also heute nicht von ihm können.«

Das ist zwar schade, aber die Traurigkeit und die Wut über die getöteten Nashörner überdecken gerade sowieso jedes andere Gefühl in mir. Hört das denn nie auf?!, frage ich mich, während es rot glühend durch meinen Kopf blitzt. Wahrscheinlich erst dann, wenn das letzte Nashorn verblutend am Boden liegt! Getötet wegen seines Hornes, das aus Keratin besteht, demselben Stoff wie unsere Fingernägel. Wie dämlich, geldgierig, skrupellos und ignorant können Menschen sein?! Mein Kiefer schmerzt, so sehr presse ich die Zähne aufeinander. Wohin mit meiner Wut?! Es ist niemand da, der sie verdient hätte – zum Glück.

Farin Urlaub schreit sein Meisterwerk »Immer dabei« durch das Kabel meines Kopfhörers direkt in meine Seele. Ich blicke nachdenklich aus dem Seitenfenster. Völlig allein sind wir auf der Straße unterwegs, gleiten Richtung Süden. Neben uns ragen die markanten Omatakoberge in den tief bewölkten Himmel auf. Schwere Regentropfen klatschen gegen das verstaubte Fahrzeug, erst vereinzelt, dann immer häufiger. Die ausgetrocknete namibische Landschaft saugt gierig das erste Wasser nach der monatelangen Trockenzeit auf. Die Natur kann wieder aufatmen, die Stressphase für Pflanzen und Wildtiere ist überstanden.

Auch ich habe das Gefühl, eine Art Trockenzeit überstanden zu haben, eine jahrelange, dunkle. Hätte ich im Winter 2013, in der Tiefphase meiner Depression, meiner Hoffnungslosigkeit nachgegeben und mit meinen Wünschen und Träumen endgültig Schluss gemacht, dann hätte ich all diese bewusstseinserweiternden Erfahrungen der letzten Jahre nicht erleben können und auch nicht die Begegnungen mit den Tieren, die faszinierende Natur Afrikas. Kein inneres Wachstum hätte stattgefunden, ich hätte keine der mir damals unmöglich erscheinenden Erfahrungen gemacht. Leicht war es jedoch nicht, nein, es war auch anstrengend und hat immer wieder geschmerzt. Aber das ist nun mal so, wenn man sich intensiv mit sich selbst auseinandersetzt. Ohne die Bereitschaft, die Grenzen der Zweifel, der Bequemlichkeit und der eigenen Angst zu überschreiten, kann man sich selbst nicht finden. Das ist meine Meinung, meine Erfahrung. Aber alle seelischen Überwindungen haben sich definitiv gelohnt.

Darüber hinaus habe ich mir in den letzten Monaten etwas bewusst gemacht, etwas, das meine Sicht auf das Leben komplett verändert hat. Jedes Erlebnis, jeder Moment, egal wie schön, traurig, erschütternd, ekstatisch, kurz, lang oder atemberaubend er ist, ist einmalig. Es wird ihn so kein zweites Mal geben. Deshalb versuche ich Momente bewusster zu schätzen, sie so anzunehmen, wie sie sind, und zu fühlen, welche Erkenntnisse ich für mich aus ihnen ziehen kann. Das und meine erlebten, überlebten Abenteuer in Afrika haben mich etwas Entscheidendes, etwas elementar Wichtiges lernen lassen: an mich selbst zu glauben.

Playlist zum Buch

Teil 1

Smith & Burrows	*Wonderful Life*
Massive Attack	*Inertia Creeos*
Farin Urlaub	*Porzellan*

Teil 2

Jurassic Park Soundtrack	*Welcome to Jurassic Park* (ab 1:58)
Bonaparte	*Into the Wild*
Ed Sheeran	*Castle On the Hill* (unfreiwillig!)
Metallica	*The Unforgiven*
The Cure	*Lullaby*
Die Ärzte	*Unrockbar*
Lola Marsh	*You're Mine*
Ramones	*Blitzkrieg Bop*
Beck	*Blue Moon*
The Animals	*The House of the Rising Sun*
David Bowie	*Heroes*
Casper	*Das Grizzly Lied*
Florence + the Machine	*What the Water Gave Me*
Jimmy Eat World	*The Middle*
Anthony Hamilton	*Freedom*

Teil 3

Cold Specks	*Winter Solstice*
Die Ärzte	*Lied vom Scheitern*
The Cure	*Friday I'm in Love*
The National	*Mistaken for Strangers*
K.I.Z.	*Hurra die Welt geht unter*

Soundgarden	*Black Hole Sun*
Frittenbude	*Mindestens in 1000 Jahren*
Smashing Pumpkins	*1979*
Lea Porcelain	*Remember*

Teil 4

Faber	*Alles Gute*
Udo Jürgens	*Aber bitte mit Sahne*
Tenacious D	*Tribute*
Toto	*Africa*
Cake	*Comfort Eagle*

Teil 5

The Kills	*Future Starts Slow*
Broncho	*Class Historian*
John Rock Prophet	*Karlien*
Casper	*Lang lebe der Tod*
The National	*Day I Die*
Teho Teardo & Blixa Bargeld	*A Quiet Life*
De Staat	*Witch Doctor*
J. Bernardt	*The Question*
Sufjan Stevens	*Chicago*
Maxim	*Rückspiegel*
Rammstein	*Amerika*
MISSIO	*Bottom of the Deep Blue Sea*
Rolling Stones	*Paint It Black*
Farin Urlaub	*Immer dabei*

Danksagung

Beirut	*Gallipoli*

Danksagung

Jetzt sitze ich hier an meinem Schreibtisch, Anfang 2019, höre »Gallipoli« von Beirut, und vor mir liegt nach mehr als einem Jahr Arbeit mein fertiges Manuskript. Was für ein überwältigendes Gefühl. Als ich vor Jahren wieder langsam anfing, mir zu erlauben zu träumen, war einer meiner ersten Wünsche, ein Buch zu schreiben – und jetzt habe ich es tatsächlich getan.

Danke.

Danke an alle, die zu diesem Buch, das mir so unglaublich wichtig ist, beigetragen haben. Danke an alle Freunde, Bekannten und Familienmitglieder, die mich, in welcher Form auch immer, unterstützt haben.

Danke an meinen Bruder Alex für den immer zuverlässigen technischen Support. Danke an Didi und Louis, die mich einfach bei ihnen in Namibia haben wohnen lassen. Danke an Cindy vom Bastei Lübbe Verlag für das entgegengebrachte Vertrauen. Danke an Angela, die mir sehr geholfen hat, mit meinem Manuskript kurz vor Abgabe nicht verrückt zu werden. Danke an das südliche Afrika und seine (noch vorhandenen) Wildtiere, dort konnte ich wieder anfangen zu wachsen.

Ganz besonderer Dank gilt Lisa. Auch wenn wir heute kein Paar mehr sind, verbindet uns jetzt eine tiefe Freundschaft, und ohne dich würde es dieses Buch schlicht nicht geben.

Und zu guter Letzt danke an mich selbst, dass ich mich nicht aufgegeben habe, dass ich immer weitergegangen bin, auch wenn ich schon längst dachte, es geht nicht mehr.

Das Schreiben dieses Buches war einer meiner Wünsche. Und es gibt noch mehr – eins, zwei, ach, warum nicht gleich sieben weitere Wünsche – denn träumen darf und kann man ...

- Schneeleoparden, Jaguare, Tiger, Vielfraße und Rote Pandas in freier Wildbahn fotografieren.
- Zum erfolgreichen nachhaltigen internationalen Artenschutz beitragen!
- Mitwirken bei einem Musikvideo von Farin Urlaub/Die Ärzte.
- Ein zweites Buch veröffentlichen.
- Ein eigenes Künstler-Fotografie-Atelier eröffnen.
- Verwirklichung einer Eins-zu-eins-Verfilmung von Guy Sajers »Der vergessene Soldat« oder Günter K. Koschorreks »Vergiss die Zeit der Dornen nicht«.
- Mit Walter Moers einen guten Kaffee trinken oder auch zwei.

Mehr von mir gibt es auf meiner Website:
www.animalperson.org
Oder auf Instagram: @animalperson